Die schönsten

KATZEN GESCHICHTEN

tosa

Umschlaggestaltung von Kraxenberger KommunikationsHaus GmbH, München

Druck: Ueberreuter Print

Paul Gallico

Übernahme

Als ich ein sehr junges Kätzchen war, hatte ich das Unglück, meine Mutter zu verlieren und mich im Alter von sechs Wochen allein in der Welt zu finden. Aber darüber war ich nicht unmäßig betrübt, denn ich war intelligent, nicht unschön, nie um einen Ausweg verlegen und voll Vertrauen zu mir selbst. Auch war mir das Glück einer mehrwöchigen Belehrung durch meine Mutter zuteil geworden, ehe sie den unglücklichen nächtlichen Zusammenstoß mit einem Auto hatte.

Nach etwa einer Woche des Hundelebens auf dem Lande, mit einem höchst empörenden Speisezettel aus Raupen und Insekten, beschloss ich, eine Familie zu übernehmen und eine Hauskatze zu werden. Ich machte mich sofort daran, mein Ziel zu erreichen.

Mit Freundinnen besprach ich öfters den Weg, der mich zum Erfolg geführt hat: Und da ich mit Eitelkeit nicht geschlagen bin, war ich in der Lage, auf die außerordentliche Auffassungsgabe, die jedem meiner Schritte zugrunde lag, und die überragende Klugheit auf meiner Seite hinzuweisen.

Sie waren so bewegt von meiner Geschichte, dass sie mich baten, alles niederzuschreiben und überdies meine Erfahrungen und Ideen, unsere Beziehungen zu den menschlichen Wesen betreffend zu einem Buch von Regeln und Vorschriften zusammenzustellen, zum Besten unserer Kleinen, die eine ähnliche Laufbahn einschlagen wollen.

Das habe ich getan. Zunächst aber einen kurzen Bericht, wie ich meine eigene Familie „übernommen“ habe. Ihr Name soll unerwähnt bleiben, denn ich will sie nicht in Verlegenheit bringen.

Das Wort „Übernahme“ der menschlichen Sprache ist noch nicht alt und sollte vielleicht am besten erklärt werden. Es ist jetzt vor allem bei Geschäften im Schwung. Eine Anzahl Leute besitzt eine Fabrik oder Aktien eines Konzerns, der ein gewisses Produkt unter einem gewissen Namen in einer gewissen Gegend herstellt. Eines Morgens wachen diese Leute auf, nehmen die Zeitung und erfahren, dass sie die Gesellschaft nicht mehr besitzen, auch die Erzeugnisse und den Namen nicht mehr, sondern dass sie jetzt zu jemandem anderen gehören, der ein völlig anderes Erzeugnis in einer völlig anderen Gegend fabriziert. Mit einem Wort: Sie sind „übernommen“ worden.
Ich weiß kein besseres Wort für den Vorgang, mit dem wir uns der menschlichen Wesen annehmen. Über Nacht ändert sich das Leben für sie. Ihre Wohnungen sowohl, wie mit der Zeit auch ihre Gewohnheiten und Sitten, gehören nicht mehr ihnen. Von nun an gehören sie uns, die Leute, meine ich. Ihr braucht gar keine Angst zu haben, euch auf eine solche Unternehmung einzulassen. Nur die Umstände, die Methoden und die Leute wechseln. Der Übernahmeinstinkt lebt in uns allen und hat uns ermöglicht, unverändert und beherrschend Tausende Jahre in einer ständig sich wandelnden Welt zu überleben. Wir haben immer verstanden, auf unseren Vorteil bedacht zu sein, und es ist unbegrenzt, was wir erreichen können. Blickt einmal zurück auf unsere Geschichte, und ihr werdet sehen, wie wahr das ist! In Ägypten, vor weniger als fünftausend Jahren, haben wir uns zu Göttern gemacht. Hunde durften von Pontius zu Pilatus geschickt werden – aber jedem, der uns beleidigte oder uns etwas tat, wurde der Kopf abgeschnitten.
Nun, also, ich kam aus den Wäldern, hungrig, abgestoßen von der rohen Natur, und entdeckte auf einer Lichtung ein kleines, freundlich weißes Haus mit grün bemalten Läden, einem Schuppen nahebei, Blumengarten, Gemüsegarten, Fischteich usw. Haus und Grundstück waren sauber gehalten und gehörten offensichtlich Leuten von einiger Wohlhabenheit. Ein teurer Wagen in der Garage bestätigte mir das. Ihr kennt den Spruch: „Schöne Gefühle öffnen keine Hummerdose.“ Wenn ihr eine arme Familie übernehmen wollt, bitte sehr, das ist eure

Sache. Meine sollte es nicht sein. Ich schritt zur Hintertür des Hauses und erkundete. Ein Mann und seine Frau saßen drinnen beim Frühstück. Es gab keinen Hinweis auf Kinder, auch nicht auf Personal, und das war alles nur sehr gut. Kinder sind gelegentlich in Ordnung, man wird ihrer auch Herr, aber es ist besser, wenn möglich, eine Familie zu übernehmen, bevor die Kinder kommen. Dienstpersonal macht eine Menge Verdruss.
Das Paar sah genau aus wie die Familie, die ich brauchte, also sprang ich zum Fliegengitter der Tür und wimmerte Mitleid erregend.
Sie schauten vom Frühstück auf und zu mir her. Ich wusste genau, wie ich denen an der anderen Seite des Gitters erschien: unwiderstehlich!
Ich tat, als verlöre ich den Griff auf dem Gitter, ließ mich fallen und krabbelte wieder hinauf, die ganze Zeit weinend.
Die Frau sage: „Schau! Das arme kleine Ding! Es möchte herein. Vielleicht ist es hungrig. Ich werde ihr Milch geben."
Genau, was ich erwartete! Ich hatte schon Eindruck gemacht. Alles, was noch fehlte, war, eine Pfote durch die Tür zu bekommen, und – aber so einfach war das nicht. Da gab es noch den Mann! Er begann zu knurren, zu schimpfen, auf dem Stuhl zu rutschen, Fäuste auf den Tisch zu hämmern und zu schreien, dass er Katzen hasse und keine im Haus wünsche. Dann begann er mit all diesen langweiligen Klischees: was für ein Ärgernis wir seien, dass wir unsere Pfoten in alles steckten, die Möbel zerkratzten und das Haus verstänkerten. Er schrie weiter: „Nix! Nix da! Wenn du sie füttern musst, gib ihr im Schuppen Milch und schau, dass du sie loswirst. Herein kommt sie mir nicht!"
„Oho", sagte ich zu mir, „du willst mit mir anhängen, mein Freund, ich, *ich* bin es, die weiß, wie das geht!" Vielleicht glaubt ihr mir das nicht, aber ich war fast froh über seine Gegnerschaft. Es war eine Herausforderung. Wenn es etwas gibt, was vergnüglich zu überwältigen ist, dann ein Mann, der sich als Katzenfeind aufspielt. Inzwischen, während diese Gedanken mir durch den Kopf gingen, fuhr ich fort, vom Fliegengitter zu fallen und wieder hinaufzuspringen, immer

noch zum Herzbrechen wimmernd. Die Frau öffnete, nahm mich auf und sagte zum Mann: „Ich bitte dich, mach doch keinen solchen Radau, Liebling. Ich geb ihr nur einen Tropfen Milch. Wir setzen sie nachher an die Luft.“

Der Witz ist, das werdet ihr begriffen haben, dass man den Männern, je mehr sie sich aufregen, herumfuchteln, knirschen und zetern, um desto weniger Gehör schenkt. Denn während er immer noch randalierte und protestierte – wo war ich? Drinnen! Und schlabberte Milch aus einem Teller.

Einmal im Haus, wusste ich genau, was zu tun war, denn meine Mutter, die selber mit einer schwierigen Mannsperson umgehen musste, hatte mir viel von den Männern erzählt und wie man sie zu behandeln hatte. Ich ignorierte ihn einfach und spielte mit der Frau, die alle möglichen sanften Laute herausließ, schmeichelnde Töne, und mich „Liebes“, „Liebling“, „Süßes“ und „Kleiner Engel“ nannte.

Und natürlich, je mehr Umstände sie mit mir machte, desto ärgerlicher wurde er und schrie schließlich: „Schluss jetzt, genug. Los, hinaus mit ihr!“

Die Frau zum Mann: „Gewiss, Liebling, alles, was du sagst, wird geschehen.“ Sie hob mich auf, setzte mich vor die Tür und flüsterte. „So, lauf jetzt, Kleines.“ Aber natürlich wusste ich, dass es nicht ihr Ernst war, also sprang ich noch einmal auf das Gitter und weinte um Einlass, bis der Mann kreischte: „Na also. Da siehst du, was du angestellt hast! Geh und bring sie hinüber in den Wald!“

Sie gehorchte, aber sowie sie sich umwandte, folgte ich ihr zurück zum Haus. Das geschah dreimal, während der Mann aus dem Haus kam, Hut auf dem Kopf, in sein Auto kroch und uns beobachtete. Beim vierten Mal setzte ich mich einfach vor den Bäumen hin und schaute miserabel drein. Der Mann küsste seine Frau, aber das Letzte, was er vor dem Abfahren tat, war, sich umzudrehen und mich da sitzen zu sehen, ganz allein, verlassen. Ich war zufrieden, denn ich wusste, ich hatte ihm seinen Tag verdorben, und alles, woran er noch denken konnte, war ich.

Natürlich, sowie der Wagen um die Kurve der Straße ver-

schwunden war, kam die Frau aus dem Haus, hob mich auf und trug mich hinein. Wie vorausgesehen. Ich hatte sie, wo ich sie wollte. Wir verbrachten einen wunderbaren Tag zusammen.
Knapp vor Abend nahm sie mich in die Arme, küsste mich und sagte: „Nun, Liebling, musst du leider weg. Er wird gleich zurückkommen." Sie setzte mich an die Luft und bald schwang das Licht des Wagens um die Kurve. Der Mann kam nach Hause.
Ich wartete, bis es ziemlich dunkel war, und dann, als ich mich so weit hatte, dass ich mir selber Leid tat (denn ich war einsam und hungrig), setzte ich mich wieder vor die Tür und weinte, weinte, weinte einfach.
Im Esszimmer brannte das Licht. Durch das Fenster sah ich sie ihr Nachtmahl essen. Ich ging unter das Fenster und weinte lauter.
Plötzlich warf der Mann Messer und Gabel hin und rief: „Ich kann diesen Lärm nicht ertragen!"
„Welchen Lärm denn?", fragte die Frau.
Der Mann bellte: „Dieses verdammte Katzenvieh. Ich hab dir doch in der Früh gesagt, wie das ausgehen wird."
Verdammtes Katzenvieh – ja, so redete er von mir. Na, bevor wir miteinander fertig waren, sollte er noch auf den Knien rutschen!
Ich legte alle meine Kraft in meine Miaus. Das musste ein Herz von Stein erweichen.
Die Frau: „Das arme kleine Ding! Sie muss wieder hungrig sein."
„Zum Teufel", rief er, „warum lässt du sie nicht herein und fütterst sie?"
Die Frau begann: „Weil du gesagt hast ..."
Der Mann antwortete: „Was hab ich denn schon gesagt? Du kannst sie ja nachher wieder hinauslassen. Ich höre mich ja selbst nicht essen bei diesem dauernden verdammten Gewinsel."
Die Frau kam also heraus, fing mich, und ich bekam wieder eine gute Mahlzeit. Nach dem Essen nahm mich die Frau, anstatt mich an die Luft zu setzen, auf ihren Schoß, spielte mit mir,

liebkoste mich, und ich begann sofort zu schnurren und ihr den Hof zu machen. Der Mann las seine Zeitung, immer wieder aber senkte er sie und warf uns finstere Blicke zu.
Nach einer Weile legte die Frau mich auf ihren Stuhl, ging hinaus und kehrte nicht zurück. Ich tat, als ob ich schliefe, beobachtete aber den Mann, der immer zu mir herüberschaute. Ich wusste genau, was er dachte: Er hätte mich gern auf seinem Schoß gehabt. Das konnte er aber nicht zugeben.
Nach einiger Zeit rief die Frau von oben: „Liebling, ich gehe gleich zu Bett. Willst du die Katze hinauslassen?"
Der Mann knurrte laut und warf die Zeitung fort: „Ich? Warum lässt du sie nicht hinaus? Du hast sie doch hereingelassen!"
„Liebling, ich hab dir doch gesagt, ich bin schon ausgezogen. Bring du sie hinaus in den Wald."
Der Mann rief hinauf: „Verdammt noch mal! Also los!" – hob mich hoch, nahm eine Taschenlampe und trug mich hinaus. Er hielt mich sehr ungeschickt, und als ich meinen Kopf unter sein Kinn praktizierte, murmelte er: „Lass das schon, Kleine", und ich wusste, dass ich ihn jetzt gleich so weit haben würde, wenn ich ihn bloß mit dem Bart ein wenig gestreichelt und dabei geschnurrt hätte. Aber keine Eile! Ich wusste jetzt, dass ich ihn kriegen konnte, wann immer ich wollte. Ich beschloss, ihn derart weich zu reiten, dass er zur gegebenen Zeit mein bedingungsloser Sklave würde. Je elender ich ihn machen konnte, desto besser. Also bohrte ich meine Krallen in sein Hemd und schrie, als er sich bei den Bäumen meiner entledigen wollte.
Er machte mich los und setzte mich ab. Ich schrie weiter, als er ging, und natürlich drehte er sich wie erwartet um und leuchtete mit seiner Lampe, um zu sehen, ob ich ihm folge. Was ich natürlich tat. Er hob mich auf, knurrte: „Verdammt noch einmal, Kleine, bleib da!", aber ich verankerte mich wieder in seinem Hemd. Wir wiederholten alles mehrmals. Gelegentlich bohrte ich meinen Kopf unter sein Kinn und er fing an mit „Na, was dann!", ... und da begann ich zu schnurren! Er sagte aber: „Dass du dich nur nicht täuscht, mein Kätzchen!", und marschierte mit mir davon. Diesmal aber brachte er mich in den Schuppen, wo er herumrumorte, bis er eine alte Pappschachtel

gefunden hatte, in die er mich steckte. „So“, sagte er, „hier kannst du bleiben, aber sei um Himmels willen still!“ Dann ging er, aber er konnte sich wieder nicht enthalten, sich umzuwenden und das Licht auf mich zu richten, weil er sehen wollte, ob ich ihm wieder folgte. Diesmal tat ich's nicht. Ich saß nur da, schaute ihn an, den Kopf aus der Schachtel gestreckt, und er stand da und schaute mich an. Und so verabreichte ich ihm das stumme Miau. Der Erfolg war wie erwartet. Der Mann wurde ganz weich. Er stand völlig hilflos da und fragte: „Um Himmels willen, Kleine, was willst du denn jetzt noch?“

Ich gab ihm das stumme Miau nochmals.

Er kehrte in den Schuppen zurück und sah verwirrt drein, holte mich aus der Schachtel und sagte: „Was möchtest du eigentlich, Kleine, zum Teufel?“ Ich schob meinen Kopf in seinen Nacken und schnurrte wie verrückt. „Nichts da“, sagte er, „zurück ins Haus kannst du nicht.“ Und dann: „Aha, ich glaube, die Schachtel ist dir nicht gut genug, wie? Na, schauen wir einmal, was wir für dich tun können.“

Er legte mich nieder und kramte herum, bis er ein altes Stück Tuch gefunden hatte, das er ausschüttelte und zu einem kleinen Nest für mich zusammenfaltete. „So also, besser jetzt, Kleine?“, fragte er.

Ich beschloss, dass es an der Zeit war, es ihm zu zeigen: Also kehrte ich in die leere Schachtel zurück. Er nahm mich heraus und legte mich auf das Tuch. Ich ging wieder in die Schachtel zurück. Er verlor die Haltung und schrie: „Verdammt noch einmal, jetzt bleibst du aber in der Schachtel!“, und wollte hinausgehen. Aber ich wusste, er würde noch einmal zurückschauen, und als es geschah, war ich auf dem Posten. Ich bediente ihn diesmal mit einem lauten Miau.

Er stammelte: „Um Himmels willen, Kleine, ich kann doch nicht die ganze Nacht hier herumstehen. Was willst du denn?“

Ich gab es ihm noch einmal. Er kehrte zurück, nahm mich heraus, hob das Tuch auf, legte es in die Schachtel und senkte mich wieder hinein. Das war es, was ich wollte, und ich ließ es ihn wissen, indem ich ein paar Mal in der Schachtel herumkreiste, mein Bett machte, mich einrollte und schnurrte. Er sah einen Augenblick auf mich herab und sagte: „In Ordnung, Kleine, jetzt hab ich verstanden“, und dann ging er zurück ins Haus. Seine Frau musste an der Tür auf ihn gewartet haben, denn ich hörte sie sagen: „Liebling, was hast du denn getrieben? Du warst ja endlos weg!“, und dann seine Antwort: „Ich dachte, es könnte regnen. Ich hab die Katze in den Schuppen getan. Dort kann sie bleiben!“

Ich und dort bleiben! Was für ein schlechter Witz! Ich lachte mich in den Schlaf. Nach alledem dauerte es natürlich nicht mehr lang, und schon am nächsten Abend hielt ich die Zeit für gekommen, ihn ganz zu erledigen.

Es war ein heißer, schwüler Sommerabend. Ich saß auf dem Schoß der Frau und störte sie beim Nähen. Der Mann las wie gewöhnlich in seiner Zeitung. Ich sprang vom Schoß der Frau, machte einen schönen runden Buckel, wanderte hinüber, setzte mich und schaute den Mann an. Zuerst tat er, als sehe er mich nicht. Endlich aber legte er die Zeitung nieder und seufzte: „Na, was willst du, Kleine?“

Ich gab ihm die volle Kur – das große – „Hallo“ mit dem Anreiben um die Fesseln. Wie ich erwartete, ging der Mann ganz aus dem Leim und sagte: „Na, du Süße, möchtest du auf meinen Schoß?“ Womit er mich aufhob, dort absetzte und begann, mich unter dem Kinn zu streicheln. Ich drehte das Schnurren an, entwickelte Anmut und bediente ihn mit Rollen im Schoß und Anschmiegen, leckte seine Hand ein paar Mal. Kurzum, ich trug mächtig dick auf. Natürlich schmolz er total hin und begann idiotische Sachen zu murmeln, wie: „Na, was haben wir denn jetzt vor, Kleine?“, was er fortwährend wiederholte, triumphierende Blicke auf seine Frau werfend, die nur dort saß, nähte und nichts sagte.

In diesem Augenblick begann es zu blitzen, schmetternd zu donnern, und der Regen rauschte herunter. Sie gingen durchs Haus, alle Türen zu schließen, der Mann trug mich dabei herum und sagte: „Keine Angst, kleines Mädchen. Nur ein dummes Gewitter, das ist alles.“ Später verzog sich das Unwetter, aber es regnete weiter und die Frau sagte: „Ich glaube, wir gehen zu Bett. Wirst du die Katze hinausbringen?“

Der Mann warf ihr einen Blick zu, als sei sie wahnsinnig geworden, und rief: „Was? Sie in einer Nacht wie dieser hinausbringen? Bist du verrückt?"
„Warum? Sie hat's doch gut im Schuppen, oder nicht? Ich glaube, du willst keine Katze im Haus ...?"
Der Mann wurde wild. „Nun ja, ich will keine Katze im Haus", rief er, „aber das heißt doch nicht, dass ich sie in den Regen hinausjage. Sie zittert wie Espenlaub. Hast du denn gar kein Herz?"
„Espenlaub" war gut. Ich hatte Mühe, nicht laut aufzulachen.
Die Frau hob die Schultern: „Gut, wie du willst. Aber ich habe nur gesagt, was du gesagt hast, als wir ..."
„Ganz bestimmt werde ich tun, was ich will! Wir können in der Küche für sie ein Polster auf den Boden legen."
Sie gingen hinauf in ihr Schlafzimmer, und ich hörte sie herumgehen. Nach einer Weile verlöschten sie das Licht und die Frau sagte: „Du hast die Schlafzimmertür nicht geschlossen."
„Na, und wenn das Gewitter zurückkommt?", antwortete er. „Und die Kleine kriegt's mit der Angst und wir würden sie nicht hören, was dann?"
So ging ich also während der Nacht natürlich hinauf und aufs Bett, schlief auf der Decke, darunter seine Füße waren, und da war es gemütlich und warm.
Am Morgen weckte ich ihn, indem ich auf sein Gesicht spazierte und meinen Fuß in seinen Mund steckte. Er setzte sich auf, nahm mich und flötete: „Na, kleine Süße, wer hat dich denn eingeladen?
So, und jetzt lass dich einmal anschauen." Und er begann mit mir zu spielen. Ich steckte meinen Kopf wieder unter sein Kinn und schnurrte.
Seine Frau sagte: „Lieber, meinst du wirklich, dass wir sie auf dem Bett haben sollten ..."
Er warf ihr einen bösen Blick zu. „Warum nicht? Was ist falsch dran? Schau her, sie ist verrückt nach mir. Katzen sind doch, sagt man, sauber?"
„Ja schon, aber ..."
„Aber was? Sie ist doch auf meiner Seite im Bett. Ich weiß nicht, warum du dich aufregst?"

Wir nahmen alle das Frühstück in der Küche unten, und ich saß auf seiner Schulter oder lag auf der Lehne des Stuhls hinter seinem Hals.
Der Mann sah höchst selbstzufrieden drein und sagte: „Schau dir den kleinen Bastard an. Was ist in ihn gefahren?“
Seine Frau sagte: „Kein Bastard. Sie ist eine Sie. Ich glaube, sie ist in dich verliebt.“
Diese Behauptung hatte einen höchst kuriosen Effekt auf den Mann. Er begann lauter zu lachen, als nötig war, fummelte nach Zigaretten und wusste nicht, was er mit seinen Händen beginnen sollte.
Er errötete wahrhaftig und stotterte: „Unsinn, ich habe nur gewusst, wie ich sie beim Gewitter behandeln soll. Sie ist einfach dankbar.“
Ich rutschte auf meinem Sitz hin und her, rieb mich an seinem Nacken und schnurrte.
Als er an diesem Morgen zur Arbeit fuhr, küsste er seine Frau zum Abschied, sagte „Wiedersehen, Kleine“ zu mir und dann noch, ehe er hinausging, zur Frau: „Kümmere dich um meine Kleine.“
An diesem Abend sprang ich nach dem Abendessen auf seine Schulter, als er die Zeitung las, und blieb dort.
Plötzlich legte er das Blatt hin, gähnte, streckte sich und bemerkte: „Schlafenszeit, nicht wahr? Komm, Kleine.“
Vom Schuppen war keine Rede mehr. Auch von der Küche nicht. Wir gingen alle nach oben. So kam ich in mein Haus.

CÉCILE LAUBER

Nala

Im Januar 1934 bezogen wir unser eben erst erstelltes Haus am Felsberg in Luzern. Zu jener Zeit besaß ich keine meiner vielen Katzen mehr.
In den jungen Garten hatte ich einen großen Teil meiner Blumen, Beeren und Büsche und selbst die sorgfältig gelöste, hochgestiegene Glyzine aus dem alten Häuschen am Rosenberg herübertragen lassen. Sie gehörten zu der Hand, die sie aufgezogen hatte. Jetzt ruhte alles unter einer Decke von Schnee.
Aber das glitzernde Weiß trug geheime Schriftzeichen. Quer über die niedrigen Wellenhügel, geformt durch schlummernde Pflanzen, liefen Hasenpfoten; über die Hecke hatte in der Morgendämmerung des Tages, an dem wir einzogen, ein Reh gesetzt.
Damals gab es außer unserm Haus nur noch zwei weitere am Hügel. Keine Straße trennte wie heute den Garten vom nahen Wäldchen. Die Spuren im Schnee waren die schönste Begrüßung, die uns zuteil werden konnte.

Der Frühling setzte ein und brachte jeden Tag eine neue Überraschung. Alles hatte sich angewachsen mit Ausnahme eines einzigen Lorbeerbusches, der erfroren war. Und die Glyzinentrauben schaukelten blau und weiß vor den Fenstern.
Aus dem Wäldchen rief nachts der Kauz; in der Dämmerung konnte man ihn schwer und grau von Zweig zu Zweig huschen sehen. Schreie kämpfender Igel wurden laut in mondhellen Nächten. Spatz und Meise wählten den Garten zum Bau ihrer Nester.
In den Lücken des unregelmäßig aufgeführten Mäuerchens warf ein bronzefarbenes Eidechschen und zog eine große Zahl Junge auf. Es verhielt sich dabei so zahm, dass mein Finger liebkosend das schöne Arabeskenmuster seines Rückens streicheln durfte.
Aber eine Katze fehlte.

Im Herbst überraschte ich ein Feldmäuschen dabei, dass es, aufrecht sitzend, Brot vom Frühstückstisch stahl, und im Winter schlüpften ihrer mehrere durchs Kellerfenster, benagten Kartoffeln und Dahlienwurzeln.
Und dennoch zögerte ich, in diese kleine, harmlose Welt Ungestüm und List eines großen Tieres hineinzutragen.
Jedoch im Herbst 1935 erlag ich der Versuchung, eine Katzenausstellung in Zürich zu besuchen. Kaufen wollte ich zwar nicht, bloß den Anblick der Tiere genießen. Mit leeren Händen fuhr ich hinüber, um am Abend mit einem geborgten Körbchen und einer Katze zurückzukehren.
Das war so zugegangen:

In heißen und dumpfen Räumen standen die Käfige hochgebeigt über- und nebeneinander, in denen herrliche Tiere schleifengeschmückt saßen oder schliefen oder zierliche Spiele aufführten, einige erregt und neugierig, gelassen die andern, aber unendlich gefasster alle, als es Hunde in einer Ausstellung zu sein pflegen.
Da kauerte die große Birmakatze, ein starkes Tier, mit unergründlichen Augen und der langhaarigen Mähne eines Löwen, das in Tempeln gehalten wird; zierlich spielte die schmale Chinchilla, elfenbeinweiß, mit zarter Silberschnur längs des Rückengrates. Die Siamesin bewegte sich mit funkelndem Muskelspiel und türkisblassen Augen im Mohrengesichtchen; der Perser in Weiß, Beige und Schwarz, mit großen, ruhevollen Sternenaugen, saß unbeweglich hinter seinen Stäben; und unsere kleine, behende Landkatze mit klugem Tigerantlitz ließ ihre hoch empfindlichen Ohren spielen.
Sie leckten sich und ihre Jungen, trieben stumme Kurzweil; kaum eine Stimme wurde laut.

Es ging dem Abend zu und ich hatte mich müde auf eine Bank gesetzt. Ich musste an all die Tiere denken, die mir gehört und mein Leben reich gemacht hatten. Ich dachte an Alteli und Flämmchen, an Mutz und Spiegelchen und daran, wie weh es jedes Mal tat, wenn ich wieder eines von ihnen verlor,

besonders das letzte Kätzchen: Mutz. Jetzt noch, alle paar Wochen einmal, durchstreife ich die Gegend am Rosenberg in der Hoffnung, auf Mutz, den Auswanderer, zu stoßen, und ich war überzeugt, dass ich nie wieder den Mut aufbringen würde, ein neues Tier zu erstehen.
Da, während ich so mutlos und traurig ausruhte, fühlte ich plötzlich mein Gesicht wie mit sanfter Gewalt nach oben gezogen. Ein Veterinär in weißer Schürze eilte vorüber. Seine Arme füllten ein halbes Dutzend winziger silbergrauer Perserkätzchen. Ein blassblaues Löwenschnäuzchen schaute mich an aus schimmernden Bernsteinaugen. Unwillkürlich war ich aufgesprungen und ihm nachgeeilt.
Er trug die Tiere vor den Oberarzt, der jedes Einzelne auf einen Tisch hob und prüfte. Viele Leute, vor allem Frauen, umstanden ihn und machten Angebote. Mein Herz klopfte beim Anblick der entzückenden Tiere. Es handelte sich, wie ich vernahm, um einen Wurf blauer Perser aus der Zucht der Gräfin Thurn-Valsassina in Wien; Junikätzchen, drei Monate alt, silberfarben, mit tiefblauer Haut, langem, seiden glänzendem Haar, kurzen, flaumgefütterten Ohren an breitem Kopf. Ich hatte das hellste unter ihnen im Auge behalten.
Der Arzt fasste es an.
„Männliches Tier, gut geformt, weitaus der schönste Kopf unter allen."
„Ich erstehe es", hörte ich mich selbst zu meiner Überraschung sagen.
„Was bieten Sie?"
„Ich bezahle den Preis, den Sie verlangen", sagte ich so gleichgültig, als ginge diese Seite der Angelegenheit mich nichts an. Dabei hatte ich noch nie im Leben eine Katze gekauft und wusste sie gar nicht einzuschätzen. Sie waren mir alle geschenkt oder zugetragen worden; aber darum konnte ich mich jetzt nicht kümmern; denn nicht ich – das Tier hatte mich gewählt; ich fühlte mich wie in einem Rausch. So muss es Spielern zumute sein. Man nannte einen hohen Preis; ich schluckte ihn hinunter und nickte.
Die Katze glitt in andere Hand und ich bekam sie vorläufig

nicht mehr zu sehen. Ich wurde vor ein Tischchen gebeten und bekam eine Anweisung in die Hand gedrückt.
„Nehmen Sie das Tier gleich mit?", wurde ich gefragt.
„Freilich", sagte ich verwirrt und platzte heraus: „Ich habe aber weder Geld noch einen Korb bei mir."
Nun, das wurde „gefügt". Ich musste meinen Namen einschreiben; einen Korb bekam ich geborgt auf ehrenwörtliches Versprechen, ihn zurückerstatten zu wollen. Nach einiger Zeit wurde er mir verschlossen überreicht.

Behutsam und nachträglich mit nicht ganz gutem Gewissen trug ich ihn zur Bahn, behielt ihn aber auf meinen Knien. Sonderbarerweise konnte ich mir nun das Tier durchaus nicht mehr vorstellen. Ich musste wohl sehr aufgeregt gewesen sein. Zuweilen erlitt das Körbchen eine leichte Erschütterung von innen heraus. Es rührte sich etwas; es gab sanfte Stöße nach oben. Aber keine Stimme wurde laut.
Immer wieder musste ich denken, dass mir da jemand etwas ganz anderes hätte einpacken können, etwa ein Kaninchen oder ein Huhn; denn ich war ja nicht zugegen gewesen, als das Körbchen gefüllt worden war. Ja, es konnte auch ein schwarzes Kätzchen sein, eines aus der Abteilung: „Herrenlose Katzen, kostenlos abzugeben." Es wurde mir richtig bange zumute bei diesem Gedanken.
Unsicher entstieg ich dem Bahnhof in Luzern, wagte mich kaum mit meinem Körbchen sehen zu lassen. Auf dem Bahnsteig stand mein Gatte und lachte vergnügt.
„Eines wusste ich ganz gewiss", sagte er immerzu lachend, „nämlich dass du mit einer Katze nach Hause kommen würdest."
„Es ist ein Juwel", beeilte ich mich zu versichern und konnte mir nun schon gar nichts mehr vorstellen; die Katzen der ganzen Ausstellung liefen mir kreuz und quer durch den Kopf. Im Körbchen blieb es totenstill; am Ende war das Tier erstickt und gestorben.

Zu Hause kam die ganze Familie angestürzt. Das Körbchen

wurde unters Licht getragen und auf einen Stuhl gestellt. Ich öffnete mit klopfendem Herzen.
Aus langhaariger, seidenweicher Silberrolle hob sich verwundert und unschuldsvoll ein sanftes Löwenantlitz, blassblau mit großen, strahlenden Bernsteinaugen, aus deren Mitte im Lichtschein eine sammetschwarze Pupille sich langsam großwuchs, bis von der Iris nichts mehr übrig blieb als ein schmaler Goldreifen. Antlitz von unwiderstehlichem Liebreiz, das uns fragend anstaunte, ohne Falsch und ohne Furcht, mit verhaltener Neugier, wie es edlem Geblüt ansteht.
Ein Ausruf des Entzückens entfuhr jedermann.
Die Rolle im Körbchen wurde locker; sie wendete und bäumte sich, kleine blaue Zehen traten heraus. Mit größter Vorsicht wurde ein silbernes Pfötchen auf den Rand des Korbes gestellt. Ein Schütteln, ein Zuck, mit gewichtslosem Schwung stand der Körper des Tieres auf dem Tisch. Ein riesiger Schwanzbusch kam dabei zum Vorschein.
Ich sah vergnügt, es dachte keiner auch nur im entferntesten daran, meinen raschen Kauf zu missbilligen; vielmehr beeilte sich jeder, etwas Angenehmes für den neuen Hausbewohner herbeizutragen: Brot, kleine Fleischstücke, Milch und Spielzeug. Das Tier betrachtete seine Umgebung, die Menschen, die Gegenstände mit großem Ernst. Es tauchte zögernd seine rosa Zunge in die Milch, schleuderte flüchtig und zerstreut einige weiße Perlen an die Schnauzhaare empor, wo sie bebend hangen blieben, schaute ringsum im Kreis.
Und auf einmal setzte es hinunter vom Tisch und begann in diese neue Welt weinend hineinzulaufen; es rief mit ängstlicher, hoher Stimme nach seiner Mutter und den vielen, lustig blauen Geschwistern.
Nun war mein Augenblick gekommen. Der Augenblick, in dem ich gutzumachen hatte, dass ich zum Räuber und Entführer geworden war. Ich hob das Kätzchen am Nacken auf, wie es die Mutter tut, sprach dazu mit leiser, schmeichelnder Stimme, seine Furcht einzuschläfern. Ich ließ eilig ein weiches Bettchen richten, im Schrankraum neben meinem Arbeitszimmer, legte das Kätzchen sanft darin zurecht. Ich strich mit angefeuchtetem

Finger in kurzen Zügen über Hals, Rücken und Schenkelchen, um ihm das Gelecktwerden vorzutäuschen, und das Weinen hörte augenblicklich auf. Das Tierchen wurde ganz still; es schaute mich aufmerksam an; es gähnte; die angespannten Glieder lösten und streckten sich, und plötzlich brach aus seiner Kehle ein lautes, freudiges Schnurren.

Rasch wurde das Licht ausgedreht und weiter gestreichelt mit liebkosender Stimme. Das Schnurren verebbte, an den zuckenden Muskelschaudern erkannte ich, dass das sanfte und zutrauliche Tier eingeschlafen war.

ERNEST HEMINGWAY

Katze im Regen

Im Hotel wohnten nur zwei Amerikaner. Von all den Leuten, die ihnen auf ihrem Weg in ihr Zimmer auf der Treppe begegneten, kannten sie niemanden. Ihr Zimmer war in der zweiten Etage mit dem Blick aufs Meer und auch auf die öffentlichen Anlagen und das Kriegerdenkmal. In den öffentlichen Anlagen gab es große Palmen und grüne Bänke. Bei gutem Wetter war da immer auch ein Maler mit seiner Staffelei. Maler mochten die Art, wie die Palmen wuchsen, und die leuchtenden Farben der Hotels, die den Gärten und dem Meer gegenüberlagen. Italiener kamen von weit her, um an dem Kriegerdenkmal emporzusehen.

Es war aus Bronze und glänzte im Regen. Es regnete. Der Regen tropfte von den Palmen. Wasser stand in Pfützen auf den Kieswegen. Das Meer durchbrach in einer langen Linie den Regen, glitt über den Strand zurück und kam herauf, um sich wieder in einer langen Linie im Regen zu brechen. Die Autos waren von dem Platz beim Kriegerdenkmal verschwunden. Auf der Schwelle eines gegenüberliegenden Cafés stand ein Kellner und blickte über den leeren Platz.

Die junge Amerikanerin stand am Fenster und sah hinaus. Grad unter ihrem Fenster hockte eine Katze unter einem der von Regen triefenden Tische. Die Katze suchte sich so zusammenzuballen, dass es nicht auf sie tropfen konnte.

„Ich geh runter und hole das Kätzchen", sagte die junge Amerikanerin.

„Ich werd's machen", erbot sich ihr Mann vom Bett her.

„Nein, ich hol's. Das arme Kätzchen da draußen; was es sich anstrengt, um unter dem Tisch trocken zu bleiben."

Ihr Mann las weiter; er lag am Fußende des Bettes auf die zwei Kopfkissen gestützt.

„Werd nicht nass", sagte er.

Seine Frau ging hinunter, und der Hotelbesitzer stand auf und

verbeugte sich, als sie am Büro vorbeikam. Sein Pult stand ganz hinten im Büro. Er war ein alter und sehr großer Mann.
„*Il piove*“, sagte die Frau. Sie mochte den Hotelbesitzer.
„*Si, si, Signora, brutto tempo.* Es ist sehr schlechtes Wetter.“
Er stand hinter seinem Pult in der Tiefe des dämmrigen Zimmers. Die Frau mochte ihn. Sie mochte die todernste Art, mit der er alle Beschwerden entgegennahm. Sie mochte seine Würde.
Sie mochte die Art, wie er ihr gegenüber immer dienstbereit war. Sie mochte, wie er sich als Hotelbesitzer fühlte. Sie mochte sein altes, schweres Gesicht und seine großen Hände.
Sie mochte ihn, machte die Tür auf und sah hinaus. Es regnete stärker. Ein Mann in einem Gummicape überquerte den leeren Platz zum Café. Rechts um die Ecke musste die Katze sein. Vielleicht konnte sie unter der Dachtraufe trocken bis hingelangen. Während sie auf der Schwelle stand, öffnete sich hinter ihr ein Regenschirm. Es war das Mädchen, das ihr Zimmer aufräumte.
„Sie sollen nicht nass werden“, sagte sie lächelnd auf Italienisch. Natürlich hatte sie der Hotelbesitzer geschickt.
Das Mädchen hielt den Schirm über sie, während sie auf dem Kiesweg unter ihr Fenster ging. Der Tisch stand da, vom Regen hellgrün gewaschen, aber die Katze war fort. Sie war plötzlich enttäuscht. Das Mädchen sah fragend zu ihr auf.
„*Ha perduto qualche cosa, Signora?*“
„Da war eine Katze“, sagte die junge Amerikanerin.
„Eine Katze?“
„*Si, il gatto.*“
„Eine Katze?“, lachte das Mädchen. „Eine Katze im Regen?“
„Ja“, sagte sie, „unterm Tisch“, und dann: „Ach, ich wollte sie so gern haben. Ich wollte so gern ein Kätzchen haben.“
Als sie englisch sprach, nahm das Gesicht des Zimmermädchens einen verschlossenen Ausdruck an.
„Kommen Sie, Signora“, sagte sie, „wir müssen wieder hinein, Sie werden sonst nass.“
„Vermutlich“, sagte die junge Amerikanerin.
Sie gingen den Kiesweg zurück und überschritten die Schwelle.

Das Mädchen blieb draußen, um den Schirm zuzumachen. Als die junge Amerikanerin an dem Büro vorbeiging, verbeugte sich der Padrone hinter seinem Pult. Sie fühlte sich innerlich irgendwie sehr klein und wie zugeschnürt. Beim Anblick des Padrone fühlte sie sich sehr klein und gleichzeitig wirklich wichtig. Einen Augenblick hatte sie ein Gefühl von höchster Wichtigkeit. Sie ging weiter, die Treppe hinauf. Sie öffnete die Zimmertür. George lag lesend auf dem Bett.
„Hast du die Katze?", fragte er und legte das Buch hin.
„Sie war weg."
„Wo sie wohl hin sein mag?", sagte er, während er seine Augen vom Lesen ausruhte.
Sie setzte sich aufs Bett.
„Ich wollte sie so furchtbar gern haben", sagte sie. „Ich weiß eigentlich gar nicht, warum ich sie so gern haben wollte. Ich wollte das arme Kätzchen haben. Es ist kein Spaß, ein armes Kätzchen draußen im Regen zu sein." George las wieder.
Sie ging hinüber, setzte sich vor den Spiegel ihres Toilettentisches und besah sich in ihrem Handspiegel. Sie besah sich prüfend ihr Profil, erst eine Seite, dann die andere. Dann betrachtete sie ihren Hinterkopf und ihren Nacken.
„Was meinst du, wäre es nicht eine gute Idee, wenn ich meine Haare wachsen ließe?", fragte sie und besah sich nochmals ihr Profil.
George blickte auf und sah ihren Nacken, der wie bei einem Jungen ausrasiert war.
„Ich mag es so, wie es ist."
„Ach, ich hab's so über", sagte sie. „Ich hab's so über, wie ein Junge auszusehen."
George veränderte seine Lage auf dem Bett. Er hatte, seitdem sie redete, nicht von ihr weggesehen.
„Du siehst ganz verteufelt hübsch aus", sagte er.
Sie legte den Spiegel auf den Toilettentisch, ging zum Fenster hinüber und sah hinaus. Es wurde dunkel.
„Ich möchte meine Haare ganz straff und glatt nach hinten ziehen und hinten einen schweren Knoten machen, den ich wirklich fühlen kann", sagte sie. „Und ich möchte ein Kätzchen

haben, das auf meinem Schoß sitzt und schnurrt, wenn ich es streichle."
„Wahrhaftig?", sagte George vom Bett her.
„Und ich will an meinem eigenen Tisch mit meinem eigenen Besteck essen und ich will Kerzen. Und ich will, dass es Frühling ist, und ich will mein Haar vor dem Spiegel richtig bürsten können, und ich will ein Kätzchen haben, und ich will ein paar neue Kleider haben."
„Nun hör schon auf und nimm dir was zu lesen", sagte George. Er las wieder.
Seine Frau sah aus dem Fenster. Draußen war es jetzt ganz dunkel und es regnete immer noch in den Palmen.
„Auf jeden Fall will ich eine Katze haben", sagte sie. „Ich will eine Katze haben. Ich will sofort eine Katze haben. Wenn ich keine langen Haare oder sonst ein bisschen Spaß haben kann, eine Katze kann ich haben."
George hörte nicht zu. Er las sein Buch. Seine Frau sah aus dem Fenster auf den Platz, wo die Laternen jetzt angezündet waren.
Jemand klopfte an die Tür.
„*Avanti*", sagte George. Er sah von seinem Buch auf.
In der Tür stand das Zimmermädchen. Sie hielt eine große, schildpattfarbene Katze eng an sich gepresst, die an ihrem Körper herunterhing.
„Verzeihung", sagte sie. „Der Padrone sagte, ich soll dies der Signora bringen."

Louis J. Camuti & Lloyd Alexander

Die nächste Katze, bitte!

Auf dem Mond gibt es keine Katzen. Und darüber bin ich ganz froh. Denn wenn es dort welche gäbe, bekäme ich sicher einen Anruf: „Doktor Camuti, meine Katze ist krank! Können Sie nicht die nächste Rakete nehmen?"

So, wie ich mich kenne, würde ich zweifellos antworten: „O. K., ich komme gleich rüber." Denn ein Tierarzt kann, glaube ich, eine kranke Katze am besten in ihrer eigenen Umgebung kurieren, und so weit menschenmöglich weise ich keine dringende Bitte um Hilfe ab, woher sie auch kommen mag. Manchmal ging es auch schon über das Menschenmögliche hinaus, eine solche Bitte zu erfüllen. Ich habe es trotzdem getan. In den vierzig Jahren, die ich praktiziere, habe ich mich mit Katzen abgemüht, bei ihnen gewacht, ihretwegen Mahlzeiten versäumt und fast eine Million Meilen zurückgelegt. Ich behandelte Katzen in Theatergarderoben, in Sprechzimmern von Psychiatern, in Düsenflugzeugen, die im Begriff waren zu starten – und die Vorstellung eines kleinen Ausflugs auf den Mond erscheint mir nicht so aufregend wie eine Fahrt mitten durch Manhattan.

Da Hausbesuche etwa achtundneunzig Prozent meiner Praxis ausmachen, bin ich zum Spezialisten für Verkehrsstauungen geworden, und mein Auto findet Parkplätze wie eine Wünschelrute Wasser.

Mein Tag beginnt morgens um acht Uhr, wann er endet, bleibt völlig offen. Und was zwischen meinem ersten morgendlichen Anruf und meinem mitternächtlichen Abendbrot geschieht – auch dies bleibt völlig offen. So etwas wie einen typischen Tagesablauf gibt es nicht, es sei denn, man betrachtet eine nicht abreißende Folge von Überraschungen als typisch. Ich habe jedoch gelernt, damit zu rechnen, dass gewisse Dinge wahrscheinlich geschehen werden.

Zuvörderst, dass die zu behandelnde Katze unauffindbar ist. Manchmal bin ich überzeugt, Katzen können Gedanken lesen.

Eine große Zahl meiner Patienten weiß, wann ich erwartet werde. Sie verschwinden, noch ehe sie meine Klingelzeichen an der Tür hören. Es gibt Tage, an denen ich das Gefühl habe, mein größtes Problem sei nicht, wie ich den Patienten behandeln, sondern wie ich ihn finden solle.
Neulich etwa kam ich zu den Browns. Mr. Brown öffnete mir.
„Er ist wieder weg", sagte er schuldbewusst.
„Natürlich", seufzte ich. Nun kam ich schon zum dritten Mal innerhalb einer Woche und musste erfahren, dass der junge braun gefleckte Kater nicht zu Hause war. Jedenfalls nicht für mich.
Wie die beiden vorigen Male durchsuchten die Browns und ich jeden Raum. Wir öffneten Wandschränke, spähten hinter Heizkörper, krochen auf allen vieren, um unter die Möbel zu äugen, und durchstöberten Wäschestapel und Gemüsebehälter. Für einen Augenblick setzte ich mich nieder, um wieder zu Atem zu kommen. Wenn ich eine Katze wäre, dachte ich, wo würde ich mich verstecken? Ich wüsste ein Dutzend Plätze, alle gleichermaßen geeignet, auch den hartnäckigsten Tierarzt zu nasführen. Schließlich stand ich auf und ging ins Schlafzimmer. Ich weiß nicht, woher mir der Einfall kam, aber ich bat Mrs. Brown, mir beim Wegnehmen der Matratzen zu helfen. Das war der einzige Fleck, den wir noch nicht untersucht hatten. In der Matratze lag keine Katze. Aber im Federrost befand sich ein Hohlraum, und aus der Tiefe dieses Verstecks blinzelte mich der kleine Kater an.
Jetzt musste ich nur noch das widerstrebende Katzentier behutsam aus dem Gewirr der Sprungfedern herauslösen. Ich habe schon kompliziertere Manöver ausgeführt; bei einigen waren Kanalisationsanlagen und Leitungsröhren im Spiel. Im Vergleich dazu sind Sprungfedern eine kinderleichte Sache.
Ich wollte nicht, dass mein Patient wieder verschwand, bevor ich ihm seine Spritze verabreicht hatte. So setzte ich meine Streitkräfte in breiter Schlachtordnung ein: Mrs. Brown bekam den Auftrag, die Katze auf dem Tisch festzuhalten. Mr. Brown stellte sich ein paar Schritte entfernt auf, wo er geduckt wie ein Torwart bereitstand, das Tier abzufangen, falls es Mrs. Browns

Griff entschlüpfen sollte. Die eigentliche Prozedur dauerte fünf Sekunden. Ich bin sicher, die Katze spürte nicht den leisesten Schmerz. Als es vorbei war, sprang sie vom Tisch, spazierte ins Wohnzimmer und setzte sich mitten auf den Teppich, leckte ihre Pfoten und schaute uns an, als wunderte sie sich, was das ganze Getue bedeuten solle. Ich wischte mir die Stirn und machte mich auf den Weg zu meinem nächsten Patienten.

Tagtäglich kann ich damit rechnen, dass ich an den seltsamsten Orten arbeiten muss. Bestimmt haben sehr wenige Tierärzte je Katzen auf der Couch eines Psychiaters behandelt. Ich tat es. Nicht weil die fraglichen Katzen analysiert werden sollten, sondern weil es im Augenblick der einzige verfügbare Platz war.

Die Besitzer der Katzen wohnten im obersten Stockwerk eines hübschen, altmodischen Gebäudes ohne Aufzug. Im Erdgeschoss hatten drei Psychiater ihre Praxisräume. Da mir seit einiger Zeit Treppensteigen verboten ist, ergab sich das Problem: Wie kommt Camuti zu den Katzen oder wie kommen die Katzen zu Camuti?

Ein Psychiater, der eben seinen Urlaub antrat, bot uns freundlicherweise seine Räume an. Die Katzenbesitzer brachten ihre Tiere herunter und alles klappte wunderschön. Die Behandlung musste jedoch über längere Zeit fortgesetzt werden, so kam der Psychiater zurück und brauchte sein Sprechzimmer, bevor die Kur abgeschlossen war.

Im Flur, direkt vor den Praxisräumen, bemerkte ich ein breites Fenstersims, das noch über den Heizkörper reichte und als Operationstisch geeignet war. „Benützen wir eben das hier", sagte ich zu meinen Klienten. „Dann bringen Sie mir eine Katze herunter, ich behandle sie und Sie nehmen sie wieder hinauf."

Diese Regelung bewährte sich gut – bis auf eine Kleinigkeit. Unser Psychiater versäumte es, seinen Kollegen zu sagen, dass im Flur ein Tierarzt seinen Laden aufgeschlagen habe. Auch ihre Patienten wussten nichts davon. Da passierte es nun, dass ich oft, wenn einer von ihnen bei mir vorbeikam, allein an meinem Fenstersims stand, meine Instrumente kontrollierte und auf die nächste Katze wartete.

Ein Patient muss drinnen gemeldet haben, dass sich im Flur

eine seltsame Type aufhalte, die mit einer Injektionsnadel herumfuchtle; denn einer der Psychiater kam heraus, um zu sehen, ob es mich wirklich gebe oder ob sein Patient unter Halluzinationen leide.
Er schenkte mir ein freundliches Freudianerlächeln. „Sie scheinen beschäftigt", sagte er.
„Ich behandle gerade ein paar Katzen", informierte ich ihn. Unglücklicherweise war aber keine Katze zu sehen.
Er nickte. „Katzen, sagen Sie? Sehr interessant."
„Ja", sagte ich, „im Augenblick sind sie oben."
„Aber Sie behandeln sie hier?"
„Sie werden gleich da sein", erklärte ich, „das heißt, immer eine nach der andern."
„Ich verstehe", nickte der Psychiater wieder. „Und was geschieht nachher mit ihnen?"
„Dann gehen sie wieder hinauf", sagte ich.
Der Psychiater strich sich das Kinn. „Sehr interessant", murmelte er noch einmal. Dann wandte er sich um und ging in sein Sprechzimmer zurück. Aber der Blick, mit dem er mich bedachte, war unmissverständlich. Er bedeutete, dass wir uns nächstens sehr eingehend miteinander befassen müssten.
Ich habe auch im Krankenhaus Katzen behandelt. Einmal passierte es mir, dass ich als Patient dorthin kam. Als ich wieder sitzen und das Telefon benützen konnte, verbrachte ich fast einen ganzen Tag damit, dass ich Katzenbesitzern erklärte, ich sei außer Dienst, dass ich, soweit ich konnte, Ratschläge erteilte und bis weit in die Zukunft hinein Hausbesuche festlegte. Als ich die dringendsten Fälle erledigt hatte, legte ich mich zurück und entspannte mich. Dies war mein erster Urlaub seit vierzig Jahren, und da ich ihn nun einmal bekommen hatte, entschloss ich mich, ihn auch zu genießen.
Eines Tages erschien die Stationsschwester in meinem Zimmer. „Sie sind der Katzendoktor, nicht wahr?", fragte sie. „Wenn Sie schon hier sind, möchte ich Sie etwas fragen wegen meiner Katze ..."
Ein wenig später tauchte eine weitere Schwester auf. Sie sei nur eben vorbeigekommen und wolle sich vergewissern, ob ich

mich auch behaglich fühle. Ja, tatsächlich, sie besitze eine Katze ...
Einer der leitenden Ärzte schaute herein, dann ein junger Assistenzarzt. Auch sie hielten Katzen.
Kurz danach bekam die Katze, die der Wirtschafterin gehörte, Junge, und ich wurde per Telefon zu Rate gezogen. Im Verlauf meines Aufenthalts hielt man mich, glaube ich, über das Tun und Treiben jeder Katze auf dem Laufenden, die irgendjemand vom Krankenhauspersonal besaß. Ich kannte ihre Namen, ihre Rasse, ihre persönlichen Eigenarten und Gewohnheiten.
Bis dahin hatte ich die Dinge leicht nehmen können; meine dringendsten Fälle betreute ein anderer Tierarzt. Da klingelte eines Tages das Telefon besonders ungestüm. Ich nahm den Hörer ab und mir tönte entgegen:
„Camuti, wo sind Sie denn? Sie sollen sich um meine Katze kümmern, verdammt noch mal, und nicht im Bett herumlungern!"
Die Stimme gehörte dem General, einem zähen, dürren, grauhaarigen Mann, der aussah, als hätte er in jedem Gefecht seit Gettysburg mitgekämpft. Nach vielen großen Waffentaten im Zweiten Weltkrieg war er aus dem aktiven Dienst ausgeschieden, aber er sprach immer noch so, wie wenn jedermann, mit dem er umging, ein schwachköpfiger Leutnant wäre. In den letzten Jahren hatte sich dieser berühmte Haudegen, der Schrecken bescheidener Majore und Obersten, eine Katze zugelegt, ein schönes, zutrauliches Tier mit schwarzweißem Fell. Kurz bevor ich ins Krankenhaus musste, hatte ich es operiert; nun sollten noch die Fäden entfernt und die übliche Abschlussuntersuchung gemacht werden.
„Ich lungere nicht herum", antwortete ich, „ich bin damit beschäftigt, gesund zu werden. Leider kann ich nichts für Sie tun. Man lässt mich hier nicht heraus."
„Zum Teufel damit", sagte der General. „Ich bin gleich bei Ihnen."
„Sie selbst lässt man vielleicht hier herein", erwiderte ich, „aber Katzen sind nicht erlaubt. Die Fäden kann jeder beliebige Tierarzt herausnehmen. Gehen Sie zu meinem Vertreter. Ich

werde nach Ihrer Katze sehen, sobald ich wieder zu Hause bin."
„Jeder beliebige Tierarzt kann Fäden herausnehmen", sagte der General, „aber verdammt noch mal, das hier ist keine beliebige Katze. Es ist *meine* Katze."
„Aber ...", fing ich an.
„Sagen Sie mir Ihre Zimmernummer", befahl der General. „Ach lassen Sie's, ich werd sie schon selber herausfinden."
Eine Stunde später sprang die Tür auf. Vor mir stand der General in voller Uniform mit Sternen und Ordensbändern. In der Hand hielt er einen kleinen Tragkorb für Katzen, dürftig verhüllt mit einem weißen Tuch.
Der General stellte den Korb auf mein Bett und holte die Katze heraus. Der raue alte Krieger bettete das Tier in seine Arme und kraulte es am Kinn.
„Gute Mieze-Mieze-Katze", brummte er zärtlich, „hübsche kleine Mieze-Katze. Hab keine Angst. Wir tun dir nicht weh."
Die Katze schnurrte und rieb ihren Kopf an seiner Hand.
Eine der Schwestern besorgte mir Schere, Pinzette und Alkohol, und im Nu waren die Fäden heraus. Der General beförderte seine Katze mit beruhigendem Tätscheln und vielen Koseworten wieder in den Korb und zog sich nach allen Regeln der Strategie zurück.
Es musste sich herumgesprochen haben, dass ich wieder imstande war, Patienten zu behandeln. Innerhalb weniger Tage häuften sich die Anrufe von anderen Katzenbesitzern, die ihre Tiere ebenfalls zu mir ins Krankenhaus bringen wollten. Dr. Prutting, der beim Besuch des Generals ein Auge zugedrückt hatte, schritt schließlich energisch ein.
„Camuti", sagte er zu mir, „bringen Sie mir hier keine Katzen mehr herein."
„Warum nicht?", fragte ich. „Es lässt sich gut machen. Das Zimmer ist gemütlich, ich habe eine hübsche Schwester zum Assistieren. Wie wäre es, wenn Sie mir den Raum vermieten würden? Wir beide kurieren doch Kranke, nicht wahr?"
„Ja", antwortete er, „aber Sie tun es auf Ihre Weise, und ich will es auf die meine tun."
Am nächsten Tag schickte er mich heim.

Genau wie ich mit ausgefallenen Arbeitsbedingungen rechnen muss, so auch mit weiten Reisen. Nach Vermont oder Massachusetts zu fahren, dort eine Katze zu behandeln und anschließend wieder nach New York zurückzubrausen gehört für mich zu den Alltäglichkeiten. Vor kurzem zog einer meiner Klienten in einen unzugänglichen Winkel von New England, ans hintere Ende eines großen Sees.

„Ich brauche einen halben Tag, bis ich um den See herumgefahren bin", protestierte ich.

„Machen Sie sich keine Sorgen", sagte er. „Wir haben ein Wasserflugzeug. Wir können Sie am Hafen aufnehmen und in null Komma nichts hinüberfliegen."

„Schön", antwortete ich. „Aber denken Sie daran, ich bin Tierarzt und kein Fallschirmspringer."

Kurz nach meiner Entlassung aus dem Krankenhaus ergab sich die Aussicht auf einen noch etwas längeren Flug. Die Geschichte begann mit einem Kabel von Joseph Kesselring, dem Autor von „Arsen und Spitzenhäubchen"; er benachrichtigte mich, dass Fiddle, seine braun-grau-weiß gefleckte Langhaarkatze, sehr schwer erkrankt ist. Ob ich gleich kommen und nach ihr sehen könne?

Unter normalen Umständen wäre ich in meinen Wagen gesprungen und zu Kesselring gefahren. Aber das Kabel kam aus Neapel.

Der Schriftsteller bat mich in seinem Telegramm dringend, das nächste Flugzeug nach Italien zu nehmen; er werde mich auf dem Flughafen erwarten. Ich traf eilig einige Vorbereitungen, dann rief ich Dr. Prutting an, um ihm mitzuteilen, was ich vorhatte.

Sowie er von meinem Plan hörte, bekam er fast selber einen Herzanfall. Fliegen war das Letzte, was er mir erlauben wollte.

„Camuti", sagte er, „warum geben Sie mir solche Probleme auf? Sie wissen ganz genau, was eine Flugreise für eine so heruntergewirtschaftete Pumpe wie die Ihre bedeuten kann."

„Wollen Sie damit sagen, dass ich nicht fliegen darf?"

„Ich denke nicht im Traum daran, Ihnen etwas Derartiges zu sagen", erwiderte Dr. Prutting. „Erstens würden Sie doch nicht auf mich hören, und zweitens will ich Sie nicht auf dem Gewissen haben." Er legte mir nahe, den Herzspezialisten Dr. Kwit anzurufen. „Wenn er nichts dagegen hat, kann ich wohl auch nichts dagegen haben."

Dr. Kwit nahm einen toleranteren Standpunkt ein. „Sie sind weniger gefährdet, wenn Sie nach Neapel fliegen", sagte er, „denn wenn ich Sie hier festhalte, zappeln Sie sich in drei Herzattacken hinein. Fahren Sie also auf alle Fälle. Und telegrafieren Sie mir, wann Sie zurückkommen. Ich werde Sie mit einer Tragbahre am Flughafen abholen lassen. Bis dahin gute Reise."

Nach dieser Aufmunterung bat ich Sandra, meine Frau, mir mein Köfferchen zu packen. Mein Pass war noch gültig, ein Visum bekam ich sofort, und so stand ich denn bereit zur Abreise. Sandra gab mir noch eine Hand voll Notizzettel, die mich daran erinnern sollten, dass nicht nur Fiddle, sondern auch ich selbst Arznei brauchte.

Gerade als ich meinen Koffer ergriff, klingelte das Telefon. Ein Anruf aus Neapel. Ich ließ alles fallen und schnappte den Hörer. Es war Kesselring, diesmal voll jubelnder Freude. Fiddle habe die Krisis aus eigener Kraft überstanden. Sie erhole sich zusehends. Natürlich, wenn ich eben mal rasch herüberfliegen und einen Blick auf sie werfen könnte ...

„Nein, danke", sagte ich. „Ich habe Neapel gesehen und bin noch am Leben. Ich möchte mein Schicksal nicht beschleunigen."

Nun aber war Sandra – voll Widerspruch wie alle Frauen – enttäuscht, dass meine Reise ausfallen sollte. Wenigstens hätte ich unterwegs eine Ruhepause gehabt, sagte sie. Mir machte es nichts auf. Ich freute mich zu sehr über Fiddles Genesung, als dass ich es bedauert hätte, Italien nicht wieder zu sehen. Es war die erfreulichste Reise, die ich nicht gemacht habe.

Späte Anrufe sind das Allergewöhnlichste, was mir ein Durchschnittstag – oder eine Durchschnittsnacht – bringt. Wenn der Fall drängt, suche ich den Patienten selbstverständlich auf. Erst letzte Woche klingelte mein Telefon um ein Uhr nachts. Es war

Mrs. Green, die mich aus Connecticut anrief, ihre Siamkatze habe sich eben entschlossen, Junge zu werfen. Gewöhnlich kommen Katzen dabei erstaunlich gut allein zurecht. Aber Mrs. Green fügte etwas hinzu, das auf eine Störung hindeutete.
„Es ist nur ein Junges“, bemerkte sie, „und keinerlei Anzeichen für weitere.“
Ich hatte die Katze untersucht und mehrere der kleinen Kügelchen ertastet, die sich in den frühen Stadien der Trächtigkeit an den Eileitern entwickeln, pro Jungtier eines. Es mussten also mehr als eines da sein.
„Warten Sie eine halbe Stunde“, sagte ich zu ihr, „dann rufen Sie mich wieder an.“
Es hatte keinen Sinn, wenn ich wieder zu schlafen versuchte. Sandra machte Kaffee und wir saßen wartend in der Küche. Eine halbe Stunde später meldete Mrs. Green immer noch kein weiteres Kätzchen. Die Mutterkatze hatte sich abgemüht, nun lag sie erschöpft da.
Ich sah, dass Sandra unwillkürlich meinen Mantel und Hut aus dem Schrank genommen hatte.
„Gut“, sagte ich zu Mrs. Green, „ich komme.“
Fast eine Stunde brauchte ich, bis ich das Haus der Greens erreichte. Die Katze hatte sich nicht gerührt, die Gebärmutter schien ohne Leben.
Während der nächsten anderthalb Stunden versuchte ich alles, was ich wusste; ohne Erfolg. Gegen Morgen brachte die Katze den übrigen Wurf zur Welt. Die Jungen waren tot.
Ich fuhr nach New York zurück in dem Bewusstsein, dass ich nicht mehr hatte tun können, aber ich fühlte mich dennoch unglücklich und mutlos. Ich zerbrach mir auch den Kopf darüber, dass Sandra mich so bereitwillig hatte gehen lassen. In den letzten Jahren hat sie sich manchmal zu meiner verlängerten Arbeitszeit recht kritisch geäußert.
„Ich dachte, wenn du hingehst, könntest du noch zu einem bisschen Schlaf kommen“, sagte sie, als ich sie über ihre Reaktion befragte. Ich erzählte ihr, dass mein nächster Krankenbesuch in einer Stunde fällig sei.
„Nun“, antwortete sie, „wenn ich dich gebeten hätte, daheim zu

bleiben, hättest du nicht auf mich gehört. Und wenn du auf mich gehört hättest, wärst du die ganze Nacht unruhig wach gelegen. Du hättest höchstens zehn Minuten geschlafen. So kommst du wenigstens zu einer halben Stunde Schlaf, das macht zwanzig Minuten mehr!"
Ich zog mich zu einem Schnellnickerchen ins Bett zurück. Und ich fragte mich, was bringt einen Tierarzt dazu, sich aus der gesamten Zoologie gerade die Katzen als Spezialität auszuwählen?

Wie kommt ein Mensch überhaupt zu dem Wunsch, Tierarzt zu werden? In meinem Fall war es unvermeidlich, dass ich mir diesen Beruf erwählte. Die Männer der Familie Camuti sind während der letzten zweihundert Jahre Ärzte gewesen. In Parma, wo ich geboren bin, lehrte mein Urgroßvater Giuseppe Camuti von 1759 bis 1792 als einer der Ersten Anatomie an der Universität und schrieb Abhandlungen über dieses Fachgebiet. Der Herzog von Parma ernannte ihn zum Leibarzt und verlieh ihm den Titel eines Grafen von Belvedere-Parmigianino. Mein Großvater Luigi wurde ebenfalls Arzt und Anatom an der Universität, wo er bis 1903 Vorlesungen hielt. Von da an studierte fast jeder Camuti Medizin.
Wenn meine Lust am Kurieren von väterlicher Seite stammt, so wurde meine Zuneigung für Tiere durch meine Mutter geweckt und gefördert. Tiere zu lieben und für sie zu sorgen war für sie die natürlichste Sache der Welt, und Größe und Art spielten dabei keine Rolle. Ob es flog oder schwamm oder auf vier Beinen ging – ihm wurde die gleiche Freundlichkeit und Achtung zuteil wie jedem menschlichen Wesen. Wir alle in unserer Familie betrachteten Tiere als eine der erfreulichsten Lebenserscheinungen.
So, mit der Medizinertradition von der einen und der Tierliebe von der anderen Seite, nehme ich an, dass ich zum Tierarzt vorbestimmt war, ehe ich überhaupt wusste, was das Wort bedeutete.
Mein Vater war einer der wenigen Camutis, die nicht Arzt geworden waren, obwohl er als junger Mann in Parma Medizin studierte. Aber er hatte einen abenteuerlustigen, ruhelosen

Charakter. Außerdem war er überzeugt, dass seine Kinder – gleichgültig, was sie werden wollten, ob sie der Familientradition folgen oder sie ganz aufgeben würden – in Amerika eine bessere Zukunft hätten. 1902 packte er seine Habseligkeiten zusammen und fuhr mit Weib und Kind nach New York.

Eine Zeit lang lebten wir in Greenwich Village, in der Nähe der Macdougal Street. Mein Vater verlegte sich auf den Lebensmittelgroßhandel. Aber ich glaube, Musik interessierte ihn mehr als Gemüse. In Italien war er eng befreundet gewesen mit Toscanini.

Als alte Schulkameraden standen die beiden ununterbrochen in Briefwechsel, und wenn Toscanini später in den Vereinigten Staaten war, versäumten sie nie, sich zu treffen. Mein Vater redete gern; er war ein Geschichtenerzähler, der noch aus dem einfachen Überqueren einer Straße ein regelrechtes Abenteuer machen konnte. Als einziger Mensch in New York, der Toscanini zum Lachen bringen konnte, erlangte er eine gewisse Berühmtheit. Ich begleitete meinen Vater oft, wenn er den Maestro im alten Ansonia-Hotel besuchte, und manchmal bat mich Toscanini, ihm bei seinen Einkaufsexpeditionen als Dolmetscher behilflich zu sein.

Meine Mutter hatte ihre eigenen Nöte, außer der Aufgabe, den Haushalt zu führen und auf meinen Bruder und mich aufzupassen. Ihr Hauptproblem waren Pferde. Zu jenen Zeiten gab es in Greenwich Village ausschließlich Arbeitspferde, sie zogen Gemüsekarren, Lieferwagen und so weiter. Die Männer, die die Zügel führten, schienen allesamt eine ausgesprochene Geringschätzung für Pferde zu hegen, und oft schlugen sie grausam auf die Tiere ein. Wenn meine Mutter das bemerkte, stürzte sie hinaus. „Bestia! Brutto!", schrie sie dann. „Ein armes Tier so zu misshandeln!"

Meine Mutter war klein. Aber sie hatte Kraft. Ich sah mit eigenen Augen, wie sie einen stämmigen Fuhrmann am Arm packte, herumwirbelte und ihm die Peitsche aus der Hand riss. In Greenwich Village gab es wohl kaum einen Rollkutscher, der ihr länger als eine Minute standgehalten hätte. Was anderswo geschah, weiß ich nicht, aber in Hörweite der Casa Camuti wurden Pferde anständig behandelt.

„Glaubt nur ja nicht“, sagte meine Mutter, „dass Tiere weniger leiden als Menschen. Schmerz ist für sie das Gleiche wie für uns. Sogar noch schlimmer, denn sie können sich nicht selber helfen.“

Im Alter von neun Jahren betätigte ich mich selbst als Retter. Mein jüngerer Bruder und ich trafen auf eine Horde Kinder, die ein winziges Kätzchen herumwarfen. Da wir zu klein waren, um die Methode meiner Mutter anzuwenden, konnten wir nur mit ihnen verhandeln und bitten, sie sollten uns das Tier geben. Sie waren so verblüfft, dass sie uns die herrenlose Katze stillschweigend überließen.

Manche Eltern würden sich vielleicht darüber aufhalten, wenn ihre Kinder das kleinste, magerste, schmutzigste Kätzchen von ganz New York heimbrächten. Mein Vater und meine Mutter waren hocherfreut und wunderten sich nur, dass wir so lange gebraucht hatten, ein Haustier zu finden. Wir nannten die Katze Ci-Nin. Innerhalb von wenigen Wochen verlor sie ihr klapperdürres Aussehen und reckte und rundete sich. Nachdem der Schmutz verschwunden war, stellte sich heraus, dass sie ein reinweißes Fell hatte, dazu ernste, orangefarbene Augen. Das erste Tier, das ein Kind besitzt, hat immer etwas Magisches, Geheimnisvolles und unglaublich Erregendes. Ci-Nin war keine Ausnahme. Ich konnte sie stundenlang beobachten, wie sie spielte, sich putzte oder ruhig auf dem Fensterbrett saß. Und was das Schönste war: Sie fasste eine besondere Zuneigung zu mir. Während ich meine Hausaufgaben machte, lag Ci-Nin zusammengerollt in meinem Schoß; wenn ich zu Bett musste, folgte sie mir in mein Zimmer, kuschelte sich auf meine Füße und schnurrte uns beide in den Schlaf. Sie zeigte ihre Liebe zu mir mit den hunderterlei feinen Nuancen, die einer Katze zu Gebote stehen, und einmal auf geradezu dramatische Weise.

Im Frühling, nachdem Ci-Nin zu uns gekommen war, erkrankte ich an einem typhusartigen Fieber. Die damals übliche Behandlung bestand in neunzigtägiger Bettruhe und einer Diät, die genau so berechnet schien, dass der Patient gerade noch durchgebracht werden konnte, ohne zu verhungern. Trotz täglicher Waschungen, Massagen, Öleinreibungen und reichlichen Puderns lag ich mich wund. Meine Beine wurden zu dünnen Stecken, ich konnte kaum noch den Kopf heben, und ich träumte fortwährend von saftigen Steaks. Das Heilverfahren war, soweit ich es überblicken konnte, schlimmer als die Krankheit. Meine Freude und mein Trost war Ci-Nin, die standhaft bei mir blieb und mich mit einem Programm von Katzenspielen, aufgeführt zwischen Kissen und Decken, aufzuheitern versuchte.

Eines Tages ließ uns meine Mutter allein, während sie in der Nachbarschaft einen Besuch machte. Als sie fortging, hatte sie vergessen, dass ein Topf Fleischbrühe auf dem Herd kochte. Die Flüssigkeit verdampfte und das Fleisch begann anzubrennen. Nach kurzer Zeit war unsere ganze Wohnung von Rauch erfüllt. Was in den nächsten Minuten geschah, weiß ich nur noch verschwommen. Ich kann nicht mehr sicher sagen, ob ich versuchte aus dem Bett zu kommen und dabei ohnmächtig wurde oder ob es der Rauch war, der mir so zusetzte, dass ich mich nicht mehr rühren konnte. Jedenfalls, als ich die Augen wieder öffnete, sah ich Ci-Nin, die auf meiner Brust kauerte.

Sie stupste mir mit der Nase ins Gesicht, erst auf der einen Seite, dann auf der anderen. Sie legte eine Pfote auf meine Lippen. Als ich nicht reagierte, drückte sie ihre Schnauze gegen meinen Mund. Ich schob sie weg. Es war mir gleichgültig, ob die Wohnung niederbrannte, ich wollte nur noch schlafen. Ci-Nin gab nicht auf, ihre Bewegungen wurden heftiger. Schließlich schlug sie mich kräftig auf die Wange. Da wachte ich richtig auf und merkte, dass ich am Ersticken war. Als ich um Hilfe rufen konnte, war meine Mutter gerade zurückgekommen und hatte die Sache in die Hand genommen.

Ci-Nin, davon bin ich überzeugt, hat mir das Leben gerettet. Sie hielt mich mit Absicht wach; einmal konnte es sogar scheinen, als versuchte sie mir in den Mund zu atmen. Vielleicht suchte sie nur selber Schutz – ich habe nie davon gehört, dass eine Katze an jemandem künstliche Atmung ausgeführt hätte. Sehr wahrscheinlich wollte sie mich zum Aufstehen bewegen, damit

ich sie aus dem Raum herausbrächte. Aber sicher hätte sie für sich ein Fleckchen finden können, wo der Rauch nicht hindrang – im Badezimmer etwa oder sonst in einem abgelegenen Winkel. Oder handelte sie, mindestens zum Teil, aus Sorge um mich? Es macht mich glücklich, das zu glauben.
Ci-Nin lebte danach noch sechzehn Jahre. Die wechselseitige Zuneigung zwischen uns war für mich ein weiterer Grund, Tierarzt zu werden. Nicht dass ich dessen noch bedurft hätte, denn wie ich schon sagte: Meine Berufswahl war längst entschieden. Was sonst hätte mir eine solche Verbindung der beiden Dinge, die mich am meisten interessierten, geboten?

Während der Jahrtausende, in denen Katzen und Menschen zusammenlebten, haben die Katzen sich immer geweigert, in menschliche Angelegenheiten verwickelt zu werden. Sie ließen sich niemals in eine Armee einreihen, nie in Polizisten, Türhüter, Hofnarren oder bezahlte Artisten verwandeln. Arbeit – anderer Leute Arbeit – ist eine unerträgliche Vorstellung für eine Katze. Kann man sich Katzen denken, die Schafe hüten oder einwilligen, Karren zu ziehen? Sie laden sich nicht die geringste Unbequemlichkeit auf. Hartnäckig bestehen sie darauf, genau so zu bleiben, wie sie sind: weder zur Reue noch zur Scham, noch zur Schmeichelei bereit – außer wenn sie tiefere Beweggründe dafür haben – und vor allem stets ganz in sich selber ruhend. Das beleidigt manche Leute und macht sie zu erbitterten Katzenfeinden. Aber mit schöner Geringschätzung für Dale Carnegie gewannen sie dennoch Freunde und beeinflussten Menschen. Andere Tiere haben Verehrer, aber keines erweckt solch leidenschaftliche Begeisterung. Es ist schwierig, Katzen gegenüber ruhig zu bleiben. Man hasst oder liebt sie. Und Katzenliebhaber sind anscheinend in ihren Gefühlen besonders laut und bestimmt.
Sie beweisen ihre hingebende Liebe auch durch Taten. Hunde genießen den Ruf, sie seien treu bis zur Selbstaufopferung in ihrer Beziehung zum Menschen. Bei Katzen ist es umgekehrt. Meist bringt am Ende der Mensch das Opfer.
Ich kenne ein Ehepaar, das viele Jahre lang lieber in einem pri-

mitiven Mietshaus lebte, als in eine behaglichere, moderne Wohnung umzuziehen: Sie konnten keinen Hausbesitzer finden, der ihre zahlreichen Katzen akzeptierte. Im Lauf der Zeit legten sie sich außerdem einen Hund, einen Affen und ein Aquarium voller Fische zu. In der Einzimmerwohnung beherrschten natürlich die Katzen das Feld; sie wählten sich die gemütlichsten Schlaf- und Ruheplätze aus. Der Hund rollte sich zusammen, wo es ihm die Katzen erlaubten. Der Affe bewohnte aus Gründen der Raumersparnis einen Käfig, der an der Decke aufgehängt war. Eine Zugeinrichtung ermöglichte es, den Käfig herabzulassen, wenn der Affe auszusteigen wünschte, und ihn für die übrige Zeit in luftiger Höhe wegzuräumen.
Die Anlage bewährte sich so gut, dass das Ehepaar schließlich eine ganze Reihe ähnlicher Vorrichtungen auch für die Katzen anbrachte: Hängebühnen mit komplizierten Seilwinden zum Heben und Senken, Schaukelbretter und verstellbare Trapeze. Das Zimmer sah halb wie die Takelage eines Schoners, halb wie der Schnürboden der Met aus. Sogar als das Ehepaar endlich in ein Landhaus umzog, nahm es die ganze Einrichtung mit. Das Haus wirkte bald ebenso vollgestopft wie die Einzimmerwohnung, aber den Katzen gefiel es so; sie kletterten nach oben, um den Affen zu untersuchen, sie kauerten auf den Hängebühnen und lauerten sich gegenseitig auf, sie machten ihr Schläfchen hoch über dem Fußboden.
Eine andere glückliche Katze gehörte Mr. und Mrs. James. Mr. James war Industrieller.
Wenn er auch kein Ölmagnat war, so hielt er doch viel von einer großzügigen Regelung der Dinge. Einmal, als er und seine Frau in Palm Springs Urlaub machten, spazierte ein herumstreunendes Kätzchen auf die beiden zu und rieb sich an Mr. James' Bein.
„Das Kerlchen gefällt mir", sagte Mr. James. „Es sieht jetzt nicht nach viel aus, aber es hat's in sich. Das ist die Art Katze, die mir zusagt."
Gewohnt, rasche Entscheidungen zu treffen, adoptierte Mr. James das Kätzchen auf der Stelle. Die einzige Frage war, was man mit dem Tierchen tun solle, bis Mr. James und seine

Frau wieder nach Florida heimfahren würden. Mr. James, nie um einen Ausweg verlegen, ließ sein Privatflugzeug kommen und befahl dem Piloten, mit dem Kätzchen nach New York zu fliegen.
Dann rief er mich von Kalifornien aus an und scheuchte mich in ein New Yorker Hotel, wo ich Katze und Pilot antreffen würde und das Tier untersuchen und wegen ein paar Kleinigkeiten behandeln könne. Während ich im Hotel war, rief Mr. James wieder an und arrangierte ein Dreiertelefongespräch zwischen Palm Springs, mir und dem Mädchen der Familie James in Florida.
„Nun hören Sie bitte genau zu", sagte Mr. James zu dem Mädchen. „Schreiben Sie sich jedes Wort auf, das Doktor Camuti Ihnen gleich durchgeben wird. O.K., Camuti, jetzt sind Sie an der Reihe."
Ich diktierte meine Anweisungen für die Arznei und die Behandlung des Kätzchens.
„Haben Sie's?", fragte Mr. James das Mädchen, als ich geendet hatte.
„Gut. Noch irgendwelche Fragen? Denken Sie daran – ich will, dass die Katze so gut wie neu ist, wenn ich heimkomme. Wiederhören."
Als ich später wieder einmal mit Mr. James sprach, fragte ich ihn, ob er jemals ausgerechnet habe, wie teuer ihn die Adoption des Kätzchens gekommen war.
„Das ist mir egal", sagte Mr. James. „Wenn ich eine Katze adoptiere, dann wird sie wirklich adoptiert!"
Einem anderen Ehepaar wurden die Katzen zum Problem beim Verkauf ihres Besitztums in Connecticut. Unter gewöhnlichen Umständen wäre das für die Rolands eine einfache Sache gewesen, denn das Haus war hübsch und behaglich, zwischen Wiesen und Wäldern gelegen.
An einem Spätnachmittag – so schilderten mir die Rolands die Szene – kam der Grundstücksmakler, um sich alles anzusehen und die Verkaufsbedingungen zu erörtern. Als ihm die Rolands den Garten zeigten, trottete eine Katze aus dem Wald und steuerte die Rückseite des Hauses an.

„Ach“, sagte der Makler, „ich sehe, Ihre Katze kommt zum Abendessen.“
„Nun ja“, erwiderte Mr. Roland, „eigentlich ist es nicht unsere Katze.“ Er erklärte dem Makler, dass einige Monate zuvor ein paar herrenlose Katzen im angrenzenden Wald Quartier bezogen hätten. Er sah auf seine Uhr. „Die Übrigen sollten jeden Augenblick eintreffen. Sie kommen immer etwa um diese Zeit.“
Während der Makler noch zum Waldrand hinüberschaute, erschienen sechs weitere Katzen und spazierten im Gänsemarsch zur Hintertür des Hauses. „Sie sprachen von ein paar?“, sagte er.
Mrs. Roland gab ihm einen raschen Überblick über die näheren Umstände eines Katzenlebens. „Aber“, fügte sie hinzu, „wir versuchen sie irgendwo unterzubringen.“
Immer wenn jemand kam, um sich Haus und Garten anzusehen, tauchten die Katzen auf und beobachteten, was vor sich ging; sie saßen im Halbkreis am Waldrand und starrten die Kaufinteressenten an. Die Rolands stellten mehrere Neuzugänge fest.
Mögliche Käufer fühlten sich unbehaglich bei dem Gedanken, in ein Haus mit so vielen dazugehörigen Katzen einzuziehen. Einer schlug vor, alle abzuschießen. Die Rolands jagten ihn davon.
Ich half mit, für verschiedene der Herumstreuner ein Heim zu finden, aber die Katzenbevölkerung wuchs schneller als die Zahl der Adoptivstellen. Die Rolands waren bereit, auch einige mitzunehmen, doch sie brachten es nicht über sich, einfach auszuziehen und die Übrigen ihrem Schicksal zu überlassen, und sie konnten niemand finden, der versprochen hätte, für die Zurückbleibenden zu sorgen.
Das dauerte fast zwei Jahre; während dieser Zeit lehnten die Rolands verschiedene ausgezeichnete Angebote ab, der Makler stand Höllenqualen aus, und die Zahl der Katzen wuchs auf ungefähr zwanzig an.
Sie lebten noch immer im Wald und kamen zweimal am Tag zu ihren Mahlzeiten. Es war ein eindrucksvolles Schauspiel, so

erzählte mir Mrs. Roland, wenn man sah, wie sie sich en masse versammelten und zum Haus herabbewegten. Katzen sprangen von den Bäumen, stürzten aus dem Gebüsch oder schienen einfach aus dem Boden zu wachsen. Schließlich formierten sie sich und strömten zur Hintertür, wo Mrs. Roland große Konservenbüchsen mit Futter hinstellte. Sie waren wie ein Schwarm vierbeiniger Heuschrecken oder ein Nomadenstamm, der sein Lager abbricht. Alle Altersklassen und Größen waren vertreten: große Kater mit narbigen Köpfen und ausladenden Backen, spindeldürre Kätzchen, die versuchten einander zuvorzukommen und von den älteren Hordenangehörigen geohrfeigt wurden. Wenn Mrs. Roland zufällig einmal die Büchsen etwas später hinstellte, jaulten die Katzen mit höchster Lautstärke und wurden so zornig, dass sie fürchtete, sie könnten das Fütterungsgeschäft auf eigene Faust regeln.

Die Rolands hatten gerade den Plan, das Haus zu verkaufen, aufgegeben. Nachdem sie beinahe zwei Jahre mit den Katzen gelebt hatten, waren sie langsam an sie gewöhnt und mochten sie sogar allesamt von Herzen gern. Mr. Roland hörte auf, auszurechnen, wie viel ihn die Sache kostete – wenn man das Futter für die Katzen berücksichtigte und den Betrag dazuzählte, den er hätte erzielen können, wäre das Haus gleich zu Anfang verkauft worden.

Dann, innerhalb von zwei Wochen, begannen die Katzen zu verschwinden. Immer mehr Konservenbüchsen blieben unberührt stehen. Statt des üblichen Hexensabbats erfüllte zur Essenszeit eine ungemütliche Stille das Haus. Zu ihrer eigenen Überraschung ertappten sich die Rolands dabei, dass sie durch den Wald stapften und vergeblich nach den Herumstreunern riefen.

Keiner kam zurück. Mit Bedauern verkauften die Rolands ihr Haus und zogen weg. Sie legten sich ein paar eigene Katzen zu, aber es war eine armselige Zahl im Vergleich zu „ihrem" ganzen Stamm. Den Rolands kommt es nie genug vor, gleichgültig, wie viel Katzen sie jetzt im Haus haben.

Ich kann mir nicht genau vorstellen, was geschah. Meiner Vermutung nach breitete sich eine Epidemie in der

Katzenkolonie aus, und die sterbenden Tiere verkrochen sich in den Wäldern. Die andere Möglichkeit – die ich nicht ernsthaft in Betracht ziehe, obwohl sie faszinierend ist – wäre die, dass die Katzen beschlossen, wegzugehen und sich mit einer größeren Organisation zu vereinigen. Wenn das stimmt, dann gäbe es irgendwo in Connecticut ein riesiges Rudel von Wanderkatzen. So pflegen sich Sagen zu bilden.

Während des Zweiten Weltkriegs geriet eine meiner Klientinnen, Mrs. Williams, in Schwierigkeiten, als sie versuchte, die Forderung ihres Siamkaters zu erfüllen. Bunker, so hieß er, hatte eine besondere Vorliebe für Krabbenfleisch entwickelt. Aber nicht etwa von inländischen Krabben. Nur die japanischen wurden akzeptiert.

„Ich kann keinen Unterschied feststellen", sagte Mrs. Williams zu mir, „aber er kann es. Wenn ich ihm einen Teller amerikanisches Krabbenfleisch hinstelle, versucht er es zu vergraben. Das japanische schlingt er auf einen Sitz hinunter und schreit nach mehr."

In der ersten Zeit des Krieges fand Mrs. Williams ein paar Lebensmittelgeschäfte, die ihre Vorräte noch nicht erschöpft hatten. Doch als der Krieg länger dauerte, wurde es beinahe unmöglich, japanisches Krabbenfleisch aufzuspüren. Bunker trat in den Hungerstreik.

„Jetzt frisst er gar nichts anderes mehr als japanisches Krabbenfleisch", erzählte mir Mrs. Williams.

„Lassen sie ihn lange genug hungrig herumlaufen", riet ich ihr, „dann wird er froh sein, wenn er überhaupt etwas bekommt."

Mrs. Williams hatte entweder ein zu gutes Herz oder zu wenig Energie, um Bunker standzuhalten. Ein hungriger Siamkater versteht es, seinen Besitzer zu Taten anzutreiben.

„Er lässt mich nicht einmal schlafen", klagte Mrs. Williams. „Nachts kommt er und setzt sich an mein Bett und heult ununterbrochen. Neulich fand ich in einem Laden eine Dose von dem Zeug und gab ihm die Hälfte. Ich dachte, ich könnte den Rest für die nächste Mahlzeit aufsparen. Aber er wusste, dass ich noch etwas im Kühlschrank hatte. Er rannte unaufhörlich in die Küche und jaulte dabei, so laut er konnte. Es klang wie eine Luftschutzsirene. Ich musste ihm auch das Übrige geben."

Auf ihrer Suche nach japanischem Krabbenfleisch machte Mrs. Williams immer weitere Wege.

Sie war nicht mehr jung und es muss für sie sehr anstrengend gewesen sein. Sie fand auch ein Geschäft, in dem noch eine ganze Kiste vorrätig war.

Mrs. Williams wollte sie sofort kaufen.

„Wofür das, für den schwarzen Markt?", fragte der Inhaber und überlegte, ob japanisches Krabbenfleisch vielleicht wertvoller sei, als er dachte. Mrs. Williams konnte es geradezu spüren, wie der Preis anstieg.

„Nein, nein", erwiderte Mrs. Williams, „ich verkaufe es an niemand anderen."

Der Ladeninhaber lehnte immer noch ab. „Ich gebe Ihnen jetzt ein paar Dosen", sagte er, „aber das ist alles. Hamstern gibt es nicht. Wenn Sie mehr wollen, kommen Sie wieder."

Zweimal wöchentlich pilgerte Mrs. Williams hin, um ihre Krabbenration zu holen.

„Sie müssen das Zeug ja sehr mögen", bemerkte der Kaufmann.

„Oh, es ist nicht für mich, es ist für meinen Siamesen."

Der Ladeninhaber warf ihr einen eigentümlichen Blick zu. „Was Sie nicht sagen."

Bei ihrem nächsten Einkauf bemerkte Mrs. Williams einen Polizisten, der mit gezwungener Ungezwungenheit herumstand. Als sie ihre Krabben in Empfang nehmen wollte, drehte der Kaufmann eine der Dosen beiläufig in den Händen.

„Nun", begann er etwas lauter als sonst, „erzählen Sie mir mal ein bisschen mehr von dem Japsen, der auf dieses Krabbenfleisch versessen ist. Wo lebt er denn?"

Der Polizist trat etwas näher an den Ladentisch.

„Bei mir", sagte Mrs. Williams, „und es ist kein Japaner, sondern ein Siamese."

„Ja? Sehr interessant. Wie kam er denn überhaupt hierher?"

„Er kam nicht hierher, er ist hier geboren."

„Naturalisiert also?“
„Aber ich spreche doch von einem Siamkater, nicht von einem Menschen.“
„So ist das?“ Der Kaufmann warf dem Polizisten, der auf den Fersen wippte und aufmerksam zuhörte, einen wissenden Blick zu.
„Sie wollen sagen, dass Sie all das Geld für eine Katze ausgeben?“
„Genau das“, erwiderte Mrs. Williams.
„Sehr interessant“, sagte der Kaufmann noch einmal. Er schien nicht überzeugt.
Mrs. Williams bezahlte ihre Krabben und ging. Aber, so erzählte sie mir, sie war sicher, dass ihr nach dem nächsten Einkaufsgang zwei Männer bis zu ihrer Wohnung folgten.
Bald gingen die Krabben in diesem Laden aus, und Mrs. Williams musste andere, entferntere Quellen ausfindig machen. Sie konnte sich des Eindrucks nicht erwehren, dass sie beschattet wurde. Infolgedessen war sie immer verlegen, wenn sie nach japanischem Krabbenfleisch fragte, und bekam unwillkürlich eine verstohlene, Verdacht erregende Art, die jeden davon überzeugen musste, dass sie in dauerndem Kontakt mit Kaiser Hirohito stehe.
Irgendwie überlebte Bunker die Krabbenknappheit. Mrs. Williams verlor vor lauter Aufregung mehrere Pfund an Gewicht, obwohl das FBI sie nie aufsuchte. Endlich kam japanisches Krabbenfleisch wieder auf den Markt.
Zu spät. Bunker hatte eine Neigung für pâté de foie gras entwickelt. Die französische Art, mit Trüffeln.
„Was Sie auch anfangen“, sagte ich zu Mrs. Williams, „lassen Sie ihn nie frischen Kaviar versuchen.“

Schwiegermuttersorgen gehören bei vielen Leuten zu den Alltäglichkeiten. Bei Katzen nicht; aber ich kenne einen Fall, wo eine Katze und eine Schwiegermutter einander ins Gehege kamen.
Vor nicht langer Zeit erschienen die Johnsons in meiner Praxis. Mrs. Johnson, nicht mehr ganz jung, erwartete ihr erstes Kind.

„Bevor das Baby kommt“, sagte Mrs. Johnson, „müssen wir unsere Katze loswerden.“
„Meine Schwiegermutter hat uns gewarnt“, setzte Mr. Johnson hinzu. „Das Risiko ist zu groß.“
„Wir lieben Timmy“, sagte Mrs. Johnson traurig, „aber wir können es nicht darauf ankommen lassen.“
„Machen Sie sich keine Sorgen“, lachte ich. „Ihr Baby wird Timmy nichts tun.“
„Nein, Sie verstehen uns nicht richtig. Es ist umgekehrt“, sagte Mrs. Johnson. „Meine Mutter meint, Katzen seien imstande, einem Baby den Atem auszusaugen und es zu ersticken. Ich kann mir nicht vorstellen, dass Timmy so etwas tut. Aber man weiß nie.“
„Sie wollen mich zum Besten halten“, antwortete ich.
Mr. Johnson schüttelte den Kopf. „Das hat meine Schwiegermutter uns erzählt.“
„Hören Sie“, sagte ich, „wir leben in der Mitte des zwanzigsten Jahrhunderts. Und Sie glauben einen solchen Unsinn?“
„Aber meine Mutter ...“, begann Mrs. Johnson.
„Ihre Mutter ist zweifellos eine reizende Dame“, sagte ich. „Doch von Katzen hat sie nicht die geringste Ahnung.“
Ich erklärte den Johnsons, dass eine Katze möglicherweise aus Neugier in einen Kinderwagen springt. Eine Katze kann auch mit ihren Pfoten auf der Bettdecke herumwühlen oder sich neben dem Baby schlafen legen.
Mit angestrengter Phantasie mag man sich sogar noch vorstelllen, dass eine Katze so weit ginge, sich auf ein Baby zu setzen, obwohl ich bei einem normalen Baby und einer normalen Katze sehr daran zweifle, dass das lange dauern würde. Eine Katze kann auch ein Baby lecken oder küssen. Aber ihm den Atem aussaugen? Niemals.
„Ich hatte immer das Gefühl, dass meine Schwiegermutter nicht wusste, worüber sie redete“, sagte Mr. Johnson. Das Ehepaar ging, aber ein paar Tage später waren sie wieder in meiner Praxis. Mrs. Johnsons Mutter hatte ihr letztes Wort gesprochen. Die Katze werde eine Bedrohung sein, sie müssten sie loswerden, bevor das Kind komme.

„Wem wollen Sie glauben?", fragte ich. „Ihrer Schwiegermutter oder mir?"
„Ich glaube Ihnen", sagte Mr. Johnson. „Aber Sie haben nicht mit meiner Schwiegermutter fertig zu werden."
Um des lieben Familienfriedens willen entschlossen sich die Johnsons widerstrebend, die Katze wegzugeben. Sie fragten mich, ob ich dabei helfen könne, ein gutes Zuhause für das Tier zu finden.
Einer meiner Klienten, ein Zeitungskommentator, hatte vor kurzem seine Katze verloren und wollte brennend gern wieder eine; so hatte ich keine Schwierigkeiten, Timmys Adoption zu arrangieren.
Erst ein paar Monate später hörte ich wieder von den Johnsons, als Mr. Johnson mich anrief. Es klang, als wäre er am Rande eines Herzanfalls.
„Wir wollen Timmy zurückhaben", sagte er. „Es ist mir egal, ob es meiner Schwiegermutter passt oder nicht. Das Haus ist nicht mehr das gleiche ohne ihn."
Ich erwiderte, ich wolle sehen, was ich tun könne. Inzwischen waren aber der Zeitungsmann und Timmy dicke Freunde geworden, und er sträubte sich, das Tier wieder herzugeben.
„Hören Sie", sagte ich zu Mr. Johnson, „ich mag nicht ein halber Geber sein. Als Sie vor der Wahl standen zwischen Ihrer Schwiegermutter und Ihrer Katze, haben Sie sich für Ihre Schwiegermutter entschieden."
„Glauben Sie mir", antwortete Mr. Johnson, „ich habe es die ganze Zeit bereut. Je mehr ich von meiner Schwiegermutter sehe, desto deutlicher wird mir, was für ein Juwel Timmy war."
„Weiß Ihre Schwiegermutter, dass Sie versuchen, die Katze zurückzubekommen?", fragte ich.
„Nein", sagte er. „Aber meine Frau weiß es. Sie möchte Timmy ebenso gern wiederhaben wie ich. Mag es nun ausgehen, wie es will!"
Mr. Johnson wirkte so erbarmungswürdig, dass ich ihm die Telefonnummer des Zeitungsmannes gab und sagte, sie sollten die Sache unter sich ausmachen.
Die Geschichte der Johnsons muss sogar das Herz eines

Leitartiklers gerührt haben, denn als Nächstes hörte ich, Timmy sei in sein altes Heim zurückgekehrt.
„Als wir ihn besuchten“, erzählte Mr. Johnson, „erkannte er uns sofort. Man könnte sagen, er freute sich, dass er uns sah, aber ich hatte auch das Gefühl, er sei verflixt ärgerlich auf uns. Es ging ihm sehr gut dort. Doch er hat uns verziehen, und ich glaube, er ist recht froh, wieder zurück zu sein. Als er den Kinderwagen zum ersten Mal sah, richtete er sich auf und legte die Pfoten auf den Rand, doch danach zeigte er sich nicht mehr sehr interessiert. Er liegt auf seinem alten Platz auf meinem Stuhl, und ich fühle mich wieder wie ein Mensch.“
„Und was ist mir Ihrer Schwiegermutter?“, fragte ich.
„Mit ihr? Sie hat kein Wort mehr mit mir gesprochen. Es ist wunderbar. Und Timmy ist so ein reizendes Tier.“

Nicht alle Opfer, die wir Katzen bringen, sind selbstlos. Manchmal gehören sie unter die Rubrik „Selbstverteidigung“. Ich denke dabei an Mrs. Hoskins und ihre blaue Perserkatze Flower.
Flower war eine Katze, die sich nie entscheiden konnte. Wäre sie ein Mensch gewesen, hätten sie ihre männlichen Freunde mit einem bestimmten, wenig schmeichelhaften Wort gekennzeichnet. Das große Problem ihres Lebens war die Wahl eines Partners. Allerdings entstand es eigentlich dadurch, dass sie keinen wählte.
Auf Grund gewisser physischer Voraussetzungen, wahrscheinlich einer Eierstockzyste, hatte Flower ständig Hochsaison. Jeden Abend bettelte sie bei Mrs. Hoskins so lange, bis sie in den Garten gelassen wurde. Im Frühling und Sommer kletterte sie dort zierlich an einem Spaliergitter empor. Auf einer Querlatte balancierend, halb versteckt hinter Ranken und Blattwerk, den seidigen Schwanz elegant um sich herum gelegt, sandte Flower ihre Einladung aus an jeden Bewerber, der sich in Hörweite befand. Sie girrte und trillerte in der besonderen Stimmlage einer katerbereiten Katze.
Einer nach dem andern tauchten ihre Anbeter aus der Dämmerung auf, mit gebogenen Hälsen und glitzernden

Augen. Da fast alle männlichen Hauskatzen in der Nachbarschaft kastriert waren, bestand Flowers Besucherschar aus herrenlosen Herumstreunern, robusten, lärmenden Raufbolden mit schiefen Ohren und narbenbedecktem Körper, schwerlich von der Art, der man Anziehungskraft auf eine so unschuldig aussehende Katze wie Flower zutrauen würde.
Und dennoch entzückte sie das Interesse dieser Verehrer. Sie zirpte noch ein paar deutlichere Aufforderungen in die Luft und warf dabei frech den Kopf zurück. Mit einigem Aufwand an Geheul und Gefauche und mit gereiztem Drängeln machten sich die Kater daran, das Spalier zu erklimmen.
Wie eine Prinzessin, die aus ihrem Zauberturm befreit werden möchte, spornte Flower ihre Ritter an. Ein paar Sprossen unter ihrem Platz hielten die Troubadoure mit Klettern inne und begannen ihre Serenade. Ein A-cappella-Chor von Katern bringt faszinierende Klänge hervor. Musiker – und ebenso Katzenfreunde – haben darin ganze Systeme von Tonleitern, Harmonien und Dissonanzen entdeckt, eine wahre Wonne für manche sehr fortschrittlichen Komponisten. Man braucht nur sorgfältig hinzuhören und wird Halbtöne, ja sogar Vierteltöne unterscheiden. Ich bin nicht musikalisch genug, um alles zu schildern, was in einer voll instrumentierten Katzenmusik vor sich geht, aber ich zweifle, ob sie jemals populär wird. Unter Umständen kann sie auch den Katzensüchtigsten so weit bringen, dass er aus der Haut fahren möchte.
Flower fuhr fort, ihre Anbeter zu locken. Je lauter die Kater schrien, desto stärker rief sie ihnen Mut zu. Feuerwehrschläuche hätten sie nicht mehr vertreiben können, jetzt, da ihr Ziel offensichtlich zum Greifen nahe war.
Doch sowie sich der kühnste Kater vorwagte und in glücklichem Vorgenuss höher kletterte, begann Flower heftig hin und her zu schaukeln. Das Spalier wackelte von oben bis unten. Schließlich stieß sie mit einer raschen, unberechenbaren Bewegung ihres Hinterteils den Freier flink in die Tiefe. Der nächste Kater versuchte sein Glück – mit gleichem Erfolg.
Jeden Abend wickelte Flower dieses Loreley-Programm ab. Und jeden Abend erlitten ihre Anbeter im wahrsten Sinn des Wortes

eine Abfuhr. Ein Dutzend betrogene Kater stürzten krachend durch Laub und Weinranken zur Erde, laut aufheulend in ihrem Fall.

Flower bewahrte ihre Tugend. Aber schlaflose Nachbarn wünschten bald, sie würde sie verlieren und dann die Schnauze halten. Mrs. Hoskins weigerte sich, Flower sterilisieren zu lassen. Die Kater kletterten weiterhin am Spalier empor und hofften auf mehr Glück – und bessere Balance.

Die Nachbarn entschieden sich für indirektes Vorgehen und Zermürbungskrieg. Eine ganze Anzahl der Kater strolchte auch morgens in der Gegend herum; durch Bestechung mit Fleisch verleitete eine Frau sie, in ihr Auto zu springen. Dann fuhr sie mit ihnen, so schnell sie konnte, in meine Praxis und bat mich, die Tiere um der schlaflosen Nachbarschaft willen zu kastrieren. Zuerst wusste ich nicht, ob ich diese Art von Guerillataktik gutheißen sollte. Aber ich musste mir sagen, dass, auf die Dauer gesehen, die herrenlosen Katzen nur weitere herrenlose Katzen in die Welt setzen würden, Tiere, die ihr Leben lang hungern und Krankheit und Elend aushalten müssten. Die Kastration einer Katze ist übrigens nicht die Gefühlstragödie, für die katzenfremde Leute sie erklären. Die Sexualpsychologie der Tiere ist glücklicherweise sehr verschieden von der unseren. Ein operierter Kater ist genauso sehr Kater wie sein unbehandelter Vetter, nur wird er wahrscheinlich länger leben und dem gewaltsamen Tod vieler seiner aggressiven Geschlechtsgenossen entgehen.

Auf jeden Fall erklärte ich mich mit dem Plan der Nachbarn einverstanden. Ich weiß nicht mehr, wie viele Operationen ich in den nächsten Wochen ausführte.

Flower besaß offensichtlich mehr Verehrer, als man vermutet hatte. Ihre Zahl schien kein Ende zu nehmen, und die Nachbarn gaben eine Menge Geld aus, um damit Schritt zu halten.

Am Ende jedoch zeitigte ihr Plan, wenn er auch kostspielig war, Ergebnisse. Von Tag zu Tag nahm der Andrang an Freiern für Flower ab. Die Nachbarschaft konnte wieder schlafen.

Flower machte nach wie vor ihre nächtlichen Klettertouren auf das Spalier und nahm ihr volles Programm durch. Aber nun war kein Publikum mehr da. Sie zeigte die ganze Enttäuschung, den Unglauben und die Wut einer beliebten Schauspielerin, die plötzlich vor einem leeren Haus auftreten muss. Mit der Zeit stellte sie ihre Aufführungen ein und zog sich mit Anstand ins Privatleben zurück. Immerhin, auch platonische Beziehungen bieten ihre Annehmlichkeiten, und Flower blieben viele vertraute Freunde.

Wenn Mrs. Hoskins' Nachbarn beträchtliche Ausgaben auf sich genommen hatten, so wussten sie wenigstens, warum. Ein anderer Klient, ein Japaner mit Namen Asaki, hatte keine Ahnung, worauf er sich einließ. In einer Hinsicht kostete ihn die Sache sogar viel mehr als Geld.

Als ich Asaki zum ersten Mal traf, arbeitete er als Hausboy bei einem Eheberater. Asakis Dienstherr hielt eine Siamkatze. Ich konnte nie begreifen, warum er eine so empfindsame, anspruchsvolle Rasse wählte, denn er hatte selten Zeit, sich selbst um die Katze zu kümmern. Asaki übernahm es neben seinen Aufgaben als Hausboy, der Katze Gesellschaft zu leisten; den Eheberater sah ich sehr unregelmäßig. Die wenigen Male, da es doch geschah, boten einige Überraschungen.

In seinen Mußestunden malte der Eheberater. Während meiner ersten Besuche war er mitten in der Verwirklichung eines großen Projekts, eines Selbstporträts. Er fand es leichter, ohne Kleider zu arbeiten.

Als wir Bekanntschaft miteinander machten, begrüßte er mich, Palette und Pinsel in der Hand, und führte mich ins Wohnzimmer.

Er war splitternackt. Am meisten aber verwirrte mich das Porträt. Obwohl er selbst so viel anhatte wie ein Frosch, malte er sich in voller Kleidung. Und obwohl er einen Vollbart trug, malte er sich glatt rasiert.

Er wanderte im Zimmer herum, dann und wann auf die Leinwand tupfend, während Asaki mir bei der Siamkatze half. Der Hausboy murmelte ihr beruhigend zu, streichelte sie und kraulte ihr Kinn, damit ich sie untersuchen konnte.

Danach kam ich regelmäßig in die Wohnung. Die Katze war von einer langen Krankheit geschwächt, und die Hauptbehandlung bestand darin, sie wieder zu Kräften zu bringen. Der Eheberater, stets nackt, arbeitete schwer an seinem Porträt, wenn Asaki und ich uns mit der Katze befassten. Als Teil der weiteren Behandlung empfahl ich, ihr ein wenig Brandy zu geben.
„Brandy?“, fragte der Eheberater. „Habe ich keinen Tropfen.“
Asaki hatte eine Flasche und brachte sie bereitwillig herbei; er freute sich, dass er noch mehr helfen konnte.
Ich sah weiterhin in Abständen nach der Katze. Sie kam gut voran, doch Asaki schien bekümmert und unruhig. Seinen Brotgeber kriegte ich nicht zu Gesicht.
„Er ist sehr beschäftigt mit Denken, im anderen Zimmer“, sagte Asaki. Dann runzelte er die Stirn. „Wie viel Brandy trinkt Katze?“, fragte er.
„Ein paar Tropfen“, antwortete ich. Er blickte noch verwirrter drein.
„Ganze Flasche ist weg“, erklärte er. „Mein Boss sagt, sie hat ausgetrunken.“
Die Katze sah mir stocknüchtern aus. Asaki zuckte die Achseln und sagte nichts mehr.
Das nächste Mal war er noch besorgter. „Ich kaufe andere Flasche“, erzählte er, „aber sie ist auch weg.“
„Wieviel Brandy haben Sie der Katze gegeben?“, fragte ich.
„Boss kümmert sich um den Brandy“, erwiderte Asaki.
Da die Katze wieder ganz gesund schien, sagte ich Asaki, dies sei mein letzter Besuch. Aber ich warnte davor, den Brandy ganz wegzulassen, und riet ihm, mich im Fall weiterer Beschwerden anzurufen.
Etwa einen Monat lang hörte ich nichts von Asaki, dann telefonierte er mir und berichtete, die Katze kränkle wieder. Ob ich sofort kommen könne. Aber, so sagte Asaki, nicht in die Wohnung. Er gab mir eine andere Adresse an.
Ich fand ihn in einem bescheidenen Haus in Greenwich Village. Die Siamkatze, der es wirklich schlecht ging, lag zusammengerollt in einer großen, mit Kissen gepolsterten Schachtel. Ich

überlegte mir, was Asakis Dienstherrn zugestoßen sei, dass er nun in solch beschränkten Verhältnissen lebte.

Als ich Asaki danach fragte, schüttelte er den Kopf. „Boss wohnt nicht hier", sagte er, „nur ich."

Dann erzählte er mir den Rest der Geschichte. Sein Brotgeber, der sich zuvor nie viel um die Katze gekümmert hatte, war plötzlich sehr an ihrem Wohlergehen interessiert, besonders was die Brandybehandlung betraf. Das Eingeben dieser Arznei übernahm er selbst, wobei er sich in seinem Zimmer einriegelte, und mehrmals am Tag rief er laut nach Asaki: „Mieze will noch einen Drink!" Zuerst freute sich Asaki sehr, dass er gefällig sein konnte. Er liebte die Siamkatze, und der Gedanke, zu ihrer Genesung beizutragen, machte ihn froh. Sowie eine Flasche leer war, kaufte er aus eigener Tasche die nächste.

„Aber Sie sagten, nur wenige Tropfen", erzählte mir Asaki. Seinem Herrn zufolge soff das Tier etwa eine halbe Flasche pro Tag. Schließlich dämmerte es Asaki, dass nicht die Katze, sondern der Eheberater das Trinken besorgte.

Er teilte seinem Dienstherrn mit, dass die Brandykur zu Ende sei. Der Hausboy konnte eine Therapie dieser Art finanziell einfach nicht verkraften.

Während dieser Unterredung wurde der Eheberater so böse, dass er begann, seine Kleider anzuziehen, so wie andere Leute in der Hitze der Diskussion ihre Krawatte lockern. Er warf Asaki auf der Stelle hinaus.

„Er hielt keine Kündigungsfrist, nichts", sagte Asaki. „Behauptet, ich sei ein Dieb, ich trinke all ‚seinen' Brandy." Asaki grinste. „Nun, ich habe ihm wirklich etwas gestohlen. Ich habe die Katze mitgenommen."

Die Siamkatze blinzelte Asaki zu und er lächelte zurück. „Wir sind sehr glücklich miteinander", sagte er.

Da er kein Geld mehr besaß, hatte er von einem befreundeten Kellner Speisereste gebettelt, um sich und die Katze zu ernähren.

„Wir essen gut", sagte er, „Menü ist immer verschieden, immer Überraschung."

Um die Kosten meines Besuchs zu decken, hatte er Geld gelie-

hen, aber ich sagte ihm, er werde keine Rechnung bekommen.
Asaki blieb nicht lange ohne Arbeit. Zu viele Leute in New York suchten dringend einen tüchtigen Hausboy. Ein paar wünschten allerdings nicht, dass die Katze in ihre Abmachungen eingeschlossen würde; sie wies Asaki kühl ab, gleichgültig, welches Gehalt sie boten. Bald fand er eine Stellung bei einer Familie, die beide, Asaki und die Siamkatze, willkommen hieß.
In der Wohnung des Eheberaters war die Katze „Mickey" gerufen worden. Asaki gab ihr den neuen Namen „Himmlische Pfoten".

Bereitwillig und glücklich verschenken wir unser Herz an unsere Haustiere; aber je mehr wir sie lieben, desto mehr leiden wir, wenn wir sie verlieren. Auch wenn ich weiß, dass es früher oder später unvermeidlich ist, auch wenn ich wirklich alles in meiner Macht und meinem Wissen Stehende getan habe, kann ich beim Tod eines Tieres nie ein Gefühl des Versagens abschütteln. Aber irgendwie müssen wir den Verlust eines Tiergefährten hinnehmen als Teil des Vertrages, den wir mit der Besitznahme eingingen: Wir empfangen eine bestimmte Zeit voll Freude in der sicheren Gewissheit, dass sie mit Betrübnis endet. Für die meisten von uns wiegt die Freude die Betrübnis auf, obwohl der traurige Teil des Vertrags nie leicht durchzustehen ist.
Diese Niedergeschlagenheit und Hilflosigkeit empfand ich besonders schwer in der Nacht, als einer meiner Patienten plötzlich starb, nachdem er sich scheinbar auf dem Weg der Besserung befunden hatte.
Es war spät, als ich heimkam, und ich hatte die Tür kaum hinter mir geschlossen, als das Telefon klingelte.
„Die Katze lebt", sagte Mrs. Harris.
Ich zog meinen Mantel wieder an und fuhr mit höchster Geschwindigkeit zurück. Mrs. Harris, eine grauhaarige Frau in den Sechzigern, hatte offensichtlich geweint. Doch nun lächelte sie.
„Sein Schwanz hat sich bewegt", sagte sie, „und er öffnete auch kurz die Augen."

Rasch untersuchte ich die Katze noch einmal. Der Körper lag regungslos; kein Herzschlag war festzustellen. Ich sah sofort, dass Mrs. Harris sich irrte.

„Es tut mir Leid", sagte ich. „Quälen Sie sich nicht selbst. Hier kann niemand mehr etwas tun."

Ich fuhr wieder nach Hause. In der nächsten Nacht passierte das Gleiche wieder.

„Ich habe gesehen, wie er sich bewegte", sagte Mrs. Harris. „Ich weiß es sicher. Wenn Sie sich nur persönlich überzeugen könnten ..."

Ein Teil meines Ich wusste mit unbedingter Sicherheit, dass die Katze nicht mehr lebte. Ein anderer Teil ließ mich aufstehen, mich ankleiden und zu Mrs. Harris fahren. Auf dem ganzen Weg sagte ich mir, dass ich ein Narr sei. Und doch fuhr ich weiter.

Diesmal wartete ich, weil Mrs. Harris darauf bestand, über eine Stunde lang.

„Er wird sich bewegen", beteuerte sie. „Bevor Sie kamen, setzte er sich beinahe auf."

Langsam verging die Zeit. Zuletzt konnte ich nicht länger bleiben. Denn in dem düsteren Zimmer sitzend, war mir bewusst geworden, dass ich mich wie ein Kind verhalten, dass ich an eine Art Wunder geglaubt hatte und nicht hinnehmen wollte, was ich als Wahrheit erkannt hatte. Ich ging, nachdem ich Mrs. Harris so schonend wie möglich gesagt hatte, dass ich nicht wiederkommen würde.

Ich wünschte so inständig wie Mrs. Harris die Katze ins Leben zurück; aber keinem von uns beiden wurde dieser Wunsch erfüllt.

Und doch lebt keiner von uns ohne Hoffnung. Das ist ein abgedroschener Gedanke, aber er gewinnt erstaunliche Kraft, wenn man ihn in die Tat umgesetzt sieht.

Die Burtons waren Zeitungsleute. Mr. Burton hatte viele Jahre lang als Mitherausgeber einer New Yorker Zeitung gezeichnet; auch seine Frau hatte als Journalistin gearbeitet. Sie hielten einen Kater, Howard mit Namen.

Howard war eine reine Hauskatze, aber er fand auch in der Wohnung genug Gelegenheit, Unfug anzustellen. Eines Tages durchbiss er eine elektrische Zuleitungsschnur.

Ich habe nie eine Katze mit so üblen Brandwunden gesehen. Das arme Tier war bewusstlos, sein halbes Gesicht verkohlt. Ich nahm an, dass es am Sterben sei, und sagte das auch mit großem Bedauern den Burtons.

„Nein", erwiderte Mrs. Burton, „er wird nicht sterben. Er lebt noch und wird weiter leben."

Am nächsten Tag kam ich wieder, in der sicheren Annahme, die Katze sei tot. Mrs. Burton empfing mich an der Tür. „Er lebt noch", sagte sie.

Das stimmte, Howard war am Leben, doch nur um Haaresbreite vom Tod getrennt. Seit meinem letzten Besuch hatte er sich kaum bewegt, seine Atmung war beinahe eingestellt, sein Herzschlag fast nicht mehr zu hören.

„Sagen Sie uns, was wir tun sollen", bat Mrs. Burton. „Wir werden alles ausführen."

Ich stellte einen Pflegeplan auf. Wenn Howard überhaupt gerettet werden konnte, mussten ihm die Burtons die gewissenhafteste, keinen Augenblick aussetzende Fürsorge zuteil werden lassen. Es würde eine selbst für einen Berufspfleger in einer gut ausgestatteten Klinik höchst anstrengende, nervenaufreibende Aufgabe sein.

Die Burtons nickten und sagten, sie verstünden.

Für den Rest der Woche machte ich täglich meinen Krankenbesuch in der Wohnung. Jedes Mal war ich auf die Nachricht gefasst, Howard sei gestorben. Er schwebte weiter zwischen Leben und Tod, ohne Zeichen einer Besserung. Aber ich konnte feststellen, dass die Burtons meine Pflegeanweisungen bis aufs i-Tüpfelchen befolgten. Nachts wechselten sie sich ab, am Ende lief es jedoch gewöhnlich darauf hinaus, dass beide aufblieben.

Eine weitere Woche verging. Howard lebte immer noch. Doch sein Zustand hatte sich verschlimmert. Wir mühten uns um ihn, die Burtons halfen mir mit Instrumenten und Verbänden. Einmal war ich so weit, dass ich aufgeben wollte, überzeugt davon, Howard sei verloren. Mrs. Burtons Gesichtsausdruck veränderte sich nicht.

„Er lebt", sagte sie, „er wird es schaffen."

In den zurückliegenden paar Tagen war mir etwas Seltsames widerfahren. Ich fühlte mich mitgerissen von der Zwangsvorstellung, dass Howard gerettet werden musste, dass er gerettet werden würde, selbst wenn ich ihn vor meinen Augen sterben sah. Die kraftvolle Entschlossenheit der Burtons wirkte so stark auf mich, dass ich an wenig anderes mehr dachte. Bis tief in die Nacht studierte ich noch verschiedene Behandlungsmethoden, und ich glaube, ich verlor fast ebenso viel Schlaf wie die Burtons. Ich kümmerte mich nicht darum; Howard war für mich das Wichtigste geworden.

Ich büßte jedes Zeitgefühl ein, und fassungslos stellte ich plötzlich fest, dass nahezu ein Monat vergangen war.

Zwei Monate später pflegten die Burtons Howard noch immer, und ich war während dieser Zeit tagtäglich in die Wohnung gekommen. In gewissem Sinn begann jetzt erst das Schlimmste, denn Howard, dem es etwas besser ging, verlangte noch größere Fürsorge und Aufmerksamkeit. Die Burtons fragten nur, was sie außerdem tun könnten. Am Ende des dritten Monats befand sich Howard außer Gefahr. Es war der längste, schwierigste Fall, den ich je behandelt hatte. Ich fühlte mich zwanzig Jahre älter und so, als könnte ich nie genug Schlaf aufholen, und wenn ich die nächsten zwanzig Jahre verschliefe.

Nie werde ich vergessen, wie Howard zum ersten Mal den Kopf hob und schnurrte. Wir sahen uns an, die Burtons und ich. Wir waren zu müde zum Lächeln.

„Ich wusste es", sagte Mrs. Burton, „dass Sie ihn durchbringen werden."

Ich schüttelte den Kopf. „Ich war's nicht, Sie haben es getan."

Das war nicht Bescheidenheit. Welchen Wert auch meine Behandlungsmethoden gehabt haben mochten, wirklich zum Ziel brachte uns die sorgsame Pflege der Burtons. Ich war noch immer erstaunt, dass sie durchgehalten hatten.

„Das war nicht schwer", sagte Mrs. Burton. „Wir lieben ihn doch."

COLETTE

„Prrou“

Als ich sie kennen lernte, wohnte sie in einem düsteren alten Garten, einem vergessenen Garten zwischen zwei Neubauten, schmal und lang wie eine Schublade. Sie ging nur nachts aus, denn sie fürchtete die Hunde und die Menschen, und dann wühlte sie in den Mülleimern. Wenn es regnete, schlüpfte sie hinter das Gitter eines Kellerfensters und drückte sich an die verstaubten Scheiben.

Aber der Regen drang bald bis in ihre Zufluchtsstätte, und sie zog geduldig die Pfoten unter sich, die mageren Pfoten einer herrenlosen Katze, die fein und hart waren wie die eines Hasen. So verharrte sie lange Stunden. Von Zeit zu Zeit hob sie die Augen gegen den Himmel oder gegen meinen hochgezogenen Fenstervorhang. Sie sah nicht bedauernswert und auch nicht verschreckt aus, denn ihr Elend war nicht die Folge eines unglücklichen Zufalls. Sie kannte mein Gesicht, aber sie bettelte nie. Aus ihrem Blick war nichts anderes zu lesen, als dass Hunger, Kälte und Nässe sie quälten und dass sie geduldig auf die Sonne wartete, die die verlassenen Tiere vorübergehend einschläfert und heilt.

Einige Male drang ich in den Garten ein, wobei ich mir zwischen den Brettern des alten Zaunes den Rock zerriss. Die Katze floh nicht vor mir, aber sie entschlüpfte wie ein Aal, wenn ich sie berühren wollte. Nach meinem Abgang wartete sie heldenmütig darauf, dass der Luftzug in dem alten Garten meinen Geruch und den Widerhall meiner Schritte verwehe. Dann fraß sie das Fleisch, das ich neben das Kellerfenster gelegt hatte. Sie verriet ihre Gier nur durch ein Zucken des Halses und ein Zittern des Rückgrats.

Sie gab dem Schlafbedürfnis gesättigter Tiere nicht gleich nach, sondern versuchte erst, ein wenig Toilette zu machen. Ihr graues Kleid mit schwarzen Streifen, ein ärmliches, borstiges Kleid, war schwer in Ordnung zu bringen, denn wenn Katzen nichts

zu fressen haben, mangelt es ihnen an Speichel, und sie waschen sich auch nicht ...
Es wurde Februar, und der umgitterte alte Garten sah aus wie ein Käfig voll kleiner Raubtiere. Kater aus den Kellern und von den Dachgiebeln, von den Müllhaufen, von wüsten Plätzen, Kater mit krummen Rücken und schäbigem Hals, verhungerte Kater ohne Ohren und Schwanz, fürchterliche Rivalen der Ratten, Kater der Krämer und Milchfrauen, fett und schwer und schnell außer Atem, schwarze Kater mit seidenem rotem Halsband und weiße Kater mit blauem Perlenkollier ...
Nachts hörte ich ihre Liebes- und Kampfgesänge ... Zarte, melodische Klagen zuerst, lang gezogen, sanft und fern. Dann ein ironischer Ruf, die Herausforderung an den Rivalen. Und sofort darauf die Antwort in gleichem Ton. Dies, um ein endloses Zwiegespräch einzuleiten, begleitet von keiner anderen Mimik als dem Spiel der bald aufgestellten, bald zurückgelegten Ohren, der nun geschlossenen, nun wieder geöffneten Augen und des ausdrucksvoll drohenden Lächelns mit gefletschten Zähnen.
Zwischen zwei Schreien immer wieder ein lautes Schnauben ... Plötzlich ein unvorhergesehenes fürchterliches Crescendo, ein Röcheln, das Gemisch zweier rasender Stimmen in den Lüften, der Stimmen zweier Dämonen, die – von einem Wirbelsturm ergriffen – dahingerollt werden ...
Dann Stillschweigen. Der nächtliche Wind in dem kleinen Garten, das Geräusch von Krallen, die sich an einem Baumstamm festhaken, und nun der sanfte Gesang der Katze, der gleichgültigen, um derentwillen die Kater einander zerfleischt haben, die Stimme meiner mageren Katze, die ganz erschöpft ist von Liebe und Entkräftung ...
Der tragische Sturm der Wollust ließ endlich nach. Ich sah die graue Katze wieder, ausgemergelt, glanzlos, scheuer denn je, beim leisesten Geräusch zusammenzuckend. In dem Sonnenstrahl, der mittags bis in den Grund des dunklen Gartens tauchte, schleppte sie sich dahin mit täglich schwerer werdenden Flanken, bis ich sie eines regnerischen Morgens entdeckte, wie sie erschöpft und fieberhaft fünf kräftige Kätz-

chen stillte, die gleich ihr auf nackter Erde geboren worden waren.
Ich hatte auf diese Stunde gewartet. Sie übrigens auch, denn ich brauchte die Kleinen nur in mein Kleid zu nehmen, und die Mutter folgte mir.

Sie heißt Prrou – beim Aussprechen des Namens rolle man die rr, bitte sehr. Sie hat uns nämlich ihren Namen gesagt. Sie schnurrt ihn den ganzen Tag rings um das schwarze Kätzchen, das wir ihr gelassen haben: „Prrou, prrou."
Sie lebt in der Bretagne, auf der warmen Terrasse, am Rand der Wiese, die sich gegen den Strand hinzieht. Ihr Gebiet, das sie sich selbst abgegrenzt hat, reicht von der Terrasse bis zur blühenden Jasminhecke, hinter der sich eine Ziegelmauer verbirgt. Niemals geht sie weiter als bis zu den großen Linden, die mein Haus aus roten Backsteinen beschatten. Ob sie wohl weiß, dass unterhalb der Terrasse ein rastlos bewegtes Meer wogt, ein Meer von wechselnder Farbe, blau und grün im Sonnenschein, violett unter dem Gewitter, grau in der Morgendämmerung? Ich bezweifle es.
Unsere Prrou in ihrem bescheidenen Kleid, von der keiner etwas verlangt, hat es sich in den Kopf gesetzt, uns ein Vorbild der grauesten Tugenden zu sein. Sie ist sauber, sanft, demütig und erzieht ihren einzigen Sohn würdevoll. Sie kann noch mehr: Sie macht uns etwas vor. Mit reizendem Takt und stets wacher Schlauheit spielt sie immer noch die arme Katze, „die so unglücklich gewesen ist". Fett und rund geworden, hat sie den Blick der hungrigen Katzen beibehalten. Die Köchin nennt sie „armes Tier".
Sie schläft nun auf einem weichen Kissen, doch stets in der fröstelnden Stellung einer, die im Freien nächtigt. Sie macht uns Platz, wenn wir an ihr vorüber wollen, doch auch wir weichen zurück, das Herz von Mitleid zerrissen, und flehen sie an, sich um Gottes willen nicht stören zu lassen. Es geschieht manchmal, dass ihr jemand ganz leicht auf die Pfoten oder auf das Schwanzende tritt. Dann stößt sie einen kurzen, rauen Schrei aus, schnurrt aber gleich darauf stoisch mit dem Ausdruck einer

Märtyrerin, so dass wir zu klagen beginnen: „Armes Tier! Dass dir auch das noch geschehen musste, dir, die du so unglücklich gewesen bist!"

Vom niedrigsten Zweig einer Linde hängt an einem Bindfaden ein Kork herab und bewegt sich im Wind. Prrou belauert ihn, und manchmal stürzt sie verrückt, von Spiellust ergriffen, darauf los. Erblickt sie uns aber, so drückt ihr dreieckiges Gesichtchen sofort Entsagung und Bitterkeit aus: „Was tat ich? Zu welch leichtsinniger Handlung habe ich mich hinreißen lassen, ich, die ich so unglücklich gewesen bin? Solche Spiele passen nicht zu meiner gesellschaftlichen Stellung. Ach, fast hätte ich es vergessen!"

Ihren schlecht gekämmten und teuflisch schwarzen Sohn behütet sie mit leidenschaftlicher Zärtlichkeit, liebkost ihn und flüstert ihm unzählige Male das einzige Wort zu, das sie sagen kann: „Prrou, prrou ..." Sind wir jedoch in der Nähe, setzt sie eine strenge Miene auf und verabfolgt ihm beim geringsten Anlass ein Dutzend heftiger Ohrfeigen: „So muss ein armes Findelkind erzogen werden!"

Bewundert, bitte, gleich mir die durchtriebene Prrou. Seht nur, wie ihr kurzhaariges Kleid die Farbe einer grauen Schnecke oder eines Nachtfalters nachahmt. Ein dreireihiges schwarzes Kollier ziert ihre Brust, der schlichte Schmuck einer würdigen Gouvernante. Schwarz sind auch die Armbänder an ihren feinen Pfoten, ebenso die doppelte Reihe regelmäßig verteilter Flecken, durch die das strenge Kleid am Bauch zugeknöpft zu sein scheint. Prrou ist trefflich gekleidet, oder richtiger gesagt, sie ist verkleidet.

Ihre Haltung ist so bescheiden, ihr Fell so schlicht gefärbt, dass ihr vielleicht gar nicht bemerkt habt, wie hart und grausam ihr Schädel ist, wie bedrohlich ihre kräftigen Pfoten, in denen sich gebogene Krallen verbergen, wohlgepflegt und kampfbereit, wie breit ihre Brust, wie beweglich ihre Lenden, kurz, dass ihr nichts von der verborgenen Schönheit dieses kraftvollen Tieres ahnt, das für Liebe und Kampf geschaffen ist ...

DOREEN TOVEY

Cäsars Tochter

Sugieh hatte sich auf den ersten Blick in uns verliebt. Das war recht peinlich, denn wir waren eigentlich entschlossen, eine Katze mit dunkler Zeichnung zu kaufen wie Mimi, und als die Züchterin erklärte, die dunklen Kätzchen seien alle schon weg, aber wir könnten uns doch vielleicht ihre letzten blauen einmal anschauen, stimmten wir nur interessehalber zu.
Unglücklicherweise wusste Sugieh davon nichts. Ihr Bruder war so gut wie verkauft an eine Dame, die schon eine braun gezeichnete Katze erstanden hatte und nur ihren Mann erst noch fragen wollte, ehe sie den Kater abholte; er warf nur eben einen Blick auf uns, als wir eintraten, trollte sich dann in eine Ecke und begann an der Radioschnur herumzukauen. Sugieh dagegen hatte nicht den leisesten Zweifel, dass wir ihretwegen gekommen waren. Sie saß auf dem Teppich vorm Ofen wie ein Schulmädchen, das schon den Koffer für die Ferienreise gepackt hat, die Augen hatte sie fest zugedrückt im Vorgenuss, und die Pfötchen gingen auf und ab wie kleine Kolben. Als ich neben ihr hinkniete und sie ansprach, machte sie die Augen ganz kurz einmal auf – sie waren blau wie Vergissmeinnicht und schielten vor Aufregung ganz gewaltig –, begrüßte uns mit einem Quiekser, den man dem kleinen Kätzchen gar nicht zugetraut hätte, drückte die Augen wieder fest zu und harrte nun der wunderbaren Dinge, die da kommen sollten.
Die Besitzerin fragte, ob wir vorhätten, selbst Siamkatzen zu züchten, und als wir das bejahten, bemerkte sie – natürlich auch nur interessehalber –, dass Sugieh die blaue Zeichnung von der Mutter geerbt hätte.
Der Vater sei ein Beigebrauner gewesen, und wenn man sie später mit einem solchen Kater paare, würden auch die Kinder dunkel ausfallen. Anderseits, meinte sie, würden gerade die blauen Siamkatzen immer beliebter. Manche Leute hielten sie für sanfter als die braunen, und sie seien ja auch wirklich schö-

ne Tiere. Da falle ihr übrigens ein – vorm Weggehen müssten wir unbedingt noch Anna anschauen.
Sie machte die Tür auf und rief „Anna“, so laut sie konnte. Irgendwo im Haus antwortete ihr ein lauter Schrei, und nach geraumer Zeit – so viel eine distinguierte Katze eben braucht, um ohne unziemliche Eile die Treppe herabzusteigen – erschien Anna. Eine Siamkatze, die so aussieht, als komme sie gerade frisch blau getönt vom Friseur, kann einem beim ersten Anblick wirklich die Rede verschlagen. Mir drängte sich unwillkürlich der Vergleich mit einem Filmstar auf, der in den hohen Adel eingeheiratet und sich daraufhin phantastisch entfaltet hat. Ihre Beine waren lang und schlank wie die einer Gazelle. Ihre mandelförmigen Augen, heller als die der braun gezeichneten Katzen, schimmerten wie Edelsteine. Sie hatte einen Gang, als sei sie die Herrin der Welt. Wenn die Züchterin damit gerechnet hatte, dass dieser Anblick den Verkauf Sugiehs fördern würde, so hatte sie sich nicht getäuscht. Aber nicht die Schönheit gab den Ausschlag, sondern die unnachahmliche Arroganz, mit der diese Anna nach kritischer Musterung an uns vorüberschwebte, um in der Ecke ihren Sohn zu küssen, der nun bald ein Heim haben würde, in dem man sich zwei Siamkatzen leisten konnte. Daraufhin brachten wir es nicht mehr fertig, Schwesterchen Sugieh als Aschenbrödel zurückzulassen. Als wir weggingen, ging sie mit uns, ausgestattet mit einem Vorrat von Hefetabletten, einem Paket gehackten Kaninchenfleisches und einem Stammbaum, der größer war als sie selbst und meldete, dass ihr Vater Cäsar hieß. Das war übrigens der Grund dafür, dass wir sie Sugieh nannten. Eigentlich hatten wir Scheherezade vorgehabt, aber wenn auch Anna mit dem König von Siam wohl kaum regelrecht verheiratet war, so schien es uns nun doch richtiger, die geschichtlichen Tatsachen nicht noch mehr zu komplizieren, als sie es ohnehin schon waren.
Sugieh selbst war so glücklich, dass sie auf der Heimfahrt an diesem Abend das erste und einzige Mal in ihrem Leben keinen Laut von sich gab. Ihr Abendbrot verzehrte sie bis zum letzten Krümel. Und auch der Überfall auf Shorty, unseren gefiederten Hausgenossen, sollte uns ja nur zeigen, dass sie uns in Zukunft

verteidigen würde gegen alles, was da kreucht und fleucht. Sie liebte uns so heiß, dass ihr, als wir schließlich schlafen gingen und sie Shortys wegen mit einer Wärmflasche und einem funkelnagelneuen Katzenkorb im Fremdenzimmer allein ließen, fast das Herz brach bei dieser Trennung. Sie winselte und jammerte und heulte und schrie, sie sei doch so allein und wolle zu ihrer Mutter. Sie legte sich auf den Boden und schluchzte auf der Türschwelle, damit wir sie besser hören konnten, und schließlich zerrte sie vom Treppenabsatz das Läuferende herein und riss daran mit einer Wut, die Lady Macbeth gut zu Gesicht gestanden hätte. Als sie schließlich doch den Eindruck hatte, dass der Fall hoffnungslos sei, ließ sie ein letztes tragisches Miauauau hören, das trostlos in der Dunkelheit erstarb. Dann herrschte Stille.

Prompt fingen wir jetzt an, uns Sorgen zu machen. Wenn sie nun die ganze Nacht auf der Schwelle lag und sich erkältete? Vater Adams hatte gesagt, wenn Siamkatzen sich erkälteten, gingen sie ein. Vielleicht war sie schon tot? Dieses Schweigen nach der Raserei in der letzten halben Stunde war unheimlich und konnte nicht mit rechten Dingen zugehen. Wir hielten es nicht für richtig, Katzen ins Schlafzimmer zu lassen, und hatten nicht die Absicht, diese Unsitte jetzt einzuführen. Aber trotzdem ... wenn sie nun ... Charles war der Erste, der es nicht mehr aushalten konnte. Nachdem er zehn Minuten angestrengt gelauscht hatte, um irgendeinen Laut aus dem Nebenzimmer aufzufangen, stieg er verlegen aus dem Bett, wobei er vor sich hin brummte, wir hätten ja schließlich einen Haufen Geld in der Katze investiert ...

Als wir die Gastzimmertür öffneten, lag sie zusammengerollt in ihrem Korb und war offenbar vor Erschöpfung eingeschlafen. Ich könnte allerdings schwören, dass ein deutliches Schmunzeln auf ihren Zügen lag. Charles, ein Mann, sah das nicht. Er sah, was er sehen sollte: ein gar so kleines Kätzchen, das da rührend in seinem Korb lag – und er sagte, was er sagen sollte: Wir müssten sie doch vielleicht, wenigstens die erste Nacht, mit in unser Schlafzimmer nehmen. Zärtlich trug er sie hinein und legte sie mir in die Armbeuge, wo sie mit einem glücklichen

Seufzer wieder einschlief. Charles, der ja nun ein gutes Gewissen hatte, zwang sich in sein Bett, zog sich die Decke über den Kopf und schlief ein. Nur ich lag wach. Ich lag wach, weil sie die ganze Nacht voller Heimweh von Anna träumte und nicht aufhörte, ihr Schnäuzchen laut und hungrig schmatzend mir ins Ohr zu bohren.

Der nächste Morgen sollte uns einen triefend nassen Tag und eine neue Krise heraufführen. Sugieh hatte ihr Kistchen nicht benutzt. Die Züchterin hatte uns geraten, da Sugieh noch nicht an den Garten gewöhnt war, vorläufig weiter eine Kiste zu benutzen, bis das Wetter besser geworden wäre. Wir hatten sie also gehorsam mit unserer größten Emaillebackform versorgt, die wir mit einer Tüte Vogelsand von Shorty gefüllt hatten, denn der Garten schwamm vor Nässe, und Vater Adams hatte gesagt, Siamkatzen erkälteten sich, wenn sie feuchte Erde im Kistchen hätten. Wir hatten ihr am Abend vorher alles gezeigt; sie aber hatte getan, als sähe sie nichts. Das konnte man verstehen: Siamkatzen sind nun einmal sehr vornehm, und wir hatten uns ja schließlich gerade erst kennen gelernt. Aber nun war es schon wieder Morgen, Sugieh war schon zwölf Stunden bei uns, und der Sand in der Kiste war noch so unberührt wie die Wüste Sahara. Während des Frühstücks liefen Charles und ich immer wieder hinaus in die Diele und ließen den Sand verführerisch durch unsere Finger rinnen, Sugieh kam gesprungen und spielte mit ihrer kleinen blauen Pfote glücklich mit. Aber sie ging nicht in die Kiste. Als es für uns Zeit wurde, in die Stadt zu fahren, war ich schon ganz durcheinander vor Aufregung. Vor Abend konnten wir nicht zurück sein, und bis dahin war Sugieh ganz bestimmt geplatzt.

Als wir abends heimkamen, war die Kiste noch immer unbenutzt und Sugieh saß wie festgemauert auf dem Fußboden. Geplatzt war sie nicht, aber offenbar hütete sie sich vor jeder Bewegung. Wir waren mitten im Essen und überlegten gerade sorgenvoll, ob wir nicht doch den Tierarzt kommen lassen müssten, da hatte Charles seine Eingebung. Vielleicht, meinte er, hat sie was gegen Sand. Es regnete immer noch, wir probierten es mit Sägespänen. Aber das war auch nicht das

Richtige. In unserer Verzweiflung schlugen wir nun Vater Adams' Ratschläge in den Wind, füllten die Kiste mit Schlamm direkt aus dem Garten und stellten sie ihr vor die Nase. Der Erfolg war märchenhaft. Mit einem Aufschrei sprang Sugieh in die Kiste, und beinahe hätte es eine Überschwemmung gegeben. Ohne noch ans Essen zu denken, sauste Charles, so schnell er konnte, wieder in den Regen hinaus, füllte die Kiste aufs Neue und bot sie noch einmal an. Sugieh kannte keine falsche Scham. Sie sprang noch einmal hinein, hob ihr kleines spitzes Schwänzchen und setzte sich schleunigst zurecht, aus voller Brust dem Himmel dankend, weil wir endlich doch verstanden hatten, dass ihre Mutter ihr beigebracht hatte, nur unsaubere Katzen nähmen was anderes als Erde.

Diese Schwierigkeit hatten wir also überstanden. Aber es sollten immer neue folgen! Da war zum Beispiel ihr erster Ausgang in den Garten. Schon der Weg war nicht nach ihrem Geschmack – sie schimpfte die ganze Zeit, der harte Kies tue ihren Füßen weh –, aber als wir sie auf den Rasen setzten und das kurze Gras zum ersten Mal ihre Pfoten kitzelte, quiekte sie laut auf, kletterte an meinem Bein herauf und versicherte hoch und heilig, irgendwas hätte sie gebissen. Genauso verhielt sie sich, als sie ihren ersten Hund sah, nur stieg sie diesmal weiter, über mein Gesicht weg bis auf den Kopf, um ganz sicher zu sein, und plärrte zu ihm hinunter: „Jetzt kannst du kommen, wenn du dich traust!"

Es war wirklich nicht leicht. Unser Eichhörnchen Blondin hatte sich zwar genauso benommen, wenn es Angst hatte. Einen alten Mann aus meiner Bekanntschaft traf beinahe der Schlag, als er mich einst in der Dämmerung auf der Gasse traf und von meinem Kopf frech ein Eichhörnchen zu ihm hinüberpfiff, wobei es den Schwanz wie einen Staubwedel von sich streckte. Und was war mein Dank dafür, dass ich ihm versicherte, es sei wirklich nur ein Eichhörnchen und kein Anzeichen von Delirium tremens?

Dass er von Haus zu Haus ging und jedermann im Dorf erzählte, mit mir sei es nicht ganz richtig. Was die Leute jetzt sagen würden, wenn sie hörten, dass ich neuerdings mit einer

schreienden Katze auf dem Kopf herumliefe – daran konnte ich nur mit Schaudern denken.
Als Sugiehs Füße abgehärtet waren und sie allmählich selbständig auf Abenteuer im Freien ausging, hatten wir noch mehr Scherereien. Als sie das erste Mal ohne Begleitung in den Garten ging, kletterte sie auf das Garagendach, rutschte hinten, wo es schräg abfällt, hinunter und fiel in die Regentonne. Sie arbeitete sich selbst heraus, kam vor Ärger ganz steifbeinig ins Haus gestorcht und redete, während grünes Sumpfwasser von ihrem Schwanz Tropfen um Tropfen auf unseren armen Perser rann, Charles so erbärmlich ins Gewissen, dass er sich verdrückte und sofort einen Deckel für die Tonne fabrizierte.
Unglücklicherweise erinnerte sich Sugieh, als sie das nächste Mal ins Badezimmer kam und Charles in der Wanne liegen sah, wie sie selbst nur mit Mühe dem nassen Tod entronnen war. Sie stieß einen Schreckensschrei aus und vollführte einen Rettungssprung. Charles döste gerade vor sich hin und erschrak so, als Sugieh wie ein böser Geist kreischend auf seinem Magen landete, dass er in die Höhe fuhr und sich den Kopf am Arzneischränkchen einrannte. Das hatten wir nämlich, um es Blondins Zugriff zu entziehen, direkt über der Badewanne angebracht.
Von nun an fiel Sugieh beim Versuch, uns vor dem Ertrinken zu retten, so oft in die Badewanne, dass wir am Wasserhahn ein Schild anbringen mussten: „Erst Tür schließen, dann Wasser einlassen." Danach gewöhnte sie sich an – wahrscheinlich um das häufige Nasswerden irgendwie auszugleichen –, sich mit dem Hinterteil direkt an den elektrischen Ofen zu stellen, wenn sie sich mit uns unterhielt. Zweimal fing sie dabei an der Schwanzspitze Feuer, ohne allerdings selbst etwas davon zu merken, weil sie viel zu sehr damit beschäftigt war, uns Vorlesungen zu halten. Jedes Mal warf sich Charles quer durchs Zimmer wie ein vorbildlicher Torwart beim Fußball und löschte die Flamme, ehe sie die Haut sengte; doch er meinte, in seinem Alter sei das fürs Herz gar nicht gut, und für meines war es wahrhaftig auch nicht zuträglich. Schließlich blieb uns nichts übrig, als Schutzgitter aus Draht zu kaufen und sie vor jede

Feuerstelle im Haus zu binden. Sie sahen grässlich aus und verdarben jedes Zimmer.
Die größte Schwierigkeit aber war die Futterfrage. Als sie noch bei Anna war, hatte Sugieh anscheinend wie vorgeschrieben zweimal Brei, zwei Fleischmahlzeiten und vier Hefetabletten täglich brav und gehorsam zu sich genommen. Nicht so bei uns. Ein Tag hatte ihr genügt, um festzustellen, dass sie mit uns zwei Anfängern leicht fertig werden könne, und vom zweiten Tag an weigerte sie sich, ihren Brei zu sich zu nehmen. Wenn wir Leber hatten, die sie eigentlich nur einmal in der Woche kriegen sollte, oder wenn es Speck gab, der ihr überhaupt verboten war, saß sie auf dem Frühstückstisch, ob Gäste dabei waren oder nicht, und das Wasser lief ihr aus dem Mund wie einem halb verhungerten Handwerksburschen. Kaninchenfleisch bekam ihr gut und war damals gerade so billig, dass der Metzger ein saures Gesicht machte, wenn ich weniger als ein Pfund kaufte, aber das fraß sie wieder nur, wenn sie Lust hatte, so dass ich noch und noch Schüsseln mit übrigem Fleisch vor die Tür stellen musste, an dem sich weniger glückliche, kleine Katzen gütlich tun konnten. Es ist klar, dass Sugieh, sobald die weniger glücklichen, kleinen Katzen erschienen, sich mit den Ellbogen einen Weg durch die Menge bahnte und das Kaninchenfleisch mit solcher Gier verschlang, dass eine alte Dame geradezu die Türklinke bei uns abnutzte, um uns immer wieder zu erzählen, unser liebes Kätzchen fresse draußen Abfall, und ob wir nicht auch dächten, dass wir es vielleicht zu knapp hielten.
Gelegentlich ließ sich Sugieh herab, ein kleines Beefsteak zu fressen, aber nur, wenn man es ihr häppchenweise hinwarf, und zwar gut gezielt, denn was nicht unmittelbar vor ihr zu Boden fiel, geruhte sie nicht zu erblicken. Fiel ein Stück auf ihren Pelz, so rannte sie die Treppe hinauf, versteckte sich unter dem Bett und kreischte, wir hätten sie geschlagen. Wenn wir eine ganze Schüssel Futter vor sie hinstellten, so schüttelte sie jedes Mal zierlich ihr Hinterbein, genauso, wie wenn sie nach Benutzung ihrer Kiste andeuten wollte, dass sie fertig sei. Dann entfernte sie sich mit zurückgelegten Ohren, voller Abscheu über unseren Mangel an Lebensart.

Milch mochte sie, aber nur dann, wenn sie sie auf dem Tisch aus dem Krug trinken durfte. Dieses Hindernis überwanden wir, indem wir ihre Milch im Krug aufhoben und unsere Tassen heimlich – um sie nicht zu kränken – aus der Flasche füllten, die wir hinter dem Bücherschrank verwahrten. Die Leute hielten uns für Narren und meinten, wir sollten sie doch dahin bringen, aus einem Schüsselchen zu trinken. Ach, sie kannten Sugieh nicht. Sie war das Musterbeispiel einer eisernen Hand in einem kleinen, blauen Handschuh. Aus einem Schüsselchen trank sie nur Kaffee – und das nur, weil die Kaffeetassen so schmal waren, dass sie den Kopf nicht hineinbrachte.
Was die Hefetabletten anging, so hatte ihr Anna offenbar unauslöschlich eingeprägt, wie wichtig es sei, sie regelmäßig zu nehmen, wenn sie eine große starke Katze werden wolle, die sich von den Menschen nichts gefallen lassen müsse. Aber man sah ihr den Widerwillen beim Fressen so an – sie verzog das Gesicht, kaute mit offenem Mund, ließ halb zerkaute Tabletten auf den Teppich fallen und leckte sie wieder auf, wobei sie natürlich immer schmieriger und unappetitlicher wurden –, dass wir jeden Abend vier Stück vor sie hinlegten und uns dann in die Küche verzogen, um das nicht mit ansehen zu müssen.

Sugieh wurde zum ersten Mal im September läufig, als wir in Schottland waren und sie wieder einmal bei Smiths wohnte. Wir hatten das gefürchtet. Nach unserem Buch konnten frühreife Siamkatzen schon im zarten Alter von vier Monaten so weit sein, und da Sugieh inzwischen sieben Monate alt geworden und so frühreif war, dass man manchmal am liebsten aus der Haut gefahren wäre, war es ganz klar, dass sie nur den richtigen Moment für ein effektvolles Debüt abwartete.
Mit James' Hilfe arrangierte sie die ganze Sache großartig. Sie gab ihren ersten Schrei von sich, als Smiths mit Gästen gerade an einer festlichen Tafel saßen, und jagte der ganzen Gesellschaft – sich selbst nicht ausgenommen – einen unheimlichen Schrecken ein. Smiths, die gleich wussten, was los war, hatten gerade die ängstlicheren Gäste über diesen scheinbaren Anfall von Tollwut beruhigt, als sie zum zweiten Mal schrie,

noch lauter als vorher. Darauf – so berichteten sie uns, und ihre Augen bekamen bei der Erinnerung noch einmal einen glasigen Schimmer – war James, der ihre Stimme durch die Schleier des Schlafes hörte und für den Moment sein Eunuchentum vergaß, ritterlich aus dem Grammophon gesprungen, um ihr auf dem Kaminteppich den Hof zu machen. Sugieh aber war voller Schrecken die Stehlampe hinaufgesaust, die prompt zwischen den Koteletts landete.
Es sprach wahrhaftig für Smiths, dass wir selbst nach diesem Ereignis Freunde blieben. Sie wollten uns nicht einmal die Lampe bezahlen lassen. Allerdings warnten sie uns: Sugieh sei das Musterbeispiel eines so genannten Schreiers. Sie hatten sie schließlich in ihr Gastzimmer sperren müssen. James durfte sie zwar besuchen, sooft er wollte, und es gelang ihm auch, sie nach ein paar Tagen davon zu überzeugen, dass es im Leben außer der Liebe noch einiges andere gebe, aber sie konnten in der Zwischenzeit im Hause ihr eigenes Wort nicht verstehen. Dann tauchte sie wieder auf, sanfter als je zuvor, trank einen Krug Milch, um ihre Kehle zu kühlen, und zog glücklich mit James zum Löchergraben in den Garten ab.
Es dauerte noch eine ganze Weile, bis wir selbst sie zu hören bekamen. Nach ihrer ersten Anstrengung machte sie eine so lange Pause, dass wir wahrhaftig schon misstrauisch wurden. Diese Mondscheinnächte im Oktober, in denen sie sich geweigert hatte hereinzukommen und wir ohne sie schlafen gegangen waren! Wir hatten keine Ruhe gefunden, weil wir an Füchse und Dachse denken mussten, bis sie dann so um Mitternacht herum laut schreiend die Treppe heraufgestürmt kam: Sie habe ja keine Ahnung gehabt, wie spät es sei, und warum wir sie denn bloß nicht gerufen hätten. War sie vielleicht harmlos in den Wald spaziert und, gerade als sie den Mund zum ersten zaghaften Schrei aufmachte, nicht doch schon irgendeinem Don Juan aus der Katerwelt in die Arme gelaufen? Oder hatte sie – was schon eher zu Sugieh gepasst hätte – ihre Liebesrufe zurückgehalten und sich entschlossen aufgemacht, um sich selbst einen Kater zu suchen, da sie ja nach ihren Erfahrungen im Hause Smith sicher sein konnte, dass wir sie beim geringsten Quiekser in

unserer Hörweite unweigerlich einsperren und ihr den ganzen Spaß verderben würden?
Sugieh wusste es – aber sie schwieg. Im Verlauf der nächsten Wochen betrachteten wir sie immer argwöhnischer. Zweifellos wurde sie dicker – aber das konnte natürlich auch davon kommen, dass sie nun allmählich kein Kätzchen mehr war. Sie jedenfalls kümmerte sich nicht um unsere Vermutungen und lächelte nur spröde oder streckte sich, dass wir sie besser anschauen konnten. Fragten wir sie ernstlich, was sie angestellt habe, so antwortete sie mit einem zarten, verzückten Maunzen bei halb geschlossenen Augen.
Weihnachten kam heran, und Sugieh hatte noch immer nicht Laut gegeben. Wir zweifelten nun nicht mehr. Während oben im Dorf Vater Adams sich die Hände rieb und in bester Laune alle Vorbereitungen für das frohe Ereignis bei Mimi traf, schüttelten wir unsere Häupter vorwurfsvoll über Sugieh und richteten uns darauf ein, ihren Fehltritt nicht offenkundig werden zu lassen.
Alles kam ganz anders, als wir gedacht hatten. Mimi hatte zu Vater Adams' Ärger eine falsche Schwangerschaft und lieferte überhaupt keine Kätzchen, während Sugieh, die fast vor Vergnügen platzte, weil sie uns so zum Narren gehalten hatte, am ersten Weihnachtsfeiertag läufig wurde und wie ein Löwe brüllte. Anscheinend wirkten Familienfeste bei ihr immer in dieser Richtung. Nachdem sie eine Portion Truthahn gefressen hatte – ich werde nie ihren ehrfurchtsvollen Gesichtsausdruck vergessen, als sie zum ersten Mal einen Truthahn sah; man merkte direkt, wie sie sich im Geiste sofort verächtlich von den Fasanen lossagte –, dann schnell einmal in den Wald gelaufen war, um zu sehen, ob es dort vielleicht noch mehr Truthähne gäbe, sich darauf an einem munteren Spielchen Domino ergötzt hatte, das sie gewann, indem sie alle Steine auf den Boden fegte – da warf sie sich plötzlich auf den Rücken und brach in Gesang aus. Mein Schwager schaute sie erschrocken an und fragte, was ihr fehle. Da die Kinder im Zimmer waren, zwinkerte ich ihm zu und sagte:
„Nichts. So ist sie manchmal, wenn sie sich erregt hat." Unsere

neunjährigen Zwillingsneffen schauten einander entsetzt an, legten ihr Würfelspiel beiseite und erklärten uns, so schrien die Katzen, wenn sie ein Männchen haben wollten.
Smiths hatten Recht. Sie war ein Ausbund an Lautstärke und Ausdauer. Sugieh hatte immer eine mächtige Stimme gehabt, sogar für eine Siamkatze, aber ihr Liebesgesang war eine Marter. Tagsüber verfolgte sie uns im Haus auf Schritt und Tritt, kreischte und warf sich hoffnungsvoll auf den Rücken, sooft wir zu ihr hinschauten. Nachts tobte sie im Gastzimmer umher und schrie noch gellender und wütender als sonst, weil wir diesen Lärm in unmittelbarer Nähe einfach nicht ertragen konnten und sie deshalb nicht zu uns ins Bett ließen. Als der Morgen nach dem zweiten Feiertag heraufdämmerte, konnten wir's nicht länger aushalten. Charles, der alle Siamkatzen unter lautem Fluch in die Hölle wünschte, trug sie hinunter und sperrte sie ins Badezimmer.
Unser Haus ist alt, und das Badezimmer liegt nicht nur im Erdgeschoss, sondern ist auch durch eine halbmeterdicke Steinmauer von dem eigentlichen Bau getrennt.
Das Kreischen war jetzt angenehm gedämpft, und als es nach einer Weile ganz aufhörte, rieben wir uns die Hände: Sugieh ist nicht dumm – sie weiß, wenn sie den Kürzeren gezogen hat. Zum ersten Mal seit zwei Tagen hofften wir zum Schlafen zu kommen.
Noch keine Sekunde später erhob sich im Garten ein solches Schlachtengetöse, dass wir beinahe aus den Betten fielen. „Sugieh", schrie ich auf und flog mehr als ich ging durchs Zimmer und die Treppe hinunter. „Schnell!", drängte Charles, der sich nichtsdestoweniger erst Hausschuhe anzog und seinen Morgenrockgürtel zuband, ehe er hinter mir herschoss.
Aber Sugieh war in Sicherheit. Sie war nicht – was wir ihr nachgerade zugetraut hätten – durch den Ventilator rausgekommen und hatte auch nicht das Fenster mit einem Brecheisen aufgestemmt. Sie saß im Badezimmerfenster wie die Königin über einem mittelalterlichen Turnierplatz und verdrehte selbstgefällig und zufrieden die Augen, während draußen in den Tuberosen zwei rüstige Ritter um ihre Gunst kämpften.

Eine Woche lang hielt ihr Zustand an, und Nacht für Nacht fand unfehlbar eine Katerschlacht vor dem Badezimmerfenster statt. Vierzehn Tage später fing sie schon wieder an zu singen. Wir hatten mit ihrer Paarung bis zu ihrem ersten Geburtstag warten wollen, aber das war mehr, als ein Sterblicher ertragen konnte. So wurde Sugieh im Alter von elf Monaten Braut, und zwar mit großer Begeisterung.
Da der Kater der unverheirateten Dame unserer Ansicht nach einen zu plumpen Kopf hatte und Ajax mit einem ganz unromantischen Abszess im Ohr zu Bett lag, wurde ihr Gatte ein Kater namens Rikki von einer Siamkatzenfarm, die über fünfzig Kilometer von uns entfernt lag. Rikkis Eigentümer sagten, sie sei den meisten Katzen, die sie je gesehen hätten, weit voraus. Eine der lautesten sei sie auch, sagten sie. Normalerweise dauerte es vier Tage, bis man sicher sein konnte, dass bei jungen Kätzinnen, die oft ängstlich waren, alles geklappt hatte. Aber bei uns riefen sie schon am zweiten Tag an und sagten, es bestehe kein Zweifel bei Sugieh, und wir möchten sie doch bitte so bald wie möglich abholen, weil sie alle anderen Katzen störe. Außerdem zeige Rikki alles andere als männliche Triumphgefühle, trotte mit verstörtem Blick in seinem Gehege umher und fahre jedes Mal zusammen, wenn er ihre Stimme höre.
Das hätten wir also hinter uns, und nun würden wir doch hoffentlich ein bisschen Frieden haben, dachten wir, als wir an jenem Abend abgespannt nach Haus fuhren und Sugieh auf dem Rücksitz immer noch krampfhaft nach ihrem geliebten Gatten schluchzte. Wir sollten sie aber noch ein paar Tage im Hause behalten, hatte man uns gesagt, sonst würde sie sich trotz aller ehelichen Treueschwüre möglicherweise mit dem Gutskater trösten und doch noch Bastarde zur Welt bringen.
Wie immer warf Sugieh alle unsere Berechnungen über den Haufen. Nach der geräuschvollsten Hochzeit in der Geschichte der Katzenzucht verlegte sich Sugieh nun auf eine Schwangerschaft, die nicht komplizierter hätte sein können, wenn sie vorher ein Doktorbuch gelesen hätte. Zunächst einmal entwickelte sie Morgenübelkeit, nachdem sie zwei Tage lang mit feuchten Augen Rikki nachgeträumt hatte – mehr konnte sie darauf nicht

verwenden, denn sie hatte ja nur neun Wochen Zeit für alles, was dazu gehörte. Vielleicht schämte sie sich auch, wenn sie an ihr Benehmen in der Katzenfarm dachte. Der Erfolg war jedenfalls, dass sie überhaupt nichts mehr fraß, als zartes, gebrechliches Wesen herumsaß und mit geschlossenen Augen hin und her schwankte. Schließlich bekam sie hohes Fieber, und das Ganze endete mit einer dramatischen Fahrt durch einen Schneesturm, weil sie Streptomycininjektionen bekommen musste. Der Tierarzt hatte mit einem gefühlvollen Blick in ihre traurigen blauen Augen gesagt: „Wenn man Tiere liebt, machen sie einen zum Sklaven." Wie sehr er Recht hatte, konnte er nicht ahnen: Mitten in der Nacht bekam Sugieh plötzlich wieder Appetit und musste ausgerechnet auf Charles' Kopfkissen mit Krabbenpaste gefüttert werden. Die Appetitlosigkeit hatten wir also überwunden, aber nun entwickelte sie plötzlich eine Leidenschaft für Marmeladetörtchen. Marmeladetörtchen mussten es sein, obwohl sie die Marmelade nie mitfraß, und gestohlen mussten sie auch sein. Gaben wir ihr eines, so rülpste sie ganz ungeniert, schüttelte ihr Hinterbein darüber und ging ihres Weges. Fühlte sie sich aber unbeobachtet, so konnte sie täglich einen ganzen Teller voll vertilgen. Sie stahl sie aus der Speisekammer und schleppte sie ins Badezimmer, wo sie säuberlich die Teigränder abfraß. Die Mittelstücke blieben auf dem Fußboden liegen, wo dann Charles zerstreut darauf trat und die Füllung in der ganzen Wohnung herumtrug.
Wünschte sie, dass ihre Kinder alle dunkel gezeichnet sein sollten wie Rikki, ein wahrer Yul Brynner unter den Katzen, mit mächtigen schwarzen Schultern und einem bösen, keilförmigen Kopf? Jedenfalls trank sie mehr Kaffee, als man der Kapazität einer Katze zugetraut hätte, und schließlich gewöhnte sie sich aus einem unerfindlichen Grunde an, Papier zu kauen; eine Gewohnheit, die uns ernstlich in Verlegenheit brachte, als sie eines Tages Tante Ethels Telegramm fraß. Wenn Charles' Tante Ethel beschlossen hatte, ihre Verwandten zu besuchen, teilte sie ihre bevorstehende Ankunft immer telegrafisch mit: Auf diese Weise hatte die Familie keine Chance zu entkommen. Da wir nun, wie sie immer sagte, hinter den sieben Bergen wohnten,

enthielt in unserem Falle das Telegramm auch die Ankunftszeit des Zuges, damit Charles zum Bahnhof hinüberfahren und sie abholen konnte.
Nun stand sie plötzlich in einer kalten Regennacht wie vom Himmel gefallen vor unserer Tür, schaute uns über den Rand ihres triefenden Klemmers grimmig an und verkündete, sie habe nicht nur am Bahnhof eine volle Stunde vergeblich warten, sondern auch ein Taxi nehmen müssen, das noch obendrein am Ende der Dorfstraße eine Panne gehabt habe.
Sie wollte nicht glauben, dass wir das Telegramm nicht bekommen hätten. Sie habe es abgeschickt, sagte sie, und damit basta. Es half auch nichts, dass Charles bei der Post anrief - ziemlich wütend, um Eindruck auf Tante Ethel zu machen - und fragte, was zum Kuckuck sie mit dem Telegramm angefangen hätten. Der Postvorsteher, ein temperamentvoller Herr, fragte zurück, was zum Kuckuck uns denn einfalle? Unter die Tür geschoben habe er's, er selbst, weil er gerade einen Spaziergang in unserer Richtung gemacht habe, und dabei habe ihm so ein Katzenvieh die Hand zerkratzt. Und dann wollte er noch wissen, warum wir denn keinen Briefkasten hätten wie gewöhnliche Sterbliche.
Natürlich hatten wir einen Briefkasten. Er war an der Küchentür, und der Briefträger wusste das auch. Charles hatte ihn von der Haustür dorthin verlegt, nachdem sich Blondin eines Tages beinahe enthauptet hatte, weil er neugierig seinen Kopf durch die Klappe steckte und ihn nicht mehr herausbrachte. Wenn das Telegramm versehentlich unter die Haustür geschoben worden war, erklärte Charles dem erstaunten Postvorsteher, dann konnte nur eins passiert sein: Unsere Katze musste es gefressen haben.
So war es auch. Während sie wie ein Feldherr vom oberen Ende der Treppe den Verlauf der Dinge beobachtete und Tante Ethel am unteren Ende in stummer Pose auf eine Erklärung wartete, fanden wir das verräterische Beweisstück - eine durchnässte, völlig zerkaute Ecke des Umschlages - unter dem Stuhl in der Diele. Was dann weiter geschah, grenzte ans Wunderbare. Tante Ethel hatte unsere Tiere nie recht gemocht, seit Blondin, ohne sich etwas dabei zu denken, ihr ein kleines, warmes Bächlein

den Rücken hatte hinunterlaufen lassen, als sie im Sessel eingenickt war – das schlage, sagte sie damals eisig, nun wirklich dem Fass den Boden aus. So wollte sie auch jetzt gerade ihrem Groll energisch Luft machen, da stand Sugieh auf und strich langsam die Stufen herab. Sie war nun schon sehr rund geworden, was sie allerdings bisher noch kaum zu behindern schien. Erst in der vergangenen Woche war sie auf der Jagd nach einem Vogel quer durch den Garten in ein Frühbeet gestürmt und hatte sich die Nase zerschnitten. Nicht schlimm – gerade so viel, dass sie ein paar Tage lang noch mehr schielte als sonst, wenn sie auf ihre Narbe hinabschaute. Sie kletterte auch immer noch wie der Wind auf die Bäume, und wenn das jemandem schlecht bekam, so war es höchstens Charles, der jedes Mal aufstöhnte und sich die Haare raufen wollte, wenn sie die erhoffte kostbare Fracht junger Kätzchen gegen einen Ast schlug.
Wir trauten unseren Augen nicht, wie sie jetzt auf einmal müde die Treppe herunterkroch, als könne sie sich kaum auf den Füßen halten. Sie schaute Tante Ethel kläglich in die Augen und sagte: „Wääääh!" Es kann ja sein, dass ihr wirklich nicht gut war. Vielleicht hing es mit dem bewussten gelben Briefumschlag zusammen. Jedenfalls hatten wir diesmal für die Zeit des Besuchs nichts mehr zu befürchten. Nachts schlief Tante Ethel mit Sugieh und hielt sie liebevoll ans Herz gedrückt, und tagsüber hätschelte sie sie auf dem Schoß, streichelte sie zärtlich und bedauerte sie wegen ihrer bösen Herrschaft, die den armen kleinen Liebling so habe ausnutzen lassen.
Der arme kleine Liebling, dem dieses Mitgefühl wie süße Milch einging, stimmte alledem so seelenvoll zu, wie das nur eine Siamkatze kann. Wenn man sie hörte, so hatte sie gar nie heiraten wollen, und nach Dorset hatten wir sie an den Haaren ihres unschuldigen kleinen Köpfchens geschleift.
Wir machten uns nichts daraus. Zum ersten Mal seit Monaten hatten wir ein bisschen Frieden – und das wollte viel heißen – mit Sugieh und Tante Ethel im Hause.

Ende März bekam Sugieh ihre Jungen. Nach einem aufregenden Abend, an dem wir sie immer wieder dazu bringen wollten,

in einer mit Zeitungspapier ausgelegten Pappschachtel zu bleiben – wie das Katzenbuch empfahl –, sie aber ebenso beharrlich immer wieder aus der Schachtel stieg und die Treppe hinaufmarschierte, die Ohren angelegt vor Ärger über diesen komischen Einfall, kamen sie kurz nach Mitternacht zur Welt. Auf unserem Bett – hier oder nirgends, meinte Sugieh –, und Charles und ich saßen rechts und links von ihr mit dem Katzenbuch in der Hand und warteten ängstlich auf Komplikationen.
Es kamen keine. Es ging alles ruhig, rasch und richtig, wenn man davon absieht, dass das letzte Junge nur halb so groß war wie die drei anderen – und daran war sie selbst schuld, wie Charles ihr klarmachte: Er habe sie oft genug gewarnt bei ihren tollen Kletterpartien. Auf lange Zeit hinaus war das das letzte Mal, dass in unserem Hause noch irgendetwas in Ruhe geschah. Der nächste Morgen schon sollte uns die bittere Erkenntnis bringen, dass Sugieh, die niemals etwas halb tat, beschlossen hatte, die ideale Mutter zu werden.
Eine Zeit brach an, in der wir alle unsere Sünden abbüßten. Während der ersten Tage verließ sie die Jungen nur für kurze Augenblicke. Wenn sie Futter wollte, stand sie oben an der Treppe und schrie. Trugen wir es ihr hinauf, so war sie entweder schon wieder im Korb und säugte die Kleinen, als wären sie die zartesten Blümchen, die vor ihren Augen dahinwelken könnten, oder sie wanderte unruhig auf und ab wie ein Handlungsreisender, der Angst hat, seinen Zug zu versäumen. Die Jungen waren auch nicht gerade eine Hilfe. Als wir Sugieh ein einziges Mal dazu gebracht hatten, ein Weilchen mit uns herunterzukommen, blieb ihr nur eben Zeit, Shorty in der altgewohnten Weise anzuschielen, da kam auch schon ein durchdringender Weheruf von oben, und fort war sie, immer zwei Stufen auf einmal nehmend und jammernd: Da habt ihr's, gleich passiert was, wenn ich mal einen Augenblick nicht da bin. Womöglich hat sie jemand entführt!
Nur ein Wahnsinniger hätte auf den Gedanken kommen können, diese Brut zu entführen. Sugieh wusste das nur zu gut, denn von dem Augenblick an, wo jedes feierlich ein Auge öff-

nete – um Tage früher, als sie es eigentlich hätten sollen – und sie wie eine Bande von Seeräubern in die Welt schielten, war es völlig klar, dass sie nichts als Unfug im Sinn hatten. Aber es machte sich doch so gut – und die Rolle der idealen Mutter schien Sugieh noch effektvoller, wenn sie ihre Kinder gegen Entführer zu verteidigen hatte.

Es gab niemanden, dem sie in dieser Hinsicht nicht misstraut hätte. Besuchte uns der Pfarrer zu einer Tasse Tee, so saß sie nicht mehr auf seinem Knie, anhänglich wie die Haare, die sie auf seiner guten, schwarzen Hose hinterließ. Sie rührte sich nicht aus der Diele und warf ihm von der Schwelle her finstere Blicke zu. Wenn der Fleischerjunge kam, lief sie ihm nicht entgegen, um mit ihm ein Wort im Vertrauen über die Leber zu sprechen, sondern glotzte ihn vom Fenster aus an und schimpfte: Noch einen Schritt und ich rufe die Polizei!

Als die Polizei dann wirklich anrückte, und zwar in Gestalt von P. G. McNab, der eine Vorladung für Charles brachte, weil er eines Morgens – natürlich unausgeschlafen, wie jetzt immer – in die Stadt gefahren war und den Wagen zwei Stunden lang unter einem Parkverbotsschild hatte stehen lassen, da machte Sugieh ein solches Theater, dass wir uns gar nicht wunderten, dass McNab auf der Straße gleich sein Notizbuch zog und einen Eintrag machte, der sich nur auf öffentliche Ruhestörung beziehen konnte. Und als Tante Ethel übers Wochenende eigens der Kätzchen wegen herbeireiste und wir diese herunterholten, weil wir natürlich bei ihr als alter Freundin der Katzenmutter keine Bedenken hatten, führte Sugieh sich auf wie eine Wilde.

Eines nach dem anderen packte sie die Kleinen beim Schlafittchen und beförderte sie energisch ins Gastzimmer zurück. Das ganze vergangene Jahr hatte sie jeden Abend zur Schlafenszeit laut und bitterlich geklagt, das Gastzimmer sei ein ganz übles Gefängnis und man behandle sie nicht besser als Marie Antoinette. Jetzt war es anscheinend der einzige Platz auf der Welt, wo die Jungen sicher waren. Als Tante Ethel begütigend hinter ihr herlief, mit dem Korb in der Hand und einem Kätzchen, das auf der Treppe verloren gegangen war, da stand

Sugieh wie ein tapferer Wächter in der Tür und fauchte sie mit buschigem Schwanz und wütend gesträubtem Kamm so ernstlich an, dass Tante Ethel schneller als je in ihrem Leben die Treppe herunter war und den nächsten Zug nach Hause nahm. Ich glaube, diesmal merkte sogar Sugieh, dass sie des Guten zu viel getan hatte. Oder aber sie hatte die Rolle der idealen Mutter einfach satt. Jedenfalls warf sie uns am nächsten Morgen um sieben Uhr die Jungen so sorglos ins Bett, als hätte sie nie etwas von Kindesraub gehört, machte sich davon in den Wald und kam nicht vor neun Uhr zurück. Von nun an ließ sie uns nicht im Zweifel darüber, dass wir ebenso verantwortlich für die Kleinen wären wie sie selbst.

Wir haben uns in der Zwischenzeit oft überlegt, ob es wohl Einfluss auf die Entwicklung der Kätzchen hatte, dass sie in den nun folgenden Wochen gar so oft auf den Kopf fielen. Jeden Morgen plumpste mindestens eines auf den Boden, wenn Sugieh wie eine Verrückte auf unser Bett gesprungen kam und mir hastig junge Katzen in die Arme stopfte. Wenn dabei eines hinunterfiel, machte sie sich nie die Mühe, es aufzuheben, weil sie das Tierchen offenbar für tot hielt. Sie warf ihm nur einen ärgerlichen Blick zu und machte sich davon, um das nächste zu holen. Tot waren sie sicherlich nicht, aber dass diese Behandlung den Kätzchen nicht gerade zuträglich sein konnte, war uns klar. Es war auch ganz bezeichnend, dass gerade Salomon öfter als alle anderen auf den Kopf gefallen war.

Jeder, der ihn kennen lernte, hat uns irgendwann einmal gefragt, warum in aller Welt wir ihn Salomon genannt haben. Tatsache ist, dass seine Mutter schuld an diesem Witz war. Sie wusste ganz genau, dass wir aus dem ersten Wurf einen Kater als Prunkstück behalten wollten und für ihn den prächtigen Namen Salomon der Schwarze bestimmt hatten. Infolgedessen lieferte sie bereitwillig drei Kater zur Auswahl, beobachtete mit größter Spannung mehrere Wochen lang, wie wir mit dem Katzenbuch in der Hand ihre Zeichnung kritisch prüften und dabei erörterten, welchen wir behalten sollten, und freute sich schließlich diebisch, als sich herausstellte, dass überhaupt nur einer für uns in Frage kam: der nämlich, den wir von Anfang an ausgeschie-

den hatten, weil er große Füße, Ohren wie eine Fledermaus und überhaupt keinen Verstand hatte. Alle übrigen Jungen, auch die winzige Dame, waren blau.
Salomon hatte neben seinen sonstigen Fehlern auch noch einen scheckigen Bart. Schon lange, ehe die schattigen Flecken auf Nase und Pfoten erschienen und uns anzeigten, dass er unser Schicksal sein würde, hatten wir ihn durch diese Besonderheit von den anderen unterscheiden können. „Wie eine Orchidee", sagte Tante Ethel bei ihrem nächsten Besuch versöhnt und holte ihn zärtlich aus dem Kohleneimer, wohin er wieder einmal über Bord gegangen war, als Sugieh Tante Ethel ihre sich krümmende und maunzende Familie zum Zeichen des Friedensschlusses in den Schoß geworfen hatte. Wir erkannten ihn an seinem Bart als den, der immer im Liegen trank.
Als wir das zum ersten Mal sahen, waren wir furchtbar erschrocken – drei Junge saugten, als gelte es das Leben, und standen dabei, um besser zum Zuge zu kommen, auf dem vierten, das anscheinend ohnmächtig war. Nachdem wir das Kätzchen dreimal herausgezogen hatten, um ihm Luft zu verschaffen, das Kleine jedoch innerhalb weniger Minuten immer wieder unter dem Gewurl verschwunden war, wurden wir misstrauisch. Und tatsächlich erwies sich dieses Misstrauen als gerechtfertigt, als wir die obere Kätzchenschicht entfernten und mal nachsahen. Während die anderen ihre Stellung oben nur unter Drängeln, Stoßen und Winseln halten konnten, lag das kleine Ding mit den großen Füßen und dem scheckigen Bart seelenruhig unten auf dem Rücken und hatte eine ganze Reihe für sich allein. Der Erfolg dieser ungestörten Mahlzeiten war natürlich, dass dieses Kerlchen bald die ganze Schar an Größe überflügelte – übrigens ein Grund mehr, ihn noch öfter fallen zu lassen. Allerdings lag es auch daran, dass Sugieh dieses Kind besonders gern hatte. Wenn sie Lust verspürte, recht anzugeben (wir müssen wohl oder übel zugeben, dass es reizend aussah), dann war es unweigerlich Salomon, den sie die Dorfstraße hinunterschleppte und über dessen dicken weißen Kopf hinweg sie mit süßem Lächeln den Beifall einheimste. Sie benahm sich wie ein Filmstar, der seinen Sprössling für die Fotografen im Kinderwagen einmal

durch den Hydepark schiebt. Deshalb ließ sie ihn auch gewöhnlich nach der Heimkehr einfach fallen und beauftragte uns, ihn wegzuräumen. Manchmal sprang sie über die Mauer in den Garten zurück, dann landete er im Graben. Unweigerlich plumpste er auch zu Boden, wenn sie so komische Kunststücke machte wie ihre Sprünge aufs Bett. Ihre Sorglosigkeit nahm noch zu, als er größer wurde. Wenn sie ihn die Treppe hinaufschleppte, bumste sein dicker weißer Körper kräftig gegen jede Stufe. Tante Ethel, die vergeblich versuchte, ihn Sugieh zu entwinden, prophezeite düster, er müsse ja ein Trottel werden. Damit hatte sie natürlich von vornherein Recht – keine Siamkatze ist ganz richtig im Kopf. Tatsächlich hatte Salomon später noch mehr Spleens als andere Siamkatzen, z. B. das unbesiegbare Verlangen, am Kragen herumgeschleppt zu werden.
Dass die Jungen überhaupt am Leben blieben, ist ein reines Wunder, denn seit Sugieh die Rolle der idealen Mutter aufgegeben hatte, benahm sie sich so, dass man sie am liebsten in einen Säuglingskurs geschickt hätte. Mussten ihre Kinder gewaschen werden, so wusch sie sie so unbarmherzig, dass sie ihnen beinahe den Pelz abzog. Ärgerten sie sie, so biss sie so unbarmherzig zu, dass sie um Gnade schrien. Alle, nur Salomon nicht, der biss wieder und legte sich, wenn sie nach ihm jagte, auf den Rücken und wedelte so entwaffnend mit seinen vier schwarzen Socken, dass er eine Extraportion bekam, wenn die anderen nicht hinschauten.
Von fortschrittlicher Ernährung hatte sie keine Ahnung. Als die Jungen vier Wochen alt waren und nach dem Buch langsam entwöhnt werden sollten, meinte sie, die neue Milch sei nicht gut für die Kleinen und trank sie selbst. Als sie sechs Wochen alt waren, hatten wir schon völlig die Nerven verloren, weil sie – sicherlich im Auftrag der Mama – jedes Mal Augen und Münder fest zumachten, wenn sie ein Milchschälchen auch nur von ferne erblickten. Wir verzweifelten schon daran, sie jemals entwöhnen zu können, da erwischten wir Sugieh eines Morgens, wie sie oben die Kleinen heimlich mit großen Stücken Kaninchenfleisch von ihrem eigenen Frühstück fütterte und sie stolz betrachtete, während sie sich wie die Tiger darum stritten.

Sie wusste recht gut, dass das nicht in Ordnung war. Als wir ihr einen Vortrag über die zarten Kindermägen hielten, saß sie mit hängenden Ohren da, schielte schuldbewusst zu uns herauf und meinte, Salomon sei schuld. Mag schon sein, dass das stimmte. Salomon machte uns tatsächlich in puncto Ernährung am meisten Kummer, denn er war ja so groß, und wir hatten uns schon immer gesorgt, wie er mit der Muttermilch allein durchkommen sollte. Nun stand er mitten in der Schüssel, bis an die Knie im Fleisch und schlang es hinunter wie Spaghetti. Von nun ab war Salomon dazu ausersehen, immer an allem schuld zu sein – nicht etwa, weil Sugieh ihm eins hätte auswischen wollen, sondern einfach weil sie glaubte, er sei so großartig, dass wir ihm nicht widerstehen könnten.

Wenn sie einen von Charles' besten gelben Socken stahl und ihren Kindern zum Spaß zeigte, wie man auf und ab Löcher hineinkaute, bis das Strumpfbein aussah wie ein Sieb, so wurde schließlich Salomon abgeordnet, uns die Überbleibsel zu bringen, wenn ihr das Gewissen schlug und sie sich klarmachte, was sie angerichtet hatte. Die übrige Gesellschaft saß währenddessen zitternd und fluchtbereit auf dem Treppenabsatz.

Eines Abends gingen wir ins Kino und ließen die Katzen törichterweise auf unserem Bett liegen, weil es kalt war und sie sich auf der Steppdecke so rührend aneinander gekuschelt hatten. Während nun die ganze Gesellschaft unter Sugiehs Führung augenblicklich unterm Bett verschwand, als sie uns die Treppe heraufkommen hörte, blieb Salomon klein und einsam, aber doch nicht ohne Größe zurück, um uns zu erklären, wie die vielen Löcher in die funkelnagelneue Decke gekommen waren. Das war ihm aufgetragen worden. Nur *eine* Katze konnte diese runden, feuchten Löcher gemacht haben – und die lag auf dem Bauch unter dem Bett und tat so, als gehöre sie zum Teppichmuster. Nur *eine* Katze war stark genug, Überwurf und Steppdecke aufzuschlagen und die Wolldecke herauszuziehen. Während wir ihm erzählten, wer diese Katze war, was sie war und was wir mit ihr machen würden, wenn wir sie erwischten, lauschte Salomon voller Schrecken und hatte seine großen Fledermausohren weit aufgesperrt.

Da musste offensichtlich ganz schnell etwas geschehen, wenn er Mama vor einer schrecklichen Tracht Prügel bewahren wollte – und er handelte danach. Als ich die Decke hochhielt und klagte, man könne sie glatt zum Fenster hinauswerfen, sprang er mit vor Begeisterung blitzenden Augen zu und stopfte seine dicke schwarze Pfote durch ein Loch. Das sei das Spiel, das sie gerade gespielt hätten, ehe wir kamen. Dafür habe Mammi die Löcher genagt, und es sei ganz furchtbar lustig. Ob wir's nicht mal probieren wollten?
Diesem kleinen schwarzen Stiefmütterchengesicht konnten wir nie widerstehen. Wir probierten's wirklich. Es dauerte nur ein paar Sekunden, und das ganze Bett war ein heiteres Durcheinander von Kätzchen, die lustig im Bett hin und her stürmten und uns durch die Decke Pfötchen entgegenstreckten, während Sugieh wie durch Zauberei wieder erschien, als sie merkte, dass die Gefahr vorüber war, und Salomon damit belohnte, dass sie ihn am Kragen packte und fröhlich vom Kopfkissen herunterpurzeln ließ. Das war nicht seine einzige Belohnung. Ich wäre beinahe in Ohnmacht gefallen, als er später nach dem Abendbrot stolz ins Wohnzimmer marschiert kam: Sein Bart war auf der einen Seite üppig wie ein Ginsterbusch und auf der anderen Seite – weg, vollkommen weg. Er war damals erst acht Wochen alt, und wir dachten, die Haare wären ihm vom vielen Fleischfressen ausgegangen. Wir wussten nicht, dass Siamkatzenmütter ihre Lieblingskinder so behandeln, wenn sie mit ihnen ganz besonders zufrieden sind.
Das erklärte uns der Tierarzt nachts um halb elf Uhr – nicht sehr freundlich, fanden wir, wenn man bedenkt, dass er doch Siamkatzen von Berufs wegen gern haben müsste.

Rosemarie Hauff

Vier Katzenkinder bleiben am Leben

„Guter Gott“, sagte Mammi und warf einen forschenden Blick auf Kleopatra, die sich andächtig auf einer Kommode in einem Spiegel betrachtete, was sie mit Vorliebe tat. „Ich hatte eigentlich nie den Eindruck, dass sie sich überfrisst, aber sie ist wirklich fetter geworden.“

Als hätte Kleopatra verstanden, sträubte sie ihre Barthaare und lachte mit aufgeblähten Backen. Daddy, der sich hinter die Zeitung vergraben hatte, nahm von Mammis Feststellung keine Notiz. Aber Billi stieg auf das Thema ein.

„Sie ist wirklich dicker geworden“, stimmte sie zu. „Es wird nichts übrig bleiben, als sie in der kommenden Zeit auf Diät zu setzen.“

Fräulein Marie, die für das Wohlergehen ihres Lieblings fürchtete, stieß ein überlegenes Lachen aus. Sie wusste längst, was die Glocke geschlagen hatte, war aber nicht bereit gewesen, den übrigen Familienmitgliedern eine Andeutung zu machen. Jetzt schien ihr der richtige Zeitpunkt dazu gekommen.

„Was ihr nicht sagt“, meinte sie spöttisch, „diesmal scheinen auch Billis Tierkenntnisse zu versagen. Kleopatra bekommt einfach Junge.“

Fräulein Marie warf einen triumphierenden Blick in die Runde. Wie von der Tarantel gestochen, schnellte Daddy hinter seiner Zeitung hervor.

„Das ist zu viel“, stöhnte er. „Der Himmel ist mein Zeuge, dass ich eine Katze geduldig ertragen habe. Wo ich mir doch geschworen habe, nie ein solches Tier ins Haus zu lassen. Aber Nachwuchs kommt auf gar keinen Fall in Frage.“

Er dehnte die einzelnen Worte, um ihnen das nötige Gewicht zu verleihen. Schon oft genug hatte er nachgeben müssen, bezwungen durch weibliche Übermacht und jene Tricks, die Frauen zu eigen sind. Aber diesmal würde er auf den Rechten eines Familienoberhaupts bestehen. Unterdessen hatte sich Billi

mit einem begeisterten Aufschrei auf Kleopatra gestürzt, sie vorsichtig auf den Rücken gedreht und ihren geschwollenen Bauch eingeschätzt. Schon sah er im Geiste ein halbes Dutzend Kätzchen durch die Wohnung trudeln. Aber auch Mammi dämpfte ihre Begeisterung. Wie meistens stimmte sie mit Daddy restlos überein.
„Das hat uns gerade noch gefehlt", seufzte sie laut. „Wenn ich an das Katerkonzert zurückdenke, das sich bei Vollmond auf unserem Dach abgespielt hat, kriege ich jetzt noch genug. Eine zweite Katze ist wirklich zu viel. Vom Rest ganz zu schweigen."
Billi, die sich um ihre schönsten Hoffnungen betrogen sah, schossen die Tränen in die Augen.
„Ihr seid gemein", fuhr sie auf und spürte Abneigung gegen alles, was erwachsen und vernünftig schien.
„Nicht dieser Ton", reagierte Mammi bestimmt. „Ich bilde mir ein, dass wir weiß Gott genügend Verständnis für deine Wünsche haben. Aber was zu viel ist, ist zu viel."
Unergründlich lächelte Fräulein Marie und ähnelte Kleopatra, die scheinbar teilnahmslos ihre Pfoten unter dem Bauch gefaltet hielt und Löcher in die Luft starrte, als ginge sie die ganze Unterhaltung nichts an.
Jeden Tag wurde Kleopatra ein bisschen dicker. Aber stets bewegte sie sich mit der gleichen Geschmeidigkeit, tauchte unerwartet aus einer Ecke auf und verschwand geheimnisvoll auf leisen Sohlen. Sie schien sich völlig an ihre Last gewöhnt zu haben und überhaupt nicht behindert zu sein. Bis zuletzt wagte sie ihre steilen Sprünge nach vorüberfliegenden Schmetterlingen, die sie mit Vorliebe verspeiste, wobei sie die Flügel auf die Erde spuckte.
Die Beziehungen zwischen ihr und Billi vertieften sich, denn Kleopatra zeigte sich liebenswürdiger als je zuvor. Oft kletterte sie jetzt auf Billis Rücken und tapste mit angezogenen Krallen auf ihr herum, bis sie sich dann, aus voller Kehle schnurrend, auf ihren Füßen niederließ.
„Du ahnst nicht, was deinen Kindern bevorsteht", seufzte Billi mit schlechtem Gewissen und erinnerte sich an ihren Eid, jedem Tier zu helfen, das in Not geraten war. „In der eigenen

Familie geht es an", dachte sie und beschloss, nichts unversucht zu lassen, die Katzenkinder zu retten.
Überall fragte sie herum, ob jemand eine junge Katze haben wollte. Aber sie wurde von Pech verfolgt. Niemand ging auf ihr Angebot ein.
Sorgenvoll rief Billi den Klub zusammen.
„Man wird die Katzenkinder ertränken", sagte sie trostlos und hätte Kleopatra am liebsten von vornherein um Verzeihung gebeten.
„Ach was", fuhr Gaby sie an, die so etwas nicht hören konnte. „Das kommt überhaupt nicht in Frage. Wir lassen das einfach nicht zu. Wenn Kleopatra erst einmal ihre Jungen geboren hat, dann werden wir sie verstecken, bis sie groß geworden sind, dass man sie nicht mehr töten kann. Wenn Kätzchen sehen, bringt sie kein Mensch mehr um. Solange sie blind sind, glauben die Leute, dass sie nichts davon spüren, wenn man sie tötet."
„Blöd", sagte Katharina mit abgrundtiefer Verachtung.
Nur Thomas blieb männlich objektiv.
„Viele Katzen kosten eine ganze Menge Futter", meinte er nüchtern.
„Die können sich doch Mäuse fangen, wenn sie größer sind. Hauptsache, man lässt sie am Leben, Katzen sind zäh. In Italien gibt es eine Menge wilder Katzen, die niemand gehören." Susis Augen funkelten vor Empörung. „Sollen sich die Leute keine Viecher halten, wenn sie Angst vor den Folgen haben", setzte sie wütend hinzu.
„Danke", sagte Billi und fühlte sich komischerweise für ihre Eltern angegriffen. „Schließlich ist uns Kleopatra zugelaufen, und niemand hat sie gezwungen zu bleiben. Oder glaubt ihr, dass wir sie in einen Käfig sperren? Eigentlich war es von meinen Eltern recht nett, dass sie zu unseren beiden Hunden auch noch die Katze genommen haben. Ich möchte bezweifeln, dass andere Leute dazu bereit gewesen wären."
Billi warf einen erbitterten Blick auf Susi, die Anklägerin, und war sichtlich bereit, sich weiter auszulassen. Aber Kathinka trennte die beiden Streithähne und appellierte an ihre Vernunft.

„Soll nun Kleopatra geholfen werden oder nicht?“, fragte sie kurz.
„Was für eine Frage“, riefen Billi und Susi im Verein und waren wieder völlig einer Meinung. „Dazu sind wir ja hier.“
Der Schuppen war noch immer nicht zu gebrauchen und verschandelte den Garten, wie Fräulein Marie zu sagen pflegte. Aber Daddy hatte vorsichtshalber zwei stützende Balken einziehen lassen, weil Mammi noch immer an dem Alptraum litt, dass er eines Tages über den Kindern zusammenbrechen könnte. Seitdem er ausgebessert war, hatte sie weniger gegen ihn einzuwenden. Im Gegenteil! Sie hatte sogar verzichtet, Gerümpel abzustellen, und ihn großmütig ihrer Tochter und deren Freunden überlassen. „Bis sich eine Gelegenheit bietet, ihn abzureißen“, hatte sie vorbeugend dazugesetzt.
Aber im Augenblick dachte niemand daran. Das Gespräch hatte die Gemüter der Kinder erhitzt.
„Wann ist es so weit, dass die Katze ihre Jungen wirft?“, fragte Helga.
„In den nächsten Tagen, hat Fräulein Marie gesagt“, antwortete Billi. „Und die muss es wissen, weil sie bei sich zu Hause auch Katzen hatte.
Wenn sie auch sonst nichts von meinen Tieren hält, bei Kleopatra ist sie hundertprozentig auf meiner Seite. Anmerken lässt sie sich nichts, nur ihre Laune hat sich in den letzten Tagen ganz schön verfinstert. Man wagt schon kaum mehr, sie anzusprechen. Selbst Daddy hat neulich zu Mammi gesagt, dass wir alle unter ihrer Tyrannis leiden.“
„Viel Zeit haben wir nicht mehr“, unterbrach Kathinka Billis familiäre Betrachtung. „Tatsache ist, die Katze muss weg. Wenn sie hier ihre Kinder bekommt, dann sind sie verloren. Gegen die Alten kommen wir doch nicht auf.“
„Weiß ich selbst“, knurrte Billi, die es auch nicht ertragen konnte, wenn man ihre Eltern zum alten Eisen zählte. „Wenn du mir einen Platz sagst, wo sie hin kann, bitte schön! Vielleicht möchte sie einer von euch mit nach Hause nehmen.“
Die Freundinnen überlegten, aber eine nach der anderen schüttelte traurig den Kopf. Welches Elternpaar würde sich schon

bereit erklären, eine fremde Katze unter solchen Umständen aufzunehmen.

„Wir müssen sie im Schuppen verstecken", sagte Billi. „Das ist die einzige Möglichkeit. Zu dumm, dass ich erst jetzt auf den Gedanken gekommen bin. Seitdem Mammi nichts mehr gegen das wacklige Dach vorbringen kann, hat ihn keine Seele außer uns betreten. Obendrein habe ich einen Schlüssel, der passt."

„Ob Kleopatra mitmacht?", fragte Helga zweifelnd. „Sie wird nicht verstehen, warum wir sie einschließen müssen, und versuchen zu fliehen."

„Glaub ich gar nicht", erwiderte Billi. „Kleopatra ahnt eine Menge. Hauptsache, dass wir ihr erst einmal ein anständiges Lager bauen. Alles Übrige wird sich schon finden."

Sorgfältig überprüften die Kinder den Schuppen nach Löchern, durch die Kleopatra in ihr Verderben schlüpfen konnte. Aber die Holzwände erwiesen sich stabiler gebaut, als sie angenommen hatten. Billi fand auf dem Speicher einen alten Korb. „Für die Kinder", sagte sie, „denn gewöhnlich begnügt sich Kleopatra nachts mit einem kleinen Kissen. Meist zieht sie es allerdings vor, durch das offene Fenster auf den Balkon zu steigen und dort auf der Brüstung zu promenieren, wenn sie nicht gerade mit einem ihrer zahlreichen Verehrer waghalsige Klettertouren auf dem Dach unternimmt."

Der Korb wurde in den hintersten Winkel des Schuppens gestellt, dort, wo kaum Licht einfiel und man nichts mehr erkennen konnte. Dann galt es, mit der Katze zu sprechen.

„Hör zu, Kleopatra", sagte Billi zu ihr. „Du weißt, dass wir es gut mit dir meinen. Leider sind wir die Einzigen, möcht ich dir sagen, die Erwachsenen wollen deine Jungen ertränken. Vielleicht kann ich sie retten, aber dann musst du mir helfen und dich tagsüber im Schuppen verstecken, bis deine Katzenkinder sehen können. Nachts lasse ich dich heraus."

„Mrri", schnurrte Kleopatra zustimmend und rieb ihre feuchte Nase an Billis Arm.

Dann folgte sie ihr dicht auf den Fersen zum Schuppen, strich um den Korb, maunzte, sprang auf ihr Lager und schlug eine Kuhle in die alten Kissen. Ihre schwarz geränderten Augen leuchteten schwefelgelb. Behutsam schloss Billi die Türe hinter ihr zu.

Vor dem Schlafengehen sagte Mammi, der die kommenden Katzenmorde schwer auf der Seele lagen, zu ihrem Mann:

„Ich weiß gar nicht, wo Kleopatra steckt. Man kann sie schon nicht mehr ansehen, ohne ein schlechtes Gewissen zu haben. Den ganzen Tag hat sie sich heute verdrückt. Wahrscheinlich ahnt sie, was ihren Jungen blüht, und lehnt die gesamte Familie ab. Manchmal wünsche ich mir, sie würde fortlaufen und nicht mehr wiederkommen, damit es uns erspart bleibt, ihre Kinder ertränken zu lassen."

Bei Mammis letztem Satz fuhr Daddy steil aus den Kissen. Übles begann ihm zu schwanen.

„Wer soll die Kinder eigentlich umbringen?", erkundigte er sich misstrauisch und schüttelte sich bei dem Gedanken.

„Du hast dabei doch hoffentlich nicht an mich gedacht. Ich bin auf jeden Fall völlig unfähig dazu."

„Du sagst mir nichts Neues", beruhigte ihn Mammi mit einem liebevollen Lächeln. „Ich habe heute mit Herrn Falkner gesprochen, dem macht es nichts aus."

Herr Falkner war der Bauer, von dem die Familie ihre Milch bezog. Halbwegs erleichtert bettete sich Daddy wieder zur Ruhe. Ein zärtliches Gefühl für Mammi überflutete ihn. Wie angenehm, wenn man eine Frau hatte, die bereit war, einem die scheußlichen Dinge des Lebens abzunehmen.

„Ich wollte, wir hätten das Ganze schon hinter uns gebracht", seufzte er abgrundtief. „Manchmal habe ich den leisen Verdacht, dass uns Billi seitdem als potentielle Mörder betrachtet."

Kleopatra hatte die Nacht auf dem Dach des Schuppens verbracht, um sich am Morgen von Billi einsperren zu lassen. Merkwürdigerweise sagte Fräulein Marie kein Wort, als sie den Verlust der Kaffeesahne im Eisschrank entdeckte. Schweigend nahm sie das Fehlen eines Bücklings in Kauf und blickte verständnisinnig, als Mammi nach Kleopatra suchte und sich dabei vorkam, als müsste sie einen armen Sünder zu seinem letzten Stündlein rufen.

Kleopatra blieb auch am nächsten Morgen verschwunden. Ihr Futternapf stand unberührt in der Küche.
„Wenn sie nur nicht verhungert“, meinte Mammi, von Vorwürfen geplagt. „Übertrieben groß schien mir ihre Vorliebe für Mäusebraten nie.“
Fräulein Marie dachte an ein fehlendes Stück Leber und lächelte in sich hinein.
Billi war in der Schule, wo sie ihre Englischkenntnisse in einer kniffligen Übersetzung an den Mann beziehungsweise an die Lehrerin bringen musste. Sie kam erst gegen ein Uhr zurück und ließ die langwierige Prozedur des Mittagessens über sich ergehen.
„Total erledigt“, seufzte sie und gähnte vernehmlich in die Runde.
„Leg dich hin, mein Liebes“, schlug Mammi ihr vor.
„Hat doch keinen Zweck“, knurrte Billi resigniert. „In diesem Haus wird man ununterbrochen gestört.“ Wieder gähnte sie herzzerreißend und brachte es fertig, todmüde auszusehen.
„Ich schwöre dir, dass wir dich schlafen lassen und schleichen werden“, warf Mammi ein. „Sei vernünftig, zieh die Vorhänge zu und ruh dich aus. Lies aber nicht!“
„O. k.“, sagte Billi halbwegs überzeugt und verschwand. Leise verschloss sie ihr Zimmer hinter sich, zog die Vorhänge zu und stieg frisch und munter aus dem offenen Fenster, duckte sich an der Hauswand entlang und erreichte den Schuppen. Aufgeregt stürzte Kleopatra auf sie zu.
„Ist was los?“, fragte Billi, kraulte das weiche Katzenfell und musterte Kleopatras Bauch mit sachverständigem Blick. Noch konnte sie keine Veränderung entdecken.
„Du Ärmste“, sagte sie mitleidig, „wie lange willst du noch warten. Es muss ja todlangweilig in der Dunkelheit sein.“
Die Katze starrte Billi verständnislos an. So viel menschliche Dummheit hatte sie nicht für möglich gehalten. Höchste Zeit, ihre Freundin aufzuklären. So entschloss sie sich, aus voller Kehle zu schnurren, schnappte nach Billis Schuhband und zog sie hinter sich her.
Im Korb lag ein schwarz-weiß-grau gesprenkeltes Knäuel.

„Kleopatra", sagte Billi fassungslos und setzte sich neben den Korb. Sie empfand eine tiefe Hochachtung vor ihrer Katze, die ihre schwere Arbeit ganz allein verrichtet hatte. Stolz blähte Kleopatra ihre Nüstern, stelzte auf Samtpfoten um den Korb, richtete ihren Schwanz in die Höhe, maunzte, trug die Kätzchen nacheinander im Maul, um sie behutsam auf Billis Schoß zu legen.
Ganze vier Stück! Kein Zweifel, dass sie Billi vorschlug, die fehlende Vaterstelle zu vertreten und die Verantwortung mit ihr zu teilen. Gemeinsame Last trägt sich eben leichter. Vor allem für den, der einen Teil von ihr abgegeben hat.
Noch war die Schlacht nicht zu Ende geschlagen. Neun Tage lang durften sich die Kätzchen nicht erwischen lassen. Sorgenvoll kratzte sich Billi den Kopf und blickte auf ihre frisch adoptierten Kinder.
„Ihr müsst euch immer noch verstecken", sagte sie eindringlich zu Kleopatra.
„Mip", schrie das schwarze Kätzchen auf Billis Schoß und lutschte hungrig an ihrem Finger. Kleopatra brachte es in den Korb zurück.
„Für die Ernährung fühle ich mich zuständig", schien sie zu sagen.
Das grau gescheckte Kätzchen versuchte sich aufzurichten und schwankte auf vier dünnen Beinchen, die den großen, kugelrunden Kopf kaum tragen konnten.
„Süß sind sie schon", bestätigte Billi aus tiefster Seele und legte die zwei andern Katzenkinder auf das Kissen zurück.
Plötzlich war der Nachmittag vorbei. Eine Uhr schlug sechs, und Billi fuhr aus ihrer süßen Beschäftigung auf.
„Du liebe Güte", sagte sie erschrocken zu Kleopatra.
„Mammi wird sicher schon nachgeschaut haben, ob ich immer noch schlafe."
Vorsichtig wollte sie gerade den Schuppen abschließen, als sie ihre Mutter aus der Haustür kommen sah. Blitzschnell verschwand der Schlüssel in der Hosentasche.
Es gab kein Entrinnen. Das Beste war, völlig harmlos zu tun. Leider besaß Mammi mal wieder die eigenartige Begabung, ihre

Tochter zu durchschauen. Eine unangenehme Eigenschaft, wie Billi fand.

„Wo kommst du her?", fragte Mammi eitel Erstaunen im Gesicht.

„Bin draußen gewesen", antwortete ihre Tochter wahrheitsgemäß.

„Ich dachte, du würdest schlafen."

„Konnte nicht. Mir liegt ein Druck auf dem Kopf." Schmerzlich tippte Billi auf ihre Stirn. Mammi warf einen prüfenden Blick.

„Seit wann bist du dort?", fragte sie misstrauisch und deutete auf den Schuppen.

„Ich hab mal hineingeschaut", sagte Billi und gab ihre Verwunderung ob solch überflüssiger Fragen zu verstehen.

„Was ihr nur immer da drin zu suchen habt", bemerkte Mammi noch und ging auf ein anderes, nicht minder verfängliches Thema über.

„Hast du Kleopatra heute gesehen?"

Billi entschloss sich, diese Frage zu überhören.

„Muss noch Schulaufgaben machen", sagte sie eilig und drängelte ins Haus. „Weil eine gewisse Mathematiklehrerin uns mit viel zu vielen Aufgaben belastet", setzte sie spitzbübisch dazu. Neue Zweifel stiegen in Mammi hoch. Billi war im Allgemeinen nicht neckisch, besonders wenn es um Schulaufgaben ging, bei denen sie die gesunde Abneigung eines wehrlosen Schülers gegen alle Lehrer der Welt empfand. Mammi warf einen bedeutungsschweren Blick zum Schuppen, beschloss aber, vorläufig nichts zu untersuchen. Im Augenblick fühlte sie sich wirklich nicht in der Lage, etwas zu entdecken und eine unangenehme Entscheidung zu treffen. Erst spät am Abend, als Billi schon schlief, schreckte sie plötzlich aus ihrem Sessel hoch.

„Ich befürchte etwas", sagte sie zu Daddy und Fräulein Marie. „Billi wird Kleopatra im Schuppen eingeschlossen haben. Vielleicht hat sie längst ihre Jungen bekommen. Wir müssen schnell handeln, solange sie noch blind sind, sonst ist es wirklich zu spät. Morgen früh, wenn Billi fort ist, schau ich nach."

Keine Antwort. Daddy zog es vor, in seinem Wälzer vertieft zu

bleiben, und Fräulein Marie nähte verbissen und schwieg. Mammi fühlte sich auf eine ungerechte Art im Stich gelassen. „Typisch, dass alles Unangenehme an mir kleben bleibt! Euch kümmert nichts, denn ich werde es schon richten", sagte sie empört, knallte die Tür zu und ließ einen verdutzten Ehemann und ein achselzuckendes Fräulein Marie zurück.
„Was wird Billi wohl von mir halten?", dachte Mammi sorgenvoll, bevor sie sich zum Einschlafen entschloss.
„Aber einen ganzen Wurf kleiner Katzen aufzuziehen ist wirklich zu viel. Niemand kann es mir übelnehmen, dass ich mich dagegen wehre." Getröstet durch diese Erkenntnis, beschloss sie im Stillen, wenigstens eins der Kätzchen am Leben zu lassen. Damit Kleopatra nicht ganz um ihre verdienten Mutterfreuden betrogen wurde und Billi den Tod der anderen leichter überwand.
Am nächsten Morgen jedoch, als Mammi ausgeschlafen und mit Energie geladen den verschlossenen Schuppen mit einer Eisenstange aufstieß, fand sie nichts. Es erwies sich als völlig umsonst, dass sie mit Brachialgewalt das verrostete Schloss zerstört hatte. Weder von Kleopatra noch von irgendwelchen Jungen eine Spur. Vergeblich hatte Mammi sämtliche Winkel durchstöbert. Erleichtert, dass nichts vorzufinden war, machte sie sich auf den Weg zur Schule, den ihre Tochter schon vor zwei Stunden beschritten hatte. „Ich habe meine Pflicht getan", sagte sie sich und beschloss, das leidige Problem wenigstens für die nächsten Stunden aus ihrem Kopf zu verbannen.
Als Billi im D-Zug-Tempo aus der Schule gerast kam, war ihr erster Gang in den Schuppen. Auf dem Heimweg hatte sie mindestens eine Viertelstunde einsparen können und wurde bestimmt noch nicht zu Hause erwartet. Sie kramte den Schlüssel, den sie überall mitschleppte, aus der Tasche und entdeckte das zerstörte Schloss. Ihre Knie wurden weich, sie wehrte sich heftig, über irgendeine Vermutung nachzudenken. Mit einem verzweifelten Ruck stieß sie die angelehnte Tür auf. Keine Kleopatra kam ihr entgegen. Der Korb samt Katzenkindern war verschwunden. Müde ließ sich Billi in eine Ecke des Schuppens fallen. Nicht dass sie weinte, aber ein unbekannter

Druck schnürte ihr die Kehle zusammen. „Aus", murmelte sie und starrte in die Dunkelheit.
Erst Fräulein Maries durchdringendes Geschrei nach Billi brachte sie wieder auf die Beine.
„Tag", sagte Billi, ohne jemand anzuschauen, und stocherte abwesend in ihrem Essen. Besorgt musterte Mammi ihr blasses Gesicht.
„Ist irgendetwas nicht in Ordnung?", fragte sie.
„Heuchlerin", dachte Billi und nahm den Gedanken wieder zurück.
Im Grunde meinte es Mammi nur gut. Die Erwachsenen waren nicht zu beneiden, weil sie solche Entscheidungen treffen mussten. Sicherlich war es Mammi entsetzlich schwer gefallen, die Katzen ertränken zu lassen. Wahrscheinlich war ihr schrecklich zumute, wenn sie sich auch nichts anmerken ließ. Einen Augenblick fühlte Billi, wie sie ihre Fassung verlor, und die Lust, zu schreien, anzuklagen und jemand wehzutun, erfüllte sie ganz, aber dann sank sie wieder zusammen. Wenn man so traurig war, konnte man kein Theater machen.
„Wo ist Kleopatra?", fragte sie leise und hätte sich am liebsten vor jeder Antwort die Ohren zugehalten.
„Weiß ich doch nicht", sagte Mammi erstaunt. „Entschuldige, dass ich den Schuppen aufgebrochen habe, aber nach gestern musste ich doch wirklich annehmen, du hättest sie dort versteckt."
Mammi log nie. Die Gewissheit vom Tod der Katzen schmolz in ein Nichts.
„He", sagte Billi und ließ den erhobenen Löffel in die Kompottschüssel fallen, dass der Saft über das blütenweiße Tischtuch spritzte. „Tut mir Leid", sagte sie prompt und strahlte bis über beide Ohren, dass ihr Fräulein Marie am liebsten eine runtergehauen hätte.
„Freu dich nicht umsonst", beugte Mammi vor. „Du weißt, dass wir nicht mehr als eine Katze halten können. Es nützt nichts, dass sich Kleopatra versteckt."
Wieder überwältigte sie das Gefühl, was sie ihrer einzigen Tochter antun musste. „Es tut mir so Leid, Billi", sagte sie. „Zu

schade, dass wir niemand gefunden haben, der kleine Katzen haben will. Ich selbst habe auch noch mal in der ganzen Nachbarschaft gefragt. Aber glaub mir, wir tun ihnen nichts Böses. Sie spüren gar nichts von ihrem Tod, weil sie das Leben erst gar nicht kennen lernen dürfen. Darum ist es besser, wenn wir sie gleich finden, dann, wenn sie gerade geboren sind. Auch für Kleopatra wird es einfacher sein."

Billi ließ den Kopf hängen. Sie konnte ihre Mutter verstehen, wollte aber nicht einsehen, was man ihr sagte. Es war zwecklos, darüber zu sprechen. „Wer weiß, wohin sich Kleopatra mit ihren blinden Kleinen verkrochen hat", dachte sie. „Ich will mit den Mitgliedern des Klubs beraten, was man tun kann, um ihr zu helfen. Vielleicht sollte man Anja auf ihre Spur setzen."

Aber das war kein guter Gedanke. Billi verwarf ihn sofort. Anja hatte sich noch immer nicht mit Kleopatras Anwesenheit abgefunden. Sie fürchtete die Katze und würde bestimmt keinen Wert darauf legen, ihren persönlichen Gegner nach Hause zu holen. Noch dazu, wenn die Katze Verstärkung durch ihren Nachwuchs hatte.

Am späten Nachmittag trat der Klub zur Beratung zusammen. Billi eröffnete die Sitzung mit ihrem Bericht.

„Hier im Schuppen ist sie noch gestern gewesen und hat mir ihre Kinder gezeigt", beteuerte sie. „Ich habe die Tür fest verschlossen, und es gab überhaupt keine Möglichkeit für sie, mit ihren Jungen zu verschwinden, noch dazu mit dem Korb."

„Vielleicht hat sie deine Mutter doch gefunden", wandte Helga ein. „Und dann wollte sie es nur nicht zugeben, damit du nicht traurig bist. Solche Lügen sind beinahe erlaubt, hat meine Mutter gesagt."

„Nicht bei Mammi", erwiderte Billi mit Überzeugung. „Mammi hasst es, wenn man lügt, und geniert sich nie, die Wahrheit zu sagen, auch wenn sie einen damit trifft."

Beifällig klopfte Anja mit ihrem Schwanz.

Sie redeten sich heiß, machten Vorschläge und verwarfen sie wieder. Es fiel ihnen einfach nichts Vernünftiges ein. Gaby, Susi, Kathinka, Thomas, Helga und Billi suchten in allen möglichen und unmöglichen Ecken. Sie lockten Kleopatra mit sanf-

tem Rufen und lautem Schreien. Aber die Katze war und blieb verschwunden. Schon begann Billi zu überlegen, ob es nicht besser gewesen wäre, die Katzenjungen ihrem Schicksal zu überlassen und wenigstens Kleopatra zu behalten. Beinahe bereute sie, die Katze im Schuppen versteckt zu haben. Wäre Kleopatra, wie gewohnt, im Haus geblieben, hätte sie dort ohne Argwohn ihre Kinder geboren.
Schließlich überstanden es eine Menge Katzen, dass man ihnen die Jungen wegnahm.
„Es gibt sogar welche, die sich gar nichts aus ihren Kindern machen“, sagte Kathinka noch zu allem Überfluss. „Wer weiß, ob Kleopatra überhaupt an ihrem Nachwuchs interessiert gewesen ist. Eine Katze kann mindestens jedes Jahr neue Kinder bekommen. Das ist gar keine Sache für sie. Sicher war es Kleopatra einfach zu langweilig, im Schuppen zu bleiben, und sie ist deshalb weggelaufen. Vielleicht hat sie angenommen, dass ihr sie nicht länger im Haus behalten wolltet, und war einfach beleidigt.“
Niedergeschlagen ließ Billi solche Reden über sich ergehen. Dann aber wurde es ihr plötzlich doch zu bunt. Das war wirklich das Letzte, ihr auch noch die Schuld am Verschwinden der Katze in die Schuhe zu schieben.
„Vielleicht erinnert ihr euch gefälligst, dass wir gemeinsam beschlossen haben, sie im Schuppen zu verstecken“, schrie sie aufgebracht.
„Hinterher alles besser zu wissen ist auch kein Kunststück“, pflichtete ihr Thomas bei.
„Was geschehen ist, ist geschehen“, spendete Susi billigen Trost. „Es hat gar keinen Wert, sich graue Haare wachsen zu lassen.“
Billis Zorn ergoss sich über die unschuldige Rednerin.
„So ein Quatsch“, sagte sie wütend. „Sich keine grauen Haare wachsen zu lassen. Deine sind auf jeden Fall ganz schön schwarz geblieben. Eure Katze ist es ja auch nicht“, fügte sie überflüssigerweise hinzu.
Ein Sturm der Entrüstung ließ die Wände des Schuppens erzittern.

„Such deine Katze doch allein, wenn du so etwas denkst."
„Warum hast du uns überhaupt geholt."
„Glaubst du vielleicht, dass ich mich deshalb mit meiner Mutter herumgezankt habe, um zu euch zu kommen."
„Alles, was recht ist, das haut einen um."
„Jetzt reicht's mir", sagte Thomas mit männlicher Kürze, drehte dem Weibergezänk seinen Rücken und schwang sich aufs Rad.
„Er hat Recht", meinte Helga bissig und ließ Billi stehen. Kummervoll schüttelte Gaby ihre Beatlemähne. Man konnte sich schließlich nicht alles bieten lassen.
„Mit dir ist ja nicht zu reden", sagte sie und verschwand.
Susi war wegen der mangelnden grauen Haare ohnehin beleidigt. Und selbst Kathinka vergaß ihre angeborene Besonnenheit. „Tschau", sagte sie schnippisch und ließ Billi mit ihrem Katzenproblem allein. Da saß sie, wütete vor sich hin und verkniff sich die Tränen.
„Haut nur ab", murmelte sie tief gekränkt und trat den Rückzug ins Haus an, wo sie ausgerechnet Mammi in die Arme laufen musste. Gut gemeinte Fragen rufen manchmal merkwürdige Reaktionen hervor.
„Was machst du denn für ein Gesicht?", frage Mammi unsicher, noch immer im Bewusstsein ihrer Schuld. Mit einem Aufschrei wischte Billi an ihr vorbei und verschwand in ihrem Zimmer. Mammis ausgeprägter sechster Sinn brachte das merkwürdige Verhalten ihrer Tochter sofort mit der verschwundenen Katze in Zusammenhang. Seufzend beschloss sie, sich zurückzuhalten, da sie doch nicht helfen konnte. Billi warf sich aufs Bett und heulte im Vollgefühl des Unrechts, das ihr und Kleopatra widerfuhr. Die ganze Welt hatte sich gegen sie verschworen. Vergeblich versuchte Anja, sie mit sanfter Pfote zu beruhigen.
„Lass mich in Ruhe!", schluchzte Billi undankbar und vergaß, dass sie sich vorgenommen hatte, ihren Kummer stolz und schweigsam für sich zu behalten. Ein Häufchen Unglück vergrub seinen Kopf in das Kissen und weinte, als ob es um sein Leben ging. Vor solchem Schmerz konnte niemand gefühllos bleiben. Mammi saß in ihrem Zimmer und hielt sich die Ohren

zu, wobei sie sich ernstlich fragte, ob sie keine Rabenmutter sei. Aufgescheucht aus friedlicher Ruhe machte sich Daddy auf den Weg zu seiner Tochter.

„Was ist denn los?“, fragte er ungeduldig, wie immer tief getroffen von der Verantwortung, dass jemand aus seiner Familie unglücklich war. Statt einer Antwort schnüffelte Billi ihre Tränen nach oben und zog ein blütenweißes Taschentuch aus ihres Vaters Jacke, um sich die Nase zu putzen. Diesmal wagte Daddy keinen Einwand, obwohl er es im Allgemeinen nicht ausstehen konnte, wenn man sich an seinem persönlichen Eigentum vergriff.

Mammi zum Beispiel zeigte eine ausgesprochene Vorliebe für seine Pullover, obwohl sie seiner Meinung nach selbst den ganzen Schrank voll hatte und ihm nur eine bescheidene Ecke blieb.

„Es ist wegen Kleopatra“, sagte Billi und starrte ihren Vater vorwurfsvoll an.

„Ich weiß auch nicht, wo sie sein kann“, entgegnete er hilflos und hockte sich zu seiner Tochter aufs Bett. Überwältigt von so viel Ausweglosigkeit überließ sich Billi aufs Neue ihrem Schmerz. So viel Kummer konnte Daddy einfach nicht ertragen.

Er kam sich überfordert vor und hätte liebend gerne den Rückzug angetreten. Aber er fand den richtigen Abgang nicht. So blieb ihm nichts übrig, als neben seiner schluchzenden Tochter auszuharren, bis ihn das Schicksal in Gestalt von Fräulein Marie erlöste. Die Arme in die Hüften gestemmt, fragte sie streng: „Was ist eigentlich los?“, und bedachte Vater und Tochter mit missbilligenden Blicken.

„Erkundigen Sie sich lieber selbst“, meinte Daddy, nutzte die Gelegenheit und entwischte durch die offene Tür. Billi hielt den Kopf in das Kissen vergraben und zeigte keine Lust, noch irgendjemand Rede und Antwort zu stehen. Aber sie hatte nicht mit Fräulein Maries Beharrlichkeit gerechnet.

„Hör auf zu heulen“, sagte diese mitleidlos und packte Billi mit gekonntem Griff im Genick. „Au!“, schrie Billi empört, rieb sich den Hals und schnellte von ihrem Bett, um aus dem

Zimmer zu laufen. Aber Fräulein Marie verstand es, solche Pläne zu vereiteln.
„Du bleibst!“, befahl sie und drückte ihr Opfer auf einen Stuhl. „Sag jetzt, was los ist, und untersteh dich, noch länger ein solches Theater zu machen.“
Solch raue Töne war Billi von ihren Eltern nicht gewöhnt. Aber der Erfolg von Fräulein Maries erzieherischem Eingriff war nicht zu bestreiten. Aus einem heulenden Etwas wurde wieder ein vernünftiger Mensch.
„Es ist wegen Kleopatra“, schnüffelte Billi, unterdrückte einen letzten Schluchzer und suchte nach einer Möglichkeit, sich auf anständige Art die Augen zu wischen.
„Im Schrank oben links“, bemerkte Fräulein Marie kurz und wartete, bis sie ein Taschentuch gefunden hatte. Etwas wie Achtung vor so viel Gefühllosigkeit konnte Billi Fräulein Marie nicht versagen. Nur geschlagen gab sie sich nicht. Schließlich war es ihr gutes Recht, über so viel elterlichen Unverstand zu heulen. „Kannst du mir sagen, warum ich aufhören soll, verzweifelt zu sein, wo sich doch nichts daran geändert hat, dass Kleopatra vor uns geflüchtet ist?“, fragte sie stumm.
Aber für stille Monologe zeigte sich Fräulein Marie taub. Stattdessen gab sie laute Kommandos von sich.
„Wasch dir die Hände, komm mit und halte den Schnabel!“
Eine jähe Handbewegung unterstrich ihre Worte. Noch nie hatte Billi Fräulein Marie so lebhaft gesehen, gewöhnlich blieb diese steif wie ein Stock. Selbst wenn sie sich ereiferte, was mindestens dreimal am Tag geschah. Jetzt öffnete sie die Tür, beugte den Oberkörper vor und spähte in den Flur, als fürchte sie einen Überfall. „Wie ein Indianer auf Kriegspfad“, dachte Billi und musste trotz allen Kummers lachen. Eine unerwartete Spannung wuchs in ihr, als sie Fräulein Marie auf Zehenspitzen zu ihrem Zimmer folgte. Das Zimmer war abgeschlossen. Geheimnisvoll kramte Fräulein Marie den Schlüssel aus ihrer Schürzentasche. Ganz Auge und Ohr sah Billi ihr über die Schulter, als Fräulein Marie die Tür aufsperrte, Billi hinter sich herzog und das Zimmer von innen verriegelte, als ob sie einen Überfall befürchten musste.

Auf ihrem Bett stand ein wohl bekannter Korb, den Billi mit unbeherrschtem Jubel begrüßte. Ein unsanfter Rippenstoß ließ sie verstummen. Im Korb saß Kleopatra von ihrer Brut umgeben und blickte ihnen vielsagend entgegen.
„Sie sind ein Engel", flüsterte Billi, fiel Fräulein Marie um den Hals und verabreichte ihr einen Sturm von Küssen. Fräulein Marie schüttelte sich. Von Zärtlichkeiten hatte sie noch nie viel gehalten.
„Es reicht!", prustete sie entrüstet und befreite sich von Billis Übergriffen. Verständnisvoll strich Kleopatra um ihre Beine, als wollte sie betonen: Wir beide verstehen uns. Vier kleine Katzen kugelten sich vergnügt im Korb. Im Geiste schüttelte Billi anerkennend Fräulein Maries Hand.
„Wir sind uns einig", sagte diese, und Billi nickte. Noch vier Tage, dann würden die Kätzchen sehen, dann hatten sie es gemeinsam geschafft.
Sogar in der Schule hielt Billi den Mund, nur ihre Nase streckte sie noch vorwitziger als sonst in die Luft, zumal sie die übrigen Mitglieder des Klubs übersahen.
„Ihr werdet euch wundern", dachte sie siegesbewusst und überraschte Mammi mit vier richtigen Lösungen in einer Mathematikarbeit.
Noch drei Tage und Fräulein Marie und Billi blinkerten sich im tiefen Einverständnis zu. Zwei Tage und Daddy wunderte sich, dass Billi Kleopatra einfach vergessen hatte. „Kein guter Charakterzug", stellte er fest. Der letzte Tag schlich langsam dahin.
Dann war es so weit. Die Flaggen wurden auf Sieg gehisst und Fräulein Marie der Verantwortung enthoben. Was jetzt noch kam, war einzig Billis Sache. Der Korb mit den sehenden Kätzchen wanderte in ihr Zimmer.
„Hört, bitte", sagte Billi zu ihren Eltern und trug überraschende Züge töchterlicher Bescheidenheit im Gesicht. „Ich habe eine Überraschung für euch."
Fräulein Marie verschwand zu einem Spaziergang, um ihre Hände in Unschuld zu waschen. Nichts Böses ahnend, betraten Mammi und Daddy das Zimmer. Kleopatra hatte sich zu einem

hochmütigen Katzenlächeln herabgelassen. Vier Katzenkinder balgten sich auf dem Federbett.
„Ich muss mich setzen", sagte Mammi und hielt sich an der Türklinke fest. Daddy fiel ein Stein vom Herzen, er sah seine Tochter wieder in gutem Licht und konnte ihr seine Anerkennung nicht versagen. „Auch wenn ihn fast der Schlag getroffen hatte", wie er später sagte.
Halb ängstlich, halb siegestrunken nutzte Billi den Augenblick und setzte Mammi ein Kätzchen auf den Arm. Kleopatra gestattete sich ein verhaltenes Fauchen. Mechanisch kraulte Mammi im weichen Fell des Kätzchens. Nur Daddy erschauerte, als er an die Katzenbevölkerung in seinem Haus dachte. Noch waren sie hilflos, süß und unschuldig und taten niemand etwas zuleide. Aber später würden sie Vögel verfolgen und Gefallen am tödlichen Spiel mit Mäusen finden. Ohne ihre Jungen aus den Augen zu lassen, wandte sich Kleopatra verächtlich ab. Kein Zweifel, dass sie Gedanken las.
Die Kätzchen stellten das Haus auf den Kopf. Ausgerechnet der Nachbardackel, einst Struppis Verehrer, wurde ihr bester Freund. Mit Verachtung bestrafte die Hundedame ihren ungetreuen Kavalier. Bei jeder Gelegenheit kehrte sie ihm ihren struppigen Rücken zu. Der Dackel hatte seinen Liebeskummer längst überwunden und betätigte sich als Katzenvater. Er besuchte seine Pfleglinge beinahe jeden Tag. Kleopatra nahm es gelassen hin.
Die Kätzchen entwickelten sich zu Katzen. Im Laufe eines Jahres fanden drei von ihnen doch noch einen anderen Platz. Fünf Katzen wurden Daddy und den Hunden wirklich zu viel. Es war auf die Dauer einfach nicht mehr zu machen.
Nur Hinzi, der Kater, blieb Kleopatra erhalten. Mit rührender Sohnesliebe hing er an seiner Mutter. Er schlappte die Milch aus ihrer Schüssel und nahm auch sonst ihre Gewohnheiten an. So sprang er mit Vorliebe auf Struppis Korb und wartete ab, bis dieser beleidigt das Feld geräumt hatte. Dann ließ er sich häuslich im Körbchen nieder und fauchte unverschämt, wenn ihm die Hunde zu nahe kamen. Er wurde ein fetter, launischer Herr und ließ sich von keinem etwas gefallen. Oft zwängte er seinen

dicken Kopf durch Ritzen und Löcher. Dann musste ihn Billi mühsam befreien. Als Einzige der Familie fand sie Gnade vor seinen Augen.
Ihr hatte er schließlich sein Katerleben zu verdanken.

COMPTON MACKENZIE

Sylvia die Zweite und Michael

Es mag sonderbar erscheinen, dass ich ein anderes Kätzchen wieder Sylvia taufte, aber sowie sie erschien, erkannte ich, dass sie es wert war, den Namen der geliebten ersten Sylvia zu tragen. Gleichzeitig beschloss ich, dafür besorgt zu sein, dass sie nicht von meiner Gesellschaft abhing und dass auch ich nicht von ihr abhängig wurde.

Sylvia die Zweite war eine Enkelin des Champions Bonzo, der in der Entwicklung der typischen heutigen Siamkatze einen ähnlichen Ruf genießt wie Eclipse in der Geschichte des Vollblut-Rennpferdes. Ich bezweifle, dass irgendein heutiger Champion väterlicher- oder mütterlicherseits ohne einen Tropfen von Bonzos Blut ist. Außer in England gibt es Siamkatzenklubs in Frankreich, Belgien, Südafrika und in den Vereinigten Staaten, wahrscheinlich auch sonst noch in der Welt. In allen wird man Nachkommen von Champion Bonzo finden. Ich hatte den Vorzug, ihm vor über dreißig Jahren einmal die Pfote zu drücken, und ich entrichte diesen knappen Tribut dem Gedenken einer wirklich großen Katze.

Sylvia war von Anfang an eine fixfertige und beherrschende Persönlichkeit. Sie war präpotent, ohne jemals auf lästige Weise selbstbewusst zu sein. Sie miaute selten, außer wenn sie verliebt war. Dann verfügte sie über einen Kontraalt-Stimmumfang, der jede Wagnersängerin zum Schweigen gebracht hätte. Ihr Verstand sagte ihr, dass auf der kleinen Insel Jethou kein Liebhaber lauerte, und vielleicht versuchte sie, sich auf Herm hörbar zu machen, in der Hoffnung, einen Leanderkater über den Hellespont zu locken, der die beiden Inseln trennte.

Jethou ist eine sehr kleine Insel, kaum anderthalb Kilometer im Umkreis und nur fünfzig Morgen umfassend. Sie erhebt sich in Form eines steilen Grabhügels zu siebenundachtzig Meter Höhe aus dem Meer und wird im Norden und im Süden von zwei kleinen Monts Saint-Michel bewacht, die Creviçon und La

Grande Fauconnaire heißen. Im Verhältnis zu dem geringen Raum, den Jethou einnimmt, gibt es hier eine Vielfalt der Landschaft, die keine Insel von ähnlicher Größe an der Küste von Großbritannien, Irland und Frankreich zu bieten hat. Überdies wachsen hier uralte Edelkastanien, Birn- und Hagedornbäume, und in dem ummauerten Garten am Klippenrand steht ein breit ausladender Maulbeerbaum, der nahezu zweihundertfünfzig Jahre alt ist.

Im Frühjahr wurde bei Ebbe rings um den Creviçon eine breite Sandstrecke freigelegt, und hier wimmelten die felsigen Wasserlöcher von großen Garnelen. Wer Siamkatzen kennt, der weiß, dass sie Garnelen als höchste Delikatesse betrachten. Es gab tatsächlich nur ein Gericht, das Sylvia noch mehr liebte, und das war Gänseleberpastete. Kaviar kostete sie nie, aber wenn sie gewusst hätte, dass er sogar noch teurer war als Gänseleberpastete, hätte sie ihn sicherlich vorgezogen.

Den größten Anziehungspunkt, den Jethou Katzen zu bieten hatte, bildeten jedoch die vielen Kaninchen. Ein Gouverneur in Guernsey führte sie zu Elisabethanischer Zeit ein, und vor mehr als drei Jahrhunderten schrieb der englische Dichter Michael Drayton in seiner poetischen und patriotischen, in Alexandrinern abgefassten Beschreibung Englands „Polyolbion" über Jethou und seine Kaninchen. Siamkatzen ziehen Kaninchen als Hauptnahrung jeder anderen Diät vor. Nur ganz selten gab sich eine meiner Katzen auf Jethou damit ab, Vögel zu fangen. Sie frönten der Kaninchenjagd, nicht um mit der Beute zu spielen, wie Katzen mit Vögeln und Mäusen zu spielen pflegen, sondern um sie zu erlegen und auf der Stelle zu verzehren; nichts ließen sie übrig, außer dem Magen und der Blume.

Nach dem tragischen Ergebnis, das die Suche nach einem Gatten für Sylvia die Erste zur Folge hatte, schob ich es so lange wie möglich auf, für Sylvia die Zweite einen Kater kommen zu lassen. Das konnte um unseres eigenen Seelenfriedens willen nicht ewig aufgeschoben werden, und zu guter Letzt erhielten wir Michael von einem guten Züchter, dessen Bestand von der furchtbaren Katzenseuche frei war.

Michaels Eltern waren eingeborene Siamesen. Sein Fell war gleichmäßig isabellfarben; Gesicht, Ohren, Füße, Beine und Schwanz waren schokoladefarben. Seine Maske war nicht V-förmig wie bei einem Marder, sondern gerundet. Sein Schwanz hatte an der Spitze einen ausgesprochenen Knick, und seine Augen waren wie Saphire. Heute wäre Michael aus der Mode, so schnell hat sich der Standard für Siamkatzen durch die Entwicklung des abendländischen Typs vollzogen.
Michael und Sylvia schlossen sofort Freundschaft. Natürlich konnte man erwarten, dass Michael ihr wohlgesinnt sein würde, aber es bedeutete eine Überraschung, dass sie sich so schnell für ihn entschied. Man durfte es eigentlich Liebe auf den ersten Blick nennen. Übrigens liebten wir alle Michael, der ein ganz entzückender Kater war und seine Zuneigung mit einem sanften, kleinen Miau ausdrückte, ja, mit diesem sanften Miau drückte er nie etwas anderes als Zuneigung aus.
Als er Vater von vier Kindern wurde, von zwei Männchen und zwei Weibchen, besuchte er seine Familie immer, beschnüffelte und beleckte zuerst die Kätzchen und küsste dann Sylvia, bevor er sie verließ; doch stets kehrte er spätestens in einer Stunde zu ihnen zurück, um mit der ganzen Prozedur von neuem zu beginnen.
Nach angemessener Frist gab ich die beiden Weibchen weg, behielt aber Stumps und Baron, die beiden Männchen. Stumps, Sylvias Erstgeborener, hatte, wie meine geliebte Sylvia die Erste, einen kurzen Schwanz mit Doppelknick. Abgesehen von seinem Schwanz, schlug er sowohl im Charakter als auch in der Erscheinung seiner Mutter nach. Er hatte ihr unerschütterliches Selbstbewusstsein, aber da er ein Männchen war, prahlte er gern damit. Es fehlte ihm die zuversichtliche und heitere Gelassenheit seiner Mutter. Als er mit seinem Bruder Baron dem Tierarzt in Guernsey einen Besuch abstattete, erlitt seine Selbstsicherheit nicht die geringste Einbuße. Als ihn seine Mutter nach der Rückkehr fragte, was er eigentlich jetzt sei, versetzte er ihr eine Ohrfeige. Das war das einzige Mal, wo ich Sylvia für einen Augenblick fassungslos sah.
Außer dass Baron viel heller war, schlug er seinem Vater nach,

und er hatte auch die gleiche sanfte Stimme. Er war nicht so lebhaft wie Stumps, und bei der Jagd befasste er sich nur mit jungen Kaninchen.
Da die Kaninchen auf Jethou eine Plage bildeten und ich ganz dagegen war, sie in Fallen zu fangen, war ich Baron sehr dankbar, denn er muss während der sieben Jahre, die er auf der Insel verbrachte, nicht weniger als viertausend junge Kaninchen erlegt und aufgefressen haben. Er tötete sie immer sofort, und nur wenn es Garnelen gab, zeigte Baron Interesse für eine Mahlzeit im Hause.
Von den vielen Spielen, die ich mit Kätzchen trieb, fand ich am lustigsten einen Zeitvertreib, den ich mit den Umschlägen der Grammophonplatten erfand. Für dieses Spiel müssen die Kätzchen groß genug sein, dass ihnen der Umschlag nicht über den Kopf rutscht, wenn man ihn ihnen wie einen Kragen überstreift. Wenn die Kätzchen wie die Pferde bei einem Ritterturnier aussahen, begannen sie aufeinander loszugehen; mit den lustigsten Schritten rückten sie vor und wichen seitwärts aus, um sich zu verteidigen.
Dann aber wurde dieses Familienleben plötzlich durch Michael zerbrochen. Es war, wie ich mich erinnere, kurz nach seiner zweiten Paarung mit Sylvia, da hörte ich eines Morgens im Garten ein dämonisch klingendes Geschrei. Ich stürzte hinaus. Stumps hockte im Maulbeerbaum am Ende eines Astes, und Michael pirschte sich mit wütend schielendem Blick und gesträubtem Fell an seinen ältesten Sohn heran. In manchen Fällen wäre eine solche Behandlung des Thronfolgers vielleicht gutgeheißen worden; wir bedauerten sie.
Eigentlich erwartete ich, dass sich Michael gegen mich wenden würde, als ich ihn von dem Maulbeerbaum herunterholte; aber er nahm sogleich wieder sein sanftes Wesen an. Am folgenden Tage war er abermals hinter Stumps her, und zweifellos hegte er die Absicht, ihn nach Möglichkeit umzubringen. Baron fühlte sich seines Lebens auch nicht mehr sicher und zog sich zur andern Seite der Insel zurück.
Ich mochte weder ihn noch Stumps verlieren, aber auf Michael wollte ich ebenso wenig verzichten, und so schien mir nichts

anderes übrig zu bleiben, als Michael zum Tierarzt in Guernsey zu schicken und ihm weitere Gelegenheiten, ein Patriarch zu werden, zu unterbinden.
Es half nichts. Er ging mit seinen Söhnen genauso ungestüm um wie zuvor, und da ich voraussah, dass die nächsten Söhne, die Sylvia ihm schenken mochte, in einigen Monaten ebenso das Ziel seines Rachedurstes wie Stumps und Baron sein würden, suchte ich ihm anderswo Unterkunft. So kam er in ein Landhaus bei Dumfries, wo er glücklich und zufrieden mit Menschen lebte, die ihn liebten. Er freute sich an der Jagd und wurde schließlich von einem nichtswürdigen Förster erschossen.
Michaels Abreise bedeutete, dass Sylvia in Übersee einen Mann suchen musste. Die Fahrt über den Kanal regte sie nicht im Geringsten auf, und nie machte sie irgendwelche Schwierigkeiten, wenn es für ihre Flitterwochen Zeit wurde und wir sie in ihren Reisekorb setzten. Sie war, wie gesagt, eine bemerkenswert vernünftige Katze.
Eines Tages entschied sie, dass sie sich die ganze Mühe, in ihrer Sandkiste zu kratzen, wenn sie nur ein kleines Geschäftchen erledigen wollte, ersparen konnte, indem sie dem Beispiel der Menschen folgte und den von ihnen erfundenen Sitz benutzte. Sie konnte die Kette nicht ziehen; aber ich bezweifle nicht, dass sie es getan hätte, wenn es ihr möglich gewesen wäre. Ob sie den Ehrgeiz hegte, ihren Kindern dieses Kunststück beizubringen, weiß ich nicht; jedenfalls hatte sie keinen Erfolg damit, wenn sie es versuchte.
Sylvia war eine vorbildliche Mutter, und ihre Kätzchen wurden so streng erzogen wie in früheren Zeiten die Menschenkinder. Sie säugte sie mit pflichtbewusster Regelmäßigkeit, bis es ihrer Meinung nach Zeit wurde, sie zu entwöhnen. Dann ergab es sich, dass die Kätzchen, die in fröhlichem Spiel zu ihr drängten, um sich eine Mahlzeit schmecken zu lassen, mit drohendem Knurren, Fauchen und Hieben empfangen wurden. Die armen kleinen Geschöpfe starrten einander erschrocken an, als ob sie fragten, was denn in die Mutter gefahren sei. Eins von ihnen wurde von den Geschwistern angestachelt, es nochmals zu ver-

suchen. Sehr bald wich es vor der fauchenden Mutter zurück, und die Ohren zuckten ihm von der Maulschelle, die es erhalten hatte. Doch sobald ihre Kinder begriffen hatten, dass es mit dem Säugen vorbei war, ermutigte sie sie, sich an sie zu schmiegen. Diese Phase dauerte ungefähr einen Monat, worauf sie ihnen ganz plötzlich mitteilte, dass sie nun zu groß waren, um sich überall auf ihr breit zu machen.

Eines Tages aber gelangte Sylvia zu der Entscheidung, dass allzu viele Katzen im Hause wären, und einige Zeit vor der Entwöhnung lockte sie ihren letzten Wurf auf den höchsten Punkt der Insel zu einer Mauer, in der eine gemütliche Nische war.

Ich hatte mit ihr einen Wortstreit über die Zukunft, als wir endlich entdeckten, wo Sylvia ihre Kätzchen versteckt hatte.

Ich: Schau, Sylvia, du kannst von deinen Kätzchen nicht erwarten, dass sie Kaninchen jagen, bevor sie mindestens drei Monate alt sind, und selbst dann können sie es nur mit jungen Kaninchen aufnehmen.

Sylvia: Na, und?

Ich: Sie müssen nach Hause zurückkommen. Sie werden herausfinden, wo das Haus ist, wenn du sie sich selbst überlässt, und ich will auf keinen Fall erleben, dass du dich so benimmst, wie sich der liebe Michael mit seinen Söhnen aufgeführt hat.

Sylvia: Es sind meine Kätzchen.

Ich: Ja, du hast Recht, es sind deine Kätzchen und du musst die mütterliche Verantwortung tragen.

Sylvia: Ich trage sie ja.

Ich: Angenommen, sie verhungern?

Sylvia: Das ist ihre Sache. Ich werde ihnen beibringen, wie man Kaninchen fängt.

Ich: Sylvia, sei bitte nicht so eigensinnig. Du weißt, was für ein Schrecken es für deine Kätzchen ist, wenn du es an der Zeit findest, sie zu entwöhnen. Kätzchen beizubringen, wie man Haferbrei aus einem Tellerchen frisst, ist etwas ganz anderes, als ihnen den Kaninchenfang beizubringen. Im Übrigen kann ich nicht ewig hier im

Wind stehen und mit dir streiten. Du hast es in deiner kleinen Höhle recht bequem, aber ich werde tüchtig gezaust. Die Kätzchen müssen ins Haus zurück. Ich habe einen Korb für sie mitgebracht, und ich nehme an, dass du die Nacht nicht hier allein verbringen magst. Aber bitte kein Geknurr. Ich weiß, du hast einen eigenen Willen, aber ich habe auch meinen Kopf, und so sehr du auch knurrst, nichts wird mich hindern, die Kätzchen ins Haus zurückzubringen.

Sylvia starrte mich eine Weile angespannt an. Dann kam sie aus der Nische hervor und begleitete mich nach Hause zurück.

Die Weibchen gaben wir immer weg, wenn sie ein halbes Jahr alt waren; aber an einem Kätzchen, das wir Venetia nannten, hing ich ganz besonders, und ich beschloss, es zu behalten. Da ich wusste, dass Sylvia keinesfalls damit einverstanden sein würde, wenn Venetia nicht von den Fesseln der Liebe befreit wurde, schickte ich Venetia nach Guernsey, um sie sterilisieren zu lassen.

Damals war das noch eine ungewöhnliche Operation für einen Tierarzt, und Venetia starb an den Folgen. Das ging mir sehr nahe, und es sollten fünfundzwanzig Jahre verstreichen, bevor ich mich dazu aufraffen konnte, das Wagnis abermals einzugehen.

Wenn wir im Frühling bei Ebbe rings um Creviçon auf Garnelen Jagd machten, saßen die Katzen auf der Glasveranda an der Südseite des Hauses und sahen den Fischern mit gespannter Vorfreude zu. Hernach folgten sie uns zur Küche, und sie jammerten im Chor vor der Tür, bis eines unserer Mädchen mit einer Schüssel roter Garnelen auftauchte und von dem Anbau, wo die Küche lag, zum Esszimmer ging. Alle Katzen liefen dann neben dem Mädchen her, das ebenso rot war wie die Garnelen und das Kunststück fertig bringen musste, die Schüssel auf den Tisch zu setzen und die Katzen auszuschließen, bis wir uns gesetzt hatten. Dann durften die Katzen hereinkommen, und so schnell wir Köpfe und Schwänze abrissen und sie auf den Boden warfen, so schnell wurden sie auch schon verschlungen. Es war eine unschickliche

Szene gieriger Ekstase, aber eine, auf die ich mit liebevollem Lächeln zurückblickte.
Es gibt eine reizende Katzengeschichte von Ursula Moray Williams, in der sich die Hauptperson ärgert, weil einem Papagei zu viel Aufmerksamkeit geschenkt wird. Als ich diese Geschichte las, musste ich daran denken, wie sehr Sylvia die Zweite es übel nahm, dass ein Freund von uns einen Kakadu nach der Insel Jethou brachte. Sie fragte mich, warum dieser geräuschvolle weiße Vogel seinen Platz auf ihrer Lieblingsveranda haben müsse. Ich versuchte ihr zu erklären, was Gastfreundschaft bedeutete, aber das machte ihr keinen Eindruck.
„Soll ich etwa meinen Lieblingsplatz aufgeben, weil ich das Gekreisch dieses widerlichen Vogels nicht ertragen kann?", entgegnete sie. „Die weißen Kollerer, die du auf die Insel brachtest, waren schon schlimm genug." Damit spielte sie auf die Einfuhr eines weißen Truthahns und zweier weißer Truthennen an, die unseren Katzen das Leben unerträglich gemacht hatten, indem sie ihnen mit frechem Hochmut nachkollerten. Zum Glück für ihren Seelenfrieden gewöhnte es sich der Truthahn an, Menschen anzugreifen, und wurde deswegen von der Insel verbannt; die beiden Hennen wurden danach gegessen, und natürlich hatten die Katzen ihren Anteil daran erhalten.
Sylvia blieb ihrem Kissen auf der Veranda treu, so lange sie konnte, bis ich eines Tages dazukam, wie sie den Kakadu anknurrte und ihm offenkundig drohte, ihn zu vertreiben, wenn er mit seinem verhassten Gekreisch nicht aufhörte. Aber das ließ ihn nur noch lauter kreischen. Sylvia fauchte böse, doch da ihre Ohren es nicht mehr ertrugen, flüchtete sie von der Veranda. Sie betrat sie auch nicht wieder, bis der Kakadu in das Haus umzog, in dem unser Schreiner mit seiner Frau wohnte. Hier lebte er ungestört; mit jedem Jahr wurde er grauer und grauer von einem Ofen, der bei bestimmten Windstößen gewaltig rauchte, obwohl man mit verschiedenen Schornsteinkappen alle möglichen Versuche anstellte.

Boris Shitkow

Die herrenlose Katze

I

Ich wohnte am Meeresstrand, besaß ein Boot, Netze, verschiedene Angeln und lebte vom Fischfang. Vor meinem kleinen Haus stand eine Hütte, darin lag an einer Kette ein riesengroßer schwarz gefleckter Hund. Sein Fell war zottig. Er hieß Rabka der Scheckige. Er bewachte das Haus. Ich fütterte ihn mit Fischen.

Mein Junge half mir bei meiner Arbeit. Sonst war im Umkreis drei Meilen weit kein Mensch zu finden. Rabka hatte sich sehr daran gewöhnt, dass ich mich mit ihm unterhielt. Er verstand einfache Worte. Fragte ich ihn: „Rabka, wo ist Wolodja?", wedelte er mit dem Schwanz und wie mit der Schnauze die Richtung, in der Wolodja verschwunden war. Witternd hob er seine Nase in die Höhe, und er witterte stets richtig. Mitunter kehrten wir ohne Fische von See zurück, aber Rabka wartete auf seinen Leckerbissen. Er sprang so hoch, dass sich seine Kette spannte, und winselte.

Sagte ich verdrießlich: „Es steht schlecht, Rabka, sieh uns an", dann nahm er seufzend Platz und legte den Kopf auf die Pfoten. Er bettelte nicht mehr, er verstand.

Bevor ich für längere Zeit auf See hinausfuhr, tätschelte ich Rabka jedes Mal den Rücken und schärfte ihm ein, er solle gut aufpassen. Wollte ich mich dann umdrehen und gehen, erhob er sich auf die Hinterpfoten, dass sich die Kette straffte, legte mir ganz fest die Vorderpfoten um den Hals und ließ mich nicht los. Er blieb nicht gern lange allein. Dann hatte er nichts als Langeweile und Hunger. Er war ein guter Hund.

II

Eine Katze besaß ich nicht. Klar, dass die Mäuse überhand nahmen. Hängte ich Netze auf, dann krochen sie hinein, verliefen sich, bissen Fäden durch und richteten dadurch großen Schaden an. Für jede Maus, die ich im Netz fing, war sofort eine andere da. Im Hause stahlen sie sich alles, was ich liegen ließ.
Eines Tages ging ich in die Stadt. Ich werde mir eine muntere Katze besorgen, dachte ich. Die wird die Mäuse wegfangen und abends schnurrend auf meinem Schoß sitzen. Durch alle Höfe ging ich in der Stadt. Keine Katze zu sehen. Nirgends. Ein Mann begegnete mir. „Hat keiner von euch eine Katze?", fragte ich. „Ich bezahle sogar. Gebt mir bloß eine."
„Jetzt eine Katze?", herrschte er mich an. „Überall ist Hungersnot. Ach, der Krieg hat uns alles genommen. Wir haben selber nichts zu essen. Sollen wir da etwa noch einen Kater füttern?" – „An eurer Stelle würde ich den Kater auch aufessen", erwiderte ich.
So ein Pech! Wohin waren die Katzen gelaufen? Sorglos hatte solch ein Tierchen früher dahingelebt, hatte sich voll gefressen, hatte gestohlen und sich abends auf dem warmen Ofen gerekelt. Da kam auf einmal die Not, Ausländer überfielen das junge Sowjetrussland. Es wurde nicht geheizt, und die Hausbesitzer knabberten selbst trocken Brot. Die Katzen fanden nicht einmal Mäuse.
So starben die Katzen in der Stadt aus. Einige sind vielleicht von hungrigen Menschen verzehrt worden. Ich bekam jedenfalls keine.

III

Der Winter nahte. Die See fror an der Küste entlang allmählich zu. Ich konnte nicht mehr auf Fischfang fahren. Aber ich besaß ein Gewehr. Ich lud es und ging zum Strand. Ich würde mir schon etwas schießen – am Strand hausten wilde Kaninchen.
Der Eingang des ersten Kaninchenbaues, auf den ich stieß, war so erweitert, dass ein großes Tier ihn benutzen konnte. Ich

spähte hinein. Zwei Augen funkelten mir aus dem Dunkel entgegen.
Was für ein wildes Tier mag sich dort eingenistet haben? Ich brach mir eine Rute ab und stocherte in den Bau. „Prr!“, fauchte es mir entgegen.
Ich wich zurück. Das war doch eine Katze!
Hierher hatten sie sich also geflüchtet.
Ich rief: „Miez-Miez, komm“, und steckte die Hand in den Bau. Wie ein Raubtier knurrte die wütende Katze, so dass ich meine Hand geschwind zurückzog. Solch ein Satan!
Ich ging weiter und sah, dass die Eingänge vieler Höhlen größer und breiter als normal waren. Das waren keine Kaninchenhöhlen mehr, hierher hatten sich die Katzen aus der Stadt geflüchtet.

IV

Ich überlegte, wie ich eine Katze zu mir ins Haus locken könnte. Eines Tages begegnete mir eine am Strand. Sie war groß, grau und hatte eine breite Schnauze. Sobald sie mich entdeckte, sprang sie beiseite und setzte sich hin. Jeden Muskel gespannt, saß sie ganz still und musterte mich feindselig. Nur ihr Schwanz zuckte. Sie wartete, was ich tun würde.
Ich holte ein Stück Brot aus der Tasche und warf es ihr zu. Sie beobachtete, wohin das Brot fiel, rührte sich aber nicht von der Stelle. Wieder sah sie mich starr an. Ich ging ein Stück weiter. Als ich mich umdrehte, sah ich gerade noch, wie sich die Katze auf das Brot stürzte und in ihren Bau lief.
Wir begegneten uns oft. Nie ließ die Katze mich näher kommen. Einmal hielt ich sie in der Dämmerung für ein Kaninchen und wollte schon schießen.

V

Im Frühjahr fuhr ich mit meinen Netzen auf See. In der Umgebung meines Hauses roch es nach Fisch.
Eines Tages hörte ich Rabka anschlagen. Er bellte ganz eigen-

artig – es klang wie Winseln. Ich ging hinauf und was sah ich: Über das Frühlingsgras schritt gemächlich die große graue Katze. Ich erkannte sie sofort. Sie hatte kein bisschen Angst vor Rabka, würdigte ihn nicht eines Blickes, sondern suchte sich nur den trockensten Weg. Die Katze entdeckte mich, setzte sich, sah mich an und leckte sich dabei das Maul. Ich lief ins Haus, holte einen kleinen Fisch und warf ihn ihr zu.

Sie fing ihn auf und sprang ins Gras. Von der Treppe aus beobachtete ich, wie sie das Fischchen gierig verschlang. Aha, dachte ich, sie hat lange keinen Fisch gefressen.

Von dem Tage an besuchte mich die Katze oft. Ich schmeichelte ihr und redete auf sie ein, sie solle zu mir übersiedeln. Aber die Katze gab ihr Leben in der Wildnis nicht auf und ließ mich nicht an sie herankommen. Sie verschlang ihren Fisch und verschwand. Wie ein wildes Tier.

Endlich gelang es mir, sie einmal zu streicheln, und sie schnurrte. Rabka bellte ihretwegen nicht mehr, sondern zerrte nur noch an seiner Kette und winselte. Er hätte die Katze sehr gern näher kennen gelernt. Tagelang strich sie um unser Haus, aber darin wohnen mochte sie nicht. Es kam ein Abend, an dem sie zum Schlafen nicht ihren Bau aufsuchte. Sie blieb über Nacht in der Hundehütte. Rabka kroch in sich zusammen, um ihr Platz zu machen.

VI

Der arme Rabka fühlte sich so einsam, dass er sich über die Katze freute. An einem regnerischen Tag blickte ich aus dem Fenster. Rabka lag in einer Pfütze vor seiner Hütte. Er war ganz nass, ging aber nicht unter sein Dach.

Ich lief hinaus und rief: „Rabka, geh in deine Hütte!"

Er stand auf, wedelte verstört mit dem Schwanz, tapste hin und her, verzog sich aber nicht.

Ich warf einen Blick in die Hütte. Majestätisch hatte sich die Katze auf den Fußboden gestreckt. Weil Rabka sie nicht stören wollte, durchnässte ihn der Regen.

Wenn die Katze ihn besuchte, freute er sich so sehr, dass er sie am liebsten wie einen kleinen Hund abgeleckt hätte. Die Katze sträubte dann ihr Fell, machte einen Buckel und schüttelte sich. Ich sah, wie Rabka sie mit seinen Pfoten festhielt, wenn sie ausgeschlafen hatte und ihrer Wege gehen wollte.

VII

Ihre Wege sahen verschieden aus.
Einmal glaubte ich, ein Kind schreien zu hören. Ich lief hinaus und sah Murka den Hang hinabrollen. In ihrem Mund zappelte etwas – ein junges Kaninchen. Es zuckte mit den Läufen und schrie wie ein kleines Kind. Ich nahm es der Katze ab und tauschte es gegen einen Fisch. Das Kaninchen erholte sich und wohnte seitdem bei mir.
Ein andermal erwischte ich Murka, als sie ein großes Kaninchen speiste. Rabka winselte an seiner Kette.
Gegenüber vom Haus war eine knietiefe Mulde. Zufällig schaute ich aus dem Fenster. Da saß Murka ganz zusammengerollt darin. Ihre Augen funkelten wild, aber weit und breit war nichts zu sehen. Ich beobachtete sie.
Die Wolken hingen tief, gleich musste es anfangen zu regnen. Die Schwalben flogen sehr niedrig. Stundenlang lag die Katze in der Mulde auf der Lauer. Wie ein Abzugshahn gespannt, wartete sie, bis eine Schwalbe dicht über die Mulde zwitscherte. Schwapp, hatte sie das Vögelchen im Fluge gefangen. Als ich ihr einmal an der See begegnete, hatte der Sturm Muscheln an den Strand gespült. Vorsichtig balancierte Murka über die nassen Steine und angelte die Muscheln aufs Trockene. Sie biss sie wie Nüsse auf, verzog ihr Mäulchen und schlürfte den schlüpfrigen Inhalt.

VIII

Da brach das Unglück herein. Am Strande tauchten plötzlich herrenlose Hunde auf. Eine ganze Meute hungriger und grausamer Hunde hetzte den Strand entlang. Bellend und winselnd strichen sie um unser Haus. Rabka sträubte sich das Fell, er

stand sprungbereit. Dumpf bellte er, und seine Augen funkelten. Wolodja ergriff einen Stock, und ich holte schnell mein Gewehr. Aber die Hunde jagten vorüber und waren bald nicht mehr zu hören.
Rabka konnte sich lange nicht beruhigen, er bellte ununterbrochen und starrte in die Richtung, in der die Hunde verschwunden waren. Aber Murka saß in der Sonne, als wäre nichts geschehen, und putzte sich.
Ich sagte zu Wolodja: „Sieh mal, Murka hat keine Angst. Wenn die Hunde kommen, springt sie auf den Pfosten und von dort auf das Dach."
„Rabka würde in seine Hütte kriechen und durch das Loch jeden Hund beißen", behauptete Wolodja. „Ich schließe mich dann ins Haus ein. Du brauchst keine Angst zu haben."
Ich ging zur Stadt.

IX

Als ich heimkehrte, erzählte mir Wolodja: „Du warst keine Stunde weg, da kamen die wilden Hunde zurück. Acht Stück. Sie stürzten sich auf Murka, aber die dachte nicht daran zu fliehen. Du weißt ja, sie hat in der Ecke unter der Mauer ihre Vorratskammer. Dort verscharrt sie Speisereste und hat schon eine ganze Menge zusammen. Murka ist in die Ecke gerast, hat gefaucht, sich auf die Hinterbeine gestellt und die Krallen vorgestreckt. Die Hunde steckten den Kopf hinein, drei auf einmal. Murka bearbeitete sie mit ihren Krallen so, dass sie winselten und heulten. Doch einer nach dem anderen griff an. Alle, alle wollten zu Murka, zu Murka!"
„Und warum hast du zugesehen!"
„Ich habe nicht zugesehen. Ich bin schleunigst ins Haus gelaufen, habe dein Gewehr genommen und die Hunde tüchtig mit dem Kolben verdroschen. Mit dem Kolben, ja ... Es war ein einziges Durcheinander. Ich dachte, von Murka würde nichts als Fetzen bleiben. Auf alles, was mir in die Quere kam, habe ich eingeschlagen. Siehst du, den Kolben habe ich beschädigt."
„Na, und Murka? Was ist mit Murka?"

„Sie ist jetzt bei Rabka. Er leckt sie ab."
So war es. Murka hatte sich in der Hütte ausgestreckt und Rabka leckte sie ab. Unwirsch sah er mich an. Er fürchtete wohl, ich würde ihn stören und Murka holen.

X

Nach einer Woche hatte sich Murka erholt und ging wieder auf die Jagd. Eines Nachts erwachten wir von fürchterlichem Gebell und Gewinsel.
„Die Hunde, die Hunde!", rief Wolodja erschrocken.
Ich ergriff mein Gewehr und rannte so, wie ich war, auf die Vortreppe. Eine Hundemeute tobte in der Ecke. Sie heulten so laut, dass sie mich nicht kommen hörten. Ich schoss in die Luft. Da stob die Meute auseinander und suchte das Weite. Ich schoss noch einmal hinterher. Rabka zerrte wie rasend an seiner Kette, konnte sich aber nicht losreißen. Er wollte die Hunde verfolgen. Ich rief Murka. Knurrend räumte sie ihre Vorratskammer auf und scharrte die Grube zu.
In der Stube besah ich mir die Katze bei Licht. Die Hunde hatten sie tüchtig gebissen, aber die Wunden waren ungefährlich.

XI

Ich bemerkte, wie sich Murkas Leib rundete. Sie erwartete Junge. Als ich versuchte, sie über Nacht im Haus zu behalten, miaute sie und kratzte an der Tür; wir mussten sie hinauslassen. Sie hatte sich daran gewöhnt, in Freiheit zu leben, und dachte nicht daran, in ein Haus zu ziehen.
Was sollte geschehen, wenn die Hunde dem Haus einen Besuch abstatteten, während wir auf See waren? Nicht auszudenken! Wir beschlossen, Murka zu einem bekannten Fischer zu bringen, einem Fischer, der in einem fünfzig Werst entfernten Dorf hauste.
Es gab viele Fischer in diesem Dorf. Jeden Morgen und jeden Abend fuhren sie mit ihrem Schleppnetz hinaus. Stets kehrten sie mit großem Fang heim. Sie freuten sich, als wir Murka

brachten, und setzten ihr sofort eine gehörige Portion Fische vor.
Natürlich erzählte ich den Fischern von Murka: dass sie nicht in einem Hause wohnen wollte, dass sie keine gewöhnliche Katze wäre und ihre als „herrenlose Katze“ gewonnene Freiheit liebte. Die Fischer bauten für Murka eine Hütte aus Binsen. Und Murka bewachte dafür das Schleppnetz – keine Maus konnte mehr hinein.
Wir fuhren nach Hause zurück. Rabka heulte lange und bellte weinerlich. Er bellte uns an: Wohin habt ihr meine Katze gebracht? Geraume Zeit verging. Ehe wir wieder zu der großen Fischersiedlung kamen, wurde es Herbst.

XII

Als wir das nächste Mal das Dorf besuchten, zogen die Fischer gerade ihr Schleppnetz auf den Strand. Ruhig wie das Wasser in einer Schüssel war die See. Das Schleppnetz lag schon beinahe ganz auf dem Trockenen. Scharen von Seekrebsen wurden mit den Fischen an Land gezogen. Sie sind geschickt, laufen so schnell wie Spinnen und sind bösartig. Sie stellen sich aufrecht und klappern überm Kopf mit ihren Scheren, um allen Angst einzujagen. Wenn sie einen Finger erwischen, kneifen sie hinein, bis das Blut kommt.
Mitten in diesem Gewimmel entdeckte ich Murka. Sie ging geruhsam zwischen den Krebsen spazieren, schubste sie geschickt, packte sie von hinten, wo sie nicht zufassen können, und schleuderte sie beiseite. Vor Anstrengung zitternd, richteten sich die Krebse steil auf und klapperten mit ihren Scheren. Murka kümmerte sich gar nicht darum und schleuderte sie wie Steinchen beiseite.
In einiger Entfernung folgten ihr vier große junge Katzen. Sie hatten Angst, sich dem Netz zu nähern. Murka ging ins Wasser, bis es ihr zum Halse reichte. So spazierte sie munter umher.
Sie suchte auf dem Grund die kleinen Fische, die aus dem Netz geschlüpft waren und sich in den Sand wühlten. Diese Fischchen ergriff Murka und warf sie ihren Kindern auf den

Strand. Ihre Kinder waren schon große Katzen, trauten sich aber nicht ins Wasser. Böse knurrend verzehrten sie die lebenden Fische, die Murka ihnen aufs Trockene schleuderte.
Alle Achtung vor solchen kühnen Jägern!

Warren Chetham-Strode

Außer sich vor Sehnsucht

Im Frühling hatten Tania und Tootoo den Garten hundertmal entdeckt und wieder entdeckt, und je höher das Gras wuchs, um so vielfältigere Abenteuer gab es zu erleben. Mit angelegten Ohren duckten sie sich hinter Narzissenbüsche, um sich gegenseitig herauszufordern und zwischen den Blumen umherzujagen – vibrierende Schultermuskeln, ein Sprung über den abgestorbenen Apfelbaum, der oben auf der Böschung lag, dann die lange Strecke zum Gartenhaus, das als Ziel diente.

Tootoo war gewöhnlich der Jäger, Tania die Gejagte.

„Ich habe gestern Tanias Stammbaum studiert", sagte Mary. „Sie ist heute neuneinhalb Monate alt. Es kann also jeden Augenblick so weit sein. Und wie steht es mit Tootoo?"

„Er ist noch zu jung."

„Was soll das heißen: dass er noch zu jung ist?"

„Ich glaube nicht, dass er schon völlig seinen Lebensaufgaben gewachsen ist, meine Liebe. Ich meine, dass ein älterer Kater einen besseren Kater für Tanias Kinder abgibt."

„Aber ich hätte Tootoo gern als Vater. Dann bliebe alles in der Familie."

Charles setzte einen so fachmännischen Gesichtsausdruck auf, als ob er sein Leben lang im Züchterverband gewesen wäre: „Der Kater sollte wenigstens ein Jahr älter sein als die Katze."

„Und wie viel älter ist Tootoo?"

„Vielleicht sechs oder sieben Wochen."

„Aber, um genauso viel bist du älter als ich, und an Sandra und Nicholas ist alles in Ordnung."

„Ich wäre dir sehr dankbar, wenn du mich nicht gerade mit einem Zuchtkater vergleichen wolltest."

Einen Augenblick lang war das Schweigen fast beängstigend.

„Ach, Charles, kann Tootoo wirklich nicht der Vater werden? Ich bin sicher, er wäre es gern."

Charles zündete seine Pfeife an. „Es wäre ein grober Fehler –

ganz sicher. Drüben in Longshore wohnt eine Frau, die Siamkatzen züchtet, nicht wahr?“
„Meinst du Miss Firth-Albany?“
„Ja genau. Vor zwei Jahren hat sie in London einen ersten Preis gewonnen. Wie heißt doch ihr Kater? Wir haben ihn auf der Ausstellung gesehen.“
„Er hieß The Noble Savage – der Edle Barbar.“
Den ganzen nächsten Tag verbrachte Tania im Garten. Zum Fressen kam sie ins Haus, aber sie schnupperte nur daran und ging geradewegs wieder zu ihrem Lieblingsspielplätzchen: der Buschhecke um den alten Brunnen. Irgendetwas lag ihr im Sinn und sie verspürte keinen Hunger.
An diesem Abend saßen Charles und Mary im Salon, als ihnen Tania die Nachricht überbrachte, dass sie endgültig der Liebe verfallen war.
In der Ankündigung war nichts von Geziertheit und Befangenheit. Aus dem kleinen Wohnzimmer nebenan kam ein kräftiger, deutlicher Schrei, und dieser Laut war tief und bedeutungsvoll.
„Sie ist so weit“, sagte Mary.
„Wo ist Tootoo?“ – „Draußen.“
„Dann lass ihn draußen.“
Wieder kam der lange Schrei aus dem anderen Zimmer. Charles und Mary standen auf und gingen hinüber. Tania, die ausnehmend schön anzusehen war, wälzte sich, außer sich vor Sehnsucht, auf dem Teppich vor dem Kamin. Sie hörte auf, als sie Charles und Mary hereinkommen sah, und stieß wieder einen Schrei aus, der über die Straße weg und noch weit übers Feld zu hören sein musste.
„Da gibt's keinen Zweifel mehr“, sagte Mary. „Was willst du nun tun?“
Charles bückte sich und streichelte Tanias Ohren, was sie für den Augenblick beruhigte.
„Die Geburt der Liebe ist etwas Wunderbares“, sagte er belehrend, denn im Innersten war er reichlich gefühlvoll. Tania schrie dreimal laut auf, als ob sie zustimmen wollte, und Charles fügte hinzu: „Wir fühlen das Gleiche wie sie.“

„Nur hat uns die menschliche Gesittung gelehrt, unsere Gefühle zu beherrschen“, stellte Mary nachdrücklich fest.
„Ich bin nicht sicher, dass es so ist. Tania hat nur gesagt, dass sie einen Mann möchte, und das macht keinen großen Unterschied gegenüber einem Backfisch, der eben in die Gesellschaft eingeführt worden ist.“
„Nur dass die Debütantin keinen solchen Lärm macht.“ – „Ich weiß nicht, ob du ganz Recht hast“, sagte Charles. Draußen war noch heller Tag und Mary sah zum Fenster hinaus. „Aha, Verehrer sind zu Besuch gekommen.“ Charles blickte in dieselbe Richtung. Auf dem Zaun sah er zwei Katzen sitzen, eine graue und eine getigerte, und unter ihnen am Straßenrand stand ein gewaltiger Mausekater mit einem verkrüppelten Ohr.
„Das entscheidet alles“, sagte Charles. „Du musst Tania in den Werkzeugschuppen sperren. Dort ist es halbwegs warm, wenn du ihr eine Decke gibst.“
Mary hob den zuckenden kleinen Körper auf und drückte ihn an die Brust. Unter sanften, liebevollen Worten trug sie Tania hinaus.
Der Werkzeugschuppen war ein langes, schwarz gestrichenes, hölzernes Gebäude. Aus einigen trockenen Säcken, über die sie eine Wolldecke legte, bereitete Mary ein Lager. Das seit langem zerbrochene Fenster war mit einem Fliegengitter bespannt, um die Vögel von dem Kasten mit Hühnerfutter fern zu halten. Mary legte Tania auf die Decke und ging zum Fenster. Das Gitter war, wie sie feststellte, mit schwachen Krampen am Fensterrahmen befestigt. Mary zog eine davon mühelos mit den Fingern heraus, und das Gitter rollte sich nach innen zu ein Stück auf, so dass ein kleiner Durchschlupf entstand. Mary nahm einen Hammer aus dem Regal, und mit ein paar schwachen Schlägen trieb sie die Krampe so weit ins Holz, dass sie das Gitter wieder hielt.
Sie fand Charles vor dem Telefon, sich durchs Verzeichnis buchstabierend.
„Wen willst du anrufen?“
„Miss Firth-Albany.“
„Sie ist eine sehr zimperliche Dame. Geh also nicht allzu sehr

ins Detail.“ Endlich fand er den Namen, und als er den Hörer abhob, starrten ihn die drei Kater von der anderen Straßenseite her unverschämt an. Er verlangte die Nummer.
„Hast du etwas dagegen, wenn ich am Apparat mithöre? Ich möchte gern wissen, was sie sagt.“
„Meinetwegen.“
Einen Augenblick später sagte eine Stimme: „Bitte sehr. Hier ist die Villa Miss Firth-Albany. Miss Firth-Albany persönlich – bitte schön?“
„Guten Abend, ich bin Mister Charles Warren, ich wohne in Weet.“
„Ja?“
„Ich glaube, wir haben uns einmal auf einer Siamkatzen-Ausstellung kennen gelernt.“
„Wirklich? Ich kann mich nicht erinnern.“
„Doch, doch. Es ist einige Zeit her. Sie haben damals eine Katze ausgestellt, die, so viel ich mich erinnere, der Edle Barbar hieß. Das stimmt doch?“
Er konnte hören, wir Mary im ersten Stock den Hörer abhob.
„Das ist sehr wohl möglich, Mister Warren, sehr wohl möglich.“
„Besitzen Sie ihn noch?“
„Gewiss, er ist mein erstes Zuchttier.“
„Sehr gut. Ich habe nämlich eine Katze, die Tania heißt, und sie möchte ich gern mit Ihrem Edlen Barbaren verheiraten. Lässt sich das bewerkstelligen?“
„O gewiss, warum nicht?“
„Wie hoch ist die Gebühr, Miss Firth-Albany?“
„Ich nehme zwei Guineen.“
„Einverstanden. Lassen Sie mich überlegen: Heute ist Donnerstag, das stimmt doch? Ja. Angenommen, ich brächte Tania am Samstagvormittag – kann ich sie dann am Samstagabend wieder abholen?“
Es entstand eine kurze Pause.
„Glauben Sie“, fragte Miss Firth-Albany, „dass sie Tania am Samstag herbringen und sie am Montag wieder abholen können?“
Charles überlegte einen Augenblick, bevor er antwortete, weil er

nicht wusste, was er sich für Montag, außer zu arbeiten, noch vorgenommen hatte. Schließlich sagte er: „Montag? Ja, ich glaube, das geht schon."

„Ach, noch eine wichtige Sache, Mister Warren: Schreit Ihre Katze?"

„Ob sie schreit? Sie schreit wie der Teufel. Ich kann sie hier hören, obwohl sie draußen im Werkzeugschuppen ist."

„Dann erwarte ich Sie also am Samstag, und Sie werden Tania am Montag wieder abholen. Ist es so recht?"

„Ja, es ist gut so. Aber, um alles in der Welt, warum soll sie bis Montag bei Ihnen bleiben?"

Wieder entstand eine Pause, und am anderen Ende der Leitung war ein tiefes Atemholen zu vernehmen. Charles gewann den Eindruck, dass ihm eine Eröffnung von unerhörter Bedeutung bevorstand. Und so geschah es: „Nun, Sie wissen doch, Mister Warren", sagte Miss Firth-Albany, „Siamkatzen müssen sich kennen lernen." Nochmals eine Pause – „Sie sind nicht wie Menschen." Als sich Charles verabschiedete und den Hörer auflegte, kam Mary ins Zimmer gestürzt.

„Das", sagte sie, „ist das vernichtendste Urteil über den Menschen, das ich je gehört habe."

Martina Magyari

Micki spart Strom

Auf dem Transformatorenhäuschen der Elektrizitätswerke, das von Efeu umwachsen war und auf dem Steinweg hinter der Hangwiese stand, saß Micki und schaute sich den Morgen an. Der Morgen war frisch gewaschen nach dem nächtlichen Regen und schien Micki anzulächeln.

Von hier aus konnte man die ganze gewundene Straße entlangsehen.

Micki war schon früh auf den Beinen gewesen. Das Häuschen gehörte zu einem seiner Lieblingsplätze. Als geborener Katereinzelgänger sah Micki gern die Dinge aus Distanz, hatte jedoch alles im wachsamen Blick.

Der Herbstmorgen sang in den Efeublättern, flüsterte in den umstehenden Büschen, kokettierte mit dem bunten Herbstlaub an den Ahornbäumen. Micki hörte zu, war eins mit sich und der Welt und wäre beinahe in seinen Döszustand verfallen, in dem er sich selber ausknipste wie ein Licht. Dann war er weit entfernt von der Realität, in seinem übersinnlichen Katzenreich.

Aber bevor Micki sich einrollte wie ein makelloses C, kam ein Auto der Stadtwerke direkt auf das Transformatorenhäuschen zu.

Micki flüchtete in den Ahornbaum, das Fell gesträubt wie eine gegen den Strich gebürstete Punkerfrisur. Seine Schnurrhaare vibrierten ärgerlich wegen dieser Störung.

Wie konnte dieses laute Ungetüm es wagen, ihn aus seiner Katermeditation herauszureißen? Zwei Männer mit Reinigungszubehör stiegen aus, gingen zum Häuschen und schlossen die Eisentür auf. Auf dem viereckigen Häuschen war noch eine Klappe, die jetzt von innen geöffnet wurde.

Micki beobachtete alles genau, verhielt sich jedoch so still, dass niemand ihn bemerkte.

Es summte so schön gleich bleibend und beruhigend aus dem Häuschen, und Micki stellte zu seinem Erstaunen fest, dass das

Transformatorenhäuschen beinahe genauso gut wie er schnurren konnte.
Die Männer begannen mit ihren Wartungs- und Reinigungsarbeiten. Dann legten sie eine kurze Pause ein und gingen zum Auto.
Micki sondierte das Terrain. Noch immer sang das Häuschen so schön und lockte ihn mit seiner offenen Klappe. Geschmeidig glitt Micki den Baumstamm herunter und sprang dann mit einem kühnen Satz durch die Öffnung in das Innere des Häuschens, in dem ein Marathonoberschnurrer sitzen musste, der seine Neugier erregte. Den Oberschnurrer wollte Micki kennen lernen.
Vorsichtig schnupperten seine Schnurrhaare, um den Oberschnurrer ausfindig zu machen. Dabei sprang Micki auf eine Art Hebel. Es zischte wütend und gab eine Stichflamme, so dass Micki entsetzt und blitzschnell zurückprallte. Auf einmal hörte er auch das Schnurren nicht mehr.
Eingehend betrachtete Micki seine rechte Pfote, die ihm bei seinem plötzlichen Absprung wehgetan hatte. Er wagte sich nicht zu rühren, war jedoch beim geringsten Geräusch zum Rückzug bereit.
Die Männer im Auto hielten noch immer ihre ausgiebige Frühstückspause, unterhielten sich und aßen dabei ihre Brote.
Herr Anfang kam aus dem Haus, blickte scharf zum Stadtwerkauto hinüber und rief den Männern, die die Tür des Autos offen gelassen hatten, laut zu: „Müsst ihr ausgerechnet jetzt den Strom abschalten? Ich wollte gerade Kaffee trinken. Außerdem hättet ihr ja Bescheid sagen können."
Überall öffneten sich Fenster.
„Wieso hat das nicht in der Zeitung gestanden?", fragte eine Frau. „Da hätte man sich doch darauf einrichten können."
Die beiden Männer hörten zu essen auf und sahen sich an.
„Hast du den Strom abgeschaltet, Erich?", fragte der Ältere.
„Nee, keine Spur. War doch nicht nötig bei unseren Wartungsarbeiten."
„Haben die Leute im E-Werk etwa aus irgendeinem Grund generell den Strom abgeschaltet?", wandte der Ältere ein.

Inzwischen war Herr Anfang zum Auto gekommen, mit rotem, aufgedunsenem Schnapsbrennergesicht.
„Wir haben den Strom nicht abgeschaltet", bemerkte jetzt der Jüngere zum Herrn Anfang. „Vielleicht hat es irgendeinen Defekt gegeben. Ich werde gleich einmal nachsehen."
„Darf ich einmal bei Ihnen mit dem E-Werk telefonieren?", fragte sein Kollege Herrn Anfang. Herr Anfang bejahte.
Der ältere der Männer ging mit zu Herrn Anfangs Haus, vom Gebell des Hundes empfangen, während Erich zum Transformatorenhäuschen stapfte. Er nieste lauthals mehrere Male hintereinander.
Micki kauerte gespannt in seinem Winkel, hörte die knirschenden Schritte, das donnernde Niesen und sauste gehetzt aus der Klappe wie eine Sprungfeder in hohem Bogen an dem verblüfften Erich vorbei, in Richtung Heimatwiese, wo er durch seinen eigenen Katzeneingang, der ihn als Junggeselle unabhängig machte, verschwand.
„Das gibt es doch nicht", sagte Erich laut, ging ins Häuschen, erfasste als Elektriker sofort die Situation und schüttelte den Kopf.
Inzwischen war sein Kollege herangekommen. „Die im Werk wissen nichts von einem Stromausfall hier", sagte er.
„Können sie auch nicht", schmunzelte der Jüngere. „Der Übeltäter war ein Katzenvieh, das wie der Blitz an mir vorbeigesaust ist. Die Katze hat an einem der Transformatoren einen Kurzschluss verursacht. Ein Wunder, dass sie nichts abbekommen hat."
„Das ist ja ein dicker Hund", entgegnete der Ältere.
Dann machten beide sich daran, den Schaden zu beheben, was in kurzer Zeit geschafft war.
„Was war denn los?", wollte nun auch Herr Anfang wissen. Er wollte immer alles genau wissen, auch Dinge, die ihn nichts angingen.
Erich erzählte Herrn Anfang die Geschichte und brach in schallendes Gelächter aus. „Das habe ich noch nicht erlebt", sagte er. „Da will uns doch so ein Katzenvieh ins Handwerk pfuschen. Die Katze muss direkt auf den Haupthebel gesprun-

gen sein und hat somit das gesamte Viertel hier lahm gelegt."
Die Männer von den Stadtwerken lachten im Duett. Nur Herr Anfang lachte nicht. Sein Schnapsbrennergesicht wurde noch röter.
„Wo ist denn die Katze hingelaufen?", fragte er mit verkniffenem Gesicht.
Erich zeigte zum Hanghaus. „Dorthin", erwiderte er.
„Dachte ich es mir doch", antwortete Herr Anfang, der Julian und Micki von Anfang an nicht leiden konnte. „Dieser verdammte Kater von dem Kunstmaler ist ein richtiger Unruhestifter", sagte er erbost. „Dauernd treibt er sich in der Gegend herum, verprellt meinen Hund und läuft unter die Autos. Ein Wunder, dass er noch nicht überfahren wurde. Das ist so ein richtiger unbürgerlicher Kater. Aber wie ‚der Herre, so's Gescherre'", sagte er hämisch.
„Ja, aber jetzt ist alles wieder in Ordnung", beruhigte Erich Herrn Anfang.
Die Männer setzten ihre Wartungsarbeiten fort.
Julian hatte von dem Stromausfall nichts mitbekommen. Den ganzen Morgen arbeitete er ununterbrochen im Atelier.
Als er jetzt in die Wohnküche ging, um sich einen Kaffee zu machen, klingelte es herrisch an der Haustür. Draußen stand Herr Anfang.
„Kommen Sie doch herein", forderte ihn Julian freundlich auf.
„Nicht nötig", sagte Herr Anfang steif. „Das, was ich Ihnen zu sagen habe, kann ich auch hier sagen."
Er blieb stocksteif auf der Schwelle des Hauses stehen.
„Schießen Sie los", ermutigte ihn Julian.
„Wissen Sie, was Ihr verdammter Streunerkater angerichtet hat?", fragte er lauernd mit glitzernden Augen.
„Nein", erwiderte Julian. „Aber Sie werden es mir sicher gleich sagen. Was hat Micki denn getan?"
„Er hat für mindestens zwanzig Minuten die Stromzufuhr im ganzen Viertel lahm gelegt", trumpfte Herr Anfang auf und erzählte ihm haarklein Mickis Missgeschick. Julian brach in lautes Gelächter aus. Das war wirklich zu komisch.
„Über so etwas können Sie wohl auch noch lachen?", fuhr Herr

Anfang missgelaunt fort. „In Zukunft sollten Sie besser auf diesen Ausbund von einem Kater aufpassen."

„Katzen sind unabhängige, stolze, freiheitsliebende Tiere. Sie lassen sich nicht an die Leine legen wie Ihr armes Schwein von geducktem Hund." Julian ließ Micki doch nicht von diesem Mickmännchen beleidigen.

Jetzt war Herr Anfang beleidigt. Grußlos ging er davon.

Julian knallte die Tür hinter ihm zu, was sonst nicht seine Art war.

Micki sprang erschrocken aus seinem Schlafkorb, wohin er sich nach seinem Morgenabenteuer verzogen hatte, und kam auf Julian zugelaufen.

„Entschuldige, Micki", sagte Julian und streichelte ihn. „Dieser kleinkarierte Spießer bringt mich in Wut."

Dann setzte sich Julian mit Micki in Tante Kasimiras Sessel und sprach liebevoll auf ihn ein.

„Ich weiß, mein alter Wiesenmauser, du, du hast den Stromausfall nicht beabsichtigt. Es war einfach ein Missgeschick, wie es jedem Kater und Menschen passieren kann. Du hast es nicht böse gemeint, du wolltest wohl nur Strom sparen helfen?" Jetzt lachte Julian wieder laut.

Julian und Micki blickten sich an. Eine Künstler- und eine Katerseele, die ein Geheimnis verband.

Ernest Thompson Seton

Die Katze aus dem Hinterhof

1

Die kleine Katze aus den Slums, wie man das Gewirr verrufener Gassen in der Hafengegend New Yorks nennt, war noch nicht sechs Wochen alt; aber sie war allein in dem alten Hinterhof. Ihre Mutter, in der Nacht zuvor weggegangen, um zwischen den Müllkästen Futter zu suchen, war nicht zurückgekehrt. Daher war das Kätzchen sehr hungrig, als der zweite Abend kam. Ein unbewusster Trieb zwang es hinweg von seinem Lager, der alten Kekskiste, um etwas Essbares aufzuspüren. Vorsichtig ertastete es sich seinen Weg zwischen Schutt und Abfällen. Die kleine Katze beroch alles, was essbar schien, aber sie fand nichts. Zuletzt kam sie zu den hölzernen Stufen, die zu Jap Malees Tierhandlung im Keller am äußersten Ende des Hofes hinabführten. Die Tür stand spaltbreit offen; so ging sie hinein. Ein Neger saß müßig auf einer Kiste in einem Winkel und betrachtete sie neugierig. Sie näherte sich einem Lattenkäfig, in dem ein Fuchs kauerte. Seine Augen glühten. Die kleine Katze tastete sich schnuppernd an den Latten empor, zwängte das Köpfchen durch einen Zwischenraum, schnupperte erneut und strebte dann stracks auf den Futternapf zu. Der Fuchs packte sie blitzschnell. Sie stieß ein erschrockenes „Miau“ aus. Da sprang der Neger hinzu und spuckte dem Fuchs so kräftig ins Gesicht, dass er das Kätzchen losließ und in einen Winkel zurückwich, wo er mit boshaft blinzelnden Augen verharrte.

Der Neger zog das Kätzchen heraus. Es torkelte ein paar Mal im Kreis herum, kam dann wieder zu sich, und als ein paar Minuten später Jap Malee zurückkam, schnurrte es im Schoß des Negers, sich augenscheinlich an nichts Böses erinnernd.

Jap war kein Japaner; er war als typischer Londoner Straßenjunge aufgewachsen; aber seine Augen bildeten so klei-

ne schräge Schlitze in seinem runden, flachen Gesicht, dass sein eigentlicher Name längst vergessen und durch den weit bezeichnenderen Spitznamen „Jap“ ersetzt worden war.
Obwohl er durch den Verkauf von Tieren sein Leben fristete, war er kein richtiger Tierfreund; jedenfalls wollte er das Hinterhof-Kätzchen nicht haben.
Deshalb gab der Neger der kleinen Katze so viel zu fressen, wie sie mochte, und brachte sie dann zu einem entfernten Häuserblock, wo er sie in einem Hof voller altem Eisen und Gerümpel absetzte.
Hier lebte sie und fand irgendwie genug Fressbares, um zu wachsen, bis eine ausgedehnte Entdeckungsfahrt sie Wochen später in ihr altes Quartier, den verfallenen Hof, zurückführte. Froh, wieder zu Hause zu sein, ließ sie sich hier endgültig nieder.
Aus dem kleinen Kätzchen war mittlerweile eine auffallend getigerte Katze geworden. Ihre Merkzeichen waren schwarz mit einem blassen Grau; vier allerliebste weiße Flecken auf Nase, Ohren und Schwanzspitze verliehen ihr eine gewisse Vornehmheit. Sie war nun erfahren genug, um für ihren Lebensunterhalt zu sorgen; immerhin hatte sie schwere Tage durchzumachen und war oft nahe am Verhungern. Einmal hatte sie ihren Ehrgeiz so weit verleugnet, dass sie einen Sperling fing. Lange Zeit lebte sie ganz allein; aber dann trat eine neue Macht in ihr Leben.
Eines Septembertages lag sie in der Sonne, als ein großer schwarzer Kater auf der Mauer daherspaziert kam. An seinem zerbissenen Ohr erkannte sie in ihm sofort einen Feind. Sie machte sich aus dem Staube und verbarg sich in ihrer alten Kiste. Der Kater setzte seinen Weg lautlos fort in Richtung auf einen Schuppen, der sich am Ende des Hofes befand, und kreuzte gerade die Dachrinne, als ein gelber Kater auftauchte. Der Schwarze blickte wild umher und knurrte, der Gelbe tat dasselbe. Beider Schwänze peitschten aufgeregt ihre Flanken. Sie näherten sich, die Ohren zurückgelegt, alle Muskeln gespannt.
„Jau – jau – jau!“, sagte der Schwarze.

„Mau – mau – mau!“, war die noch etwas tiefer geknurrte Antwort.
„Jauuuu!“, sagte der Schwarze, einen Zoll näher rückend.
„Mauuuuu!“, war die Antwort des Gelben, während er sich zu seiner vollen Größe aufrichtete und mit großer Würde einen ganzen Zoll vorwärts trat. „Mauuuu!“ Und er kam noch näher, derweil sein Schwanz wie eine Gerte von einer Seite zur andern schlug.
„Jauu!“, schrie der Schwarze mit erhobener Stimme und bewegte sich einen Viertelmeter rückwärts, als er das große unerschrockene Tier unmittelbar vor sich sah.
Viele Fenster im Umkreis wurden aufgerissen, Menschenstimmen waren zu hören, aber die beiden Kater kümmerten sich nicht darum.
„Mauu!“, grollte der Gelbe gefährlich, seine Stimme senkend, wie der andere die seine hob. „Mau!“ Und er ging noch einen Schritt voran.
Jetzt waren ihre Nasen nur noch um Zentimeter voneinander entfernt; sie standen schräg gegeneinander, beide kampfbereit, aber einer auf den andern wartend. Sie starrten sich mit funkelnden Augen an, für einige Minuten stumm und steif wie Statuen, abgesehen von den beiden zuckenden Schwanzspitzen.
Der Gelbe begann erneut in tiefem Ton: „Mauuu!“
„Jaaauu!“, schrie der Schwarze mit der Absicht, Schrecken zu verbreiten; aber er zog sich dabei ein kleines Stück zurück.
Der Gelbe dagegen rückte umso weiter vor; jetzt berührten sich ihre Schnurrhaare; noch einen Zentimeter näher und ihre Nasen stießen aneinander.
„Mauuu!“, sagte der Gelbe, tief wie ein Stöhnen.
„Jauuuu!“, brüllte der Schwarze, aber er zog sich wieder ein wenig zurück.
Da begann der gelbe Krieger die Schlacht und packte zu wie ein Dämon.
Oh, wie sich das wälzte und biss und zerrte – am schlimmsten der Gelbe! Wie sie stampften und zupackten und sich ineinander verkrallten – aber hauptsächlich der Gelbe! Manchmal war der eine oben, manchmal der andere, meistens aber der Gelbe,

und dann rollten sie über die Dachrinne hinaus in den Hof. Beifällige Zurufe erschollen aus allen Fenstern. Die Kämpfer verloren keine Sekunde bei diesem Sturz in den Hof, sie rissen und kratzten selbst im Fallen, hauptsächlich der Gelbe; und als sie am Boden aufschlugen, kämpften sie weiter. Der oben lag, war fast immer der Gelbe; und bevor sie voneinander abließen, hatten sie beide reichlich genug, hauptsächlich der Schwarze! Er kletterte die Mauer empor und verschwand blutend und knurrend, derweil die Neuigkeit von Fenster zu Fenster schwirrte, dass Cayleys „Nig" dem „Orange-Billy" unterlegen war.
Entweder war der gelbe Kater ein besonders findiger Sucher, oder aber die junge Hinterhof-Katze war nicht sehr tief versteckt; jedenfalls entdeckte er sie bald zwischen den Kisten, und sie machte keine Anstalten, wegzulaufen. Wahrscheinlich war sie Zeugin des Kampfes gewesen.
Es gibt kein besseres Mittel, das weibliche Herz zu gewinnen, als Erfolg im Raufen, und demgemäß wurden der gelbe Billy und die Hinterhof-Katze sehr gute Freunde, keineswegs, indem sie ihr Leben und ihre Nahrung teilten – Katzen tun das meistens nicht –, aber sie erkannten einer dem anderen ausgesprochen freundschaftliche Vorrechte zu.
Als die kurzen Oktobertage kamen, trat in der alten Kekskiste ein bemerkenswertes Ereignis ein. Wenn Orange-Billy sich die Mühe genommen hätte, einmal nachzusehen, hätte er fünf kleine Kätzchen entdeckt, die sich an ihre Mutter, die kleine Hinterhof-Katze, schmiegten. Es war ein herrliches Erlebnis für sie. Sie fühlte den großen Stolz, den jede Tiermutter fühlt, das ganze Entzücken, wenn sie ihre Liebe bezeugte und die Jungen beleckte.
So hatte sie endlich eine Freude in ihrem freudlosen Dasein; aber sie hatte auch eine schwere Bürde. Alle ihre Kräfte wurden von jetzt an eingesetzt, Nahrung aufzutreiben. Deshalb ging sie eines Tages, angelockt von einem verführerischen Geruch, in den Keller des Tierhändlers und in einen offenen Käfig. Alles blieb still; sie sah schönes Futter und streckte sich, um es sich zu holen – da fiel die Käfigtür mit einem Schnapp zu und sie war gefangen. In dieser Nacht tat der Neger die kleinen

Kätzchen ab, und er war im Begriff, mit der Mutter ebenso zu verfahren, als dem Tierhändler ihre außergewöhnlich hübsche Zeichnung auffiel. Daraufhin beschloss er, sie zu behalten, und taufte sie Kitty.

2

Jap Malee war ein ziemlich vulgärer Londoner Proletentyp. Er handelte in seinem Keller hauptsächlich mit billigen Kanarienvögeln. Er war sehr, sehr arm, und der Neger lebte mit ihm, weil der Engländer bereit war, Bett und Tisch mit ihm zu teilen. Jap war, was seine Tiere betraf, ehrlich; aber er hatte durch sie keine ins Gewicht fallenden Einnahmen. Zweifellos stammte sein eigentlicher Verdienst vom Einfangen und Verkaufen oder Abliefern fremder Hunde und Katzen. Den Fuchs und das halbe Dutzend Kanarienvögel hielt er mehr zum Vorwand. Die Zeitungsinserate, die Verlustmeldungen von Hunden und Katzen betrafen, waren die einzigen, die Jap interessierten; außerdem schnitt er Notizen über die Zucht von Pelztieren aus und hob sie auf. Die Pelztierzucht war sein Steckenpferd, und unter dem Einfluss dieser Ideen plante er ein Experiment mit der Hinterhof-Katze. Erst rieb er ihr schmutziges Fell mit einem Mittel ein, um das Ungeziefer, das sie hatte, zu beseitigen. Nachdem das Mittel gewirkt hatte, badete er sie sorgfältig.

Kitty war wütend über die Prozedur; aber eine wunderbare Wärme überkam sie, als sie in einem Käfig beim Ofen trocknete. Ihr Pelz glänzte jetzt flaumig und wundervoll weich und rein. Jap und sein Gehilfe freuten sich sehr über diese Verwandlung; aber das war erst die Vorbereitung.

„Nichts ist so gut für das Wachstum des Haarkleides wie ölhaltige Nahrung und fortgesetzte Einwirkung von Kälte“, sagte der Händler. Das hatte er oft gelesen.

Nun, der Winter war zur rechten Zeit gekommen, und Jap Malee setzte Kittys Käfig auf den Hof hinaus, wo sie dem Regen und dem Wind preisgegeben war, und fütterte sie mit so viel Ölkuchen und Fischköpfen, wie sie verzehren konnte. Nach einer Woche zeigte sich die Veränderung, sie wurde rasch fett. Sie hatte jetzt nichts anderes zu tun, als zuzunehmen und sich zu putzen. Ihr Käfig wurde sauber gehalten, und die Natur tat das Ihre mit kaltem Wetter und ölhaltiger Nahrung, um Kittys Fell von Tag zu Tag dicker und glänzender zu machen, so dass sie um Weihnachten herum eine ungewöhnlich schöne Katze war mit dichtem, feinem Fell und so herrlich gezeichnet, dass man sie als Seltenheit betrachten konnte. Warum sollte man eine solche Katze nicht auf die bevorstehende Katzenausstellung schicken?!

„Ich möchte sie nicht als gewöhnliche Katze anmelden, verstehst du, Sammy“, bemerkte Jap zu seinem Gehilfen. „Aber man müsste ihr einen Stammbaum besorgen. Außerdem brauchen wir einen besonders attraktiven Namen. Irgendetwas mit ‚königlich‘, nichts verspricht so viel Erfolg wie irgendetwas mit ‚königlich‘! Sag einmal, Sammy, wie heißt doch noch die Insel, auf der du geboren bist?“

„Du meinst die Analostan-Insel. Das war mein Geburtsort.“

„Ha, das ist famos, bei Gott! Da haben wir's: Royal Analostan – das klingt! Das ist das Richtige! Die einzige königliche Analostan-Katze mit Stammbaum auf der ganzen Ausstellung! Sollte das nicht Geld einbringen?!“

Beider Gelächter klang ineinander.

„Aber zuerst müssen wir einen Stammbaum zusammenstellen“, beschlossen sie und stellten eine lange gefälschte Ahnentafel her. Das offizielle Formular und die nötigen Stempel besorgte ihnen ein Bekannter, der sich auf solche Dinge verstand.

Ein paar Tage später lieferte Sam, einen geborgten Zylinder auf dem Kopf, Katze und Stammbaum bei der Annahmestelle der Ausstellung ab. Er war von Beruf Coiffeur und konnte in fünf Minuten mehr von sich hermachen als Jap Malee sein ganzes Leben lang, und dies war zweifellos einer der Gründe für die achtungsvolle Aufnahme, die der Royal Analostan-Katze auf der Schau zuteil wurde.

Jap hegte den großen Respekt der Straßenjungen für die oberen Klassen. Er war stolz, einer der Aussteller zu sein, aber als er am Eröffnungstag an den Eingang kam, war er ganz überwältigt von dem Andrang feiner Leute mit Autos. Der Pförtner sah ihn scharf an, ließ ihn aber mit seinem Billett passieren; zweifellos hielt er ihn für den Angestellten eines Ausstellers. In der großen Halle lagen Veloursläufer vor der langen Reihe der Käfige. Jap ging daran vorüber, schielte nach den ausgestellten Katzen, betrachtete die blauen und die roten Bänder und schaute herum, ohne die Frage nach seiner eigenen Katze zu wagen, innerlich zitternd bei dem Gedanken, was die prächtige Versammlung vornehmer Leute sagen würde, wenn der Betrug entdeckt wurde, den er an ihnen verübt hatte. Jedoch er sah nicht das Geringste von seiner Hinterhof-Kitty.

In der Mitte des Raumes war ein erhöhtes Podium für die Katze, die den ersten Preis bekommen hatte. Dort herrschte großes Gedränge. Der Durchgang war mit einem Seil versperrt, und zwei Polizisten regelten den Verkehr. Jap mischte sich unter die Menge; er war zu kurz geraten, um über die Leute hinwegschauen zu können, aber er erriet aus all den Anzeichen, dass der Clou der Ausstellung hier zu sehen war.

„Oh, wie hübsch sie ist!", sagte eine dicke Frau.

„Wirklich vornehm!", lautete die Antwort.

„Man kann das gewisse Etwas gar nicht verkennen, das einzig und allein das Resultat erstklassiger reinblütiger Paarungen durch Generationen hindurch ist!"

„Was würde ich dafür geben, dieses wunderbare Geschöpf zu besitzen!"

Nach und nach kam Jap nahe genug heran, um wenigstens einen Blick auf den Käfig werfen zu können. Er sah ein Plakat, das verkündete: „Das Blaue Band und die Goldmedaille von Knickerbockers großer Katzenausstellung wurde der rein gezüchteten Stammbaumkatze Royal Analostan zugesprochen, importiert und ausgestellt von J. Malee. Nicht verkäuflich." Jap verschlug es den Atem. Er starrte hin, ja, tatsächlich! Dort oben in einem vergoldeten Käfig auf einem Samtkissen, mit dem glänzend schwarz und blassgrau schimmernden Fell, den bläulichen Augen, die sie halb geschlossen hielt, lag seine Hinterhof-Kitty, das Bild einer Katze, die sich tödlich langweilte ...

Jap Malee lungerte stundenlang in der Nähe des Käfigs herum, von einem so stolzen Hochgefühl gepackt, wie er es nie zuvor erlebt hatte. Jedoch er sah ein, dass es weise war, unbekannt zu bleiben; zur Regelung des geschäftlichen Teiles schickte er besser wieder seinen „Diener“ vor.

Die Hinterhof-Kitty war es, die aus dieser Ausstellung einen Erfolg machte! Jeden Tag stieg ihr Wert in den Augen ihres Besitzers. Er war nicht im Bilde über die Preise, die für erstklassige Katzen bezahlt wurden, und dachte, es wäre eine Rekordsumme, als er durch seinen „Diener“ dem Geschäftsführer die Ermächtigung erteilte, die Katze für hundert Dollar zu verkaufen.

Auf diese Weise fand sich Kitty eines schönen Tages in einer hochherrschaftlichen Wohnung in der Fünften Avenue wieder. Sie bezeigte eine unberechenbare Wildheit und andere Eigentümlichkeiten. Ihren Rückzug vor dem Schoßhund auf die Mitte des Esstisches deutete man als ererbte, wenn auch irrtümliche Abneigung vor einer beschmutzenden Berührung. Die aristokratische Art, in der sie den Deckel einer Milchkanne fassen wollte, erzielte besonderen Beifall, während ihr häufiges Wälzen im Mülleimer als Manifestation einer verzeihlichen hochwohlgeborenen Überspanntheit verstanden wurde. Sie wurde gefüttert und verzärtelt, gezeigt und gepriesen; aber sie war nicht glücklich. Sie kratzte an dem blauen Band um ihren Hals, bis sie es abgerissen hatte; sie sprang gegen den Spiegel, weil sie glaubte, es wäre der Weg nach draußen. Sie starrte nur immer auf die Dächer und Höfe auf der Rückseite des Hauses hinaus, und sie wünschte innig, sie könnte ihren Aufenthalt wechseln und dort unten sein.

Sie wurde streng bewacht – nie durfte sie hinaus –, so dass die beglückenden Mülleimer-Exzesse immer wieder stattfanden, da es die Möglichkeit gab, sie im Hause zu genießen. Aber in der Frühe einer Märznacht entdeckte die Royal Analostan, dass das Küchenmädchen, das gerade die Kehrichteimer hinaustrug, die Küchentür halb offen gelassen hatte, nahm ihre Chance wahr, schlüpfte hinaus und war verschwunden.

Natürlich entstand bald darauf ein großer Aufruhr im Hause; aber Kitty wusste das nicht und hätte sich auch nicht darum gekümmert. Ihr einziger Gedanke war: heimgehen. Ein rauer Ostwind hatte sich erhoben, und er wehte ihr eine besonders freundliche Botschaft zu. Menschen hätten es einen hässlichen Hafengeruch genannt, jedoch für Kitty war es ein willkommener Gruß aus ihrer Heimat. Sie trottete durch die lange Straße gen Osten, durch die endlose Reihe der Vorgärten hindurch, wartete zuweilen bewegungslos wie eine Statue oder kreuzte die Straße, um in den Schutz der dunkelsten Seite zu kommen. Endlich erreichte sie das Hafenviertel und das Wasser, doch der Ort war ihr fremd. Sie konnte nach Norden oder nach Süden gehen; ein geheimes Etwas trieb sie südwärts. Sie wich den Docks aus und den Hunden, den Wagen und den Katzen, und ein oder zwei Stunden später sah sie sich inmitten vertrauter Szenen und Gerüche. Bevor die Sonne aufging, war sie daheim. Schwach und fußlahm schlüpfte sie durch dasselbe alte Loch in demselben Zaun und über die Mauer in ihren verfallenen Hof hinter dem Vogelkeller, ja, zurück in genau dieselbe alte Kekskiste, in der sie geboren war.

Nach einer langen Ruhepause tauchte sie wieder auf und stieg geruhsam die Stufen zu Japs Keller hinunter, genau wie früher auf der Suche nach etwas Essbarem. Die Tür öffnete sich und da stand der Neger. Er rief nach hinten dem Tierhändler zu: „Boss, komm schnell her! Hast du Worte, die Royal Analostan ist zurückgekommen!“

Jap kam gerade zurecht, die Katze auf die Mauer springen zu sehen. Die Royal Analostan war ein Glücksfall für ihn gewesen, war das Mittel gewesen, manches in dem Keller zu verbessern und ein paar Gefangene mehr in den Käfigen zu halten. Jetzt war es von größter Wichtigkeit, die Majestät einzufangen. Alte Fischköpfe und andere unfehlbare Köder wurden ausgelegt, bis Kitty verführt werden konnte, einen großen Fischkopf in einer Kistenfalle zu verspeisen. Der Neger beobachtete sie und zog an der Schnur, die den Deckel hinabfallen ließ. Eine Minute später war die Analostan wieder im Keller in einem Käfig. Unterdessen durchsuchte Jap eifrig die Zeitungsspalten mit den Verlustmeldungen. Da war die Anzeige schon: „25 Dollar Belohnung“ usw. Am selben Abend sprach Mr. Malees

„Diener“ mit der vermissten Katze in der Fünften Avenue-Etage vor. Natürlich wollte Mr. Malee keine Belohnung, aber sein „Diener“ hatte die Katze ja hergebracht, und er war augenscheinlich einer kleinen Aufmerksamkeit von 25 Dollar nicht abgeneigt.

Nach diesem Ereignis wurde Kitty noch sorgfältiger bewacht. Allein, gerade das alte Leben hatte ihr zugesagt, und aus der Fürsorge machte sie sich gar nichts. Sie wurde noch wilder und unzufriedener als zuvor.

Der Sommer war inzwischen mit aller Macht gekommen, und die Familie in der Fünften Avenue dachte an ihr Landhaus. Sie packten die Koffer, verschlossen das Haus und reisten in ihre Sommerresidenz, einige achtzig Kilometer weit weg. Kitty wurde in einem verschlossenen Korb mitgenommen.

Der Korb war auf den Rücksitz des Wagens gesetzt worden. Allerlei neue Geräusche und vorbeihuschende Gerüche kamen und gingen. Manchmal stieß und rüttelte der Korb; überall knarrte und ratterte es. Als das alles endlich ein Ende hatte und der Wagen hielt, blinzelte ein Sonnenstrahl durch den Korbdeckel; doch jetzt erhob sich ein neuer, noch schrecklicherer Lärm – das Bellen von Hunden, großen und kleinen, abscheulich nahe. Der Korb wurde hochgehoben und Kitty hatte ihr ländliches Heim erreicht.

Jedermann benahm sich aufdringlich freundlich gegen sie. Alle wünschten, der königlichen Katze zu gefallen, aber leider gelang das niemand außer der großen, dicken Köchin, die Kitty entdeckte, als sie die Küche inspizierte. Diese fettige Frau roch mehr nach den Hinterhöfen als alles, was ihr während der letzten Monate begegnet war, und das zog die Royal Analostan außerordentlich an. Als die Köchin erfuhr, dass man Sorge hatte, die Katze könnte wieder entwischen, sagte sie: „I nein, die läuft nicht mehr weg! Sobald eine Katze ihr Fell putzt, fühlt sie sich zu Hause!“

Geschwind nahm sie die unnahbare königliche Hoheit in ihre Schürze und beging das abscheuliche Sakrileg, ihre Fußsohlen mit Fett einzuschmieren. Kitty nahm das natürlich übel; sie nahm an diesem Ort alles übel. Sowie sie wieder zu Boden gesetzt wurde, begann sie ihre Pfoten zu säubern, und sie fand das Fett wundervoll schmackhaft. Eine volle Stunde leckte sie an allen vier Füßen herum, und die Köchin verkündete triumphierend, dass es nun sicher war, sie würde bleiben und nicht auskneifen.

Tatsächlich, sie blieb, aber sie bekundete eine sehr überraschende und ihrer Herrschaft unangenehme Vorliebe für die Küche, die Köchin und den Mülleimer. Die Familie, obwohl nicht eben erfreut über diese hochwohlgeborenen Überspanntheiten, war endlich doch befriedigt, die Royal Analostan fortan zufriedener und nicht mehr ganz so unnahbar zu finden.

Nach einer oder zwei Wochen gab man ihr mehr Freiheit, beschützte sie aber vor jeder Bedrohung. Die Hunde wurden gelehrt, sie zu respektieren. Kein Mann und kein Knabe am Ort hätte auch nur davon zu träumen gewagt, einen Stein nach der berühmten Stammbaumkatze zu werfen. Sie bekam so viel Futter, wie sie wollte. Und trotzdem war sie nicht glücklich. Sie hatte Sehnsucht nach vielen Dingen, obwohl sie kaum wusste, nach welchen. Sie hatte ungefähr alles, ja, aber sie wünschte sich etwas ganz anderes. Eine Menge zu essen und zu trinken, ja, gut! Aber die Milch taugt nicht recht, wenn man jederzeit jede beliebige Menge aus einer Porzellanschale trinken kann – nein, man muss sie aus einem Zinknapf stehlen gehen, von Hunger getrieben, das ist das Richtige, dann hat sie den richtigen Geschmack!

Wie Kitty das alles hasste!

Das einzig Angenehme an diesem scheußlichen Ort war ein süss duftender Strauch, an dem sie sich mit Wonne rieb und dessen Äste sie beknabberte; er bedeutete den einzigen Lichtblick in ihrem Leben auf dem Lande.

Eines Tages nach einem Sommer des Missvergnügens traten Ereignisse ein, die die Hinterhoftriebe der königlichen Gefangenen in Aufruhr versetzten. Eine große Kiste mit Waren aus dem Hafen traf auf dem Landsitz ein. Was sie enthielt, war nicht von Belang; aber die Gerüche, die pikanten Slumgerüche, die sie an sich hatte!

Durch die Düfte, die auf ihre Nase eindrangen, wurden alle die

Saiten von Kittys Gedächtnis angerührt, die ihr die Vergangenheit mit gefährlicher Macht bewusst machten.
Am gleichen Abend fiel es dem jüngsten Sohn des Hauses, einem kleinen Rohling ohne jedes Verständnis für königliche Würden, plötzlich ein, eine Blechdose an Kittys Schwanz zu binden. Kitty bedankte sich dafür mit einem kräftigen Tatzenhieb, der Blut fließen ließ. Das Geheul des blessierten Buben rief die Mutter auf den Plan. Flink und echt weiblich warf sie ein Buch nach der Missetäterin, traf aber nicht. Kitty floh. Nach oben selbstverständlich.
Ein aufgestörter Schoßhund rannte nach unten, ein Jagdhund rannte nach oben, eine verfolgte Katze sauste noch höher hinauf. Sie verbarg sich im Dachgeschoss und wartete, bis die Nacht kam. Dann schlich sie wieder hinunter, untersuchte alle Türen, fand eine nicht zugeklinkt und flüchtete hinaus in die schwarze Augustnacht, die stockdunkel war für Menschenaugen und lichtgrau für Kitty. Sie glitt zwischen dem für sie hässlichen Buschwerk und den Blumenbeeten hindurch, rieb sich ein letztes Mal an dem kleinen Strauch, der für sie der einzige anziehende Fleck in dem Garten gewesen war, und nahm dann kühn den Weg zurück unter die Pfoten wie damals im Frühjahr.
Wie konnte sie den Weg zurückverfolgen, den sie nie gesehen hatte? Nun, Tieren ist ein Gefühl für die Richtung angeboren. Es ist beim Menschen nur gering ausgebildet, stark dagegen beim Pferd, und Katzen haben eine große Begabung dafür. Dieser geheimnisvolle Führer zog Kitty westwärts, nicht klar und genau bestimmt, aber mit einem starken Impuls. Die leichteste Art des Vorwärtskommens bot die Landstraße. In einer Stunde hatte sie den Hudson erreicht. Ihre Nase hatte ihr mehrfach bestätigt, dass ihr Weg richtig war. Einen Geruch nach dem andern fand sie wieder.
Neben dem Fluss lief die Eisenbahnstrecke entlang. Kitty konnte nicht ins Wasser gehen; sie musste die nördliche oder südliche Richtung wählen. Aber hier war ein Fall, in dem ihr Richtungssinn ihr klar befahl: südwärts! Und sie trabte vorwärts auf dem schmalen Pfad zwischen den Eisenbahnschienen und dem Zaun.

3

Katzen können sehr schnell auf einen Baum oder über eine Mauer klettern, jedoch wenn es auf Ausdauer ankommt, auf stetiges Laufen Kilometer für Kilometer, Stunde um Stunde, so fördert wohl eines Hundes Trab, aber nicht das Katzengehoppel. Kitty wurde müde und die Füße schmerzten sie. Sie dachte gerade an eine kleine Erholungspause, als ein Hund an den Zaun geprescht kam und dicht neben ihr in ein so wütendes Gebell ausbrach, dass sie entsetzlich erschrak.

Sie stürzte, so schnell sie konnte, den Pfad hinunter auf die Schienen. Das Bellen nahm zu, wurde zu einem lauten Dröhnen und Brüllen, einem fürchterlichen Donner. Ein Licht flammte auf; Kitty blickte flüchtig hinter sich und sah nicht den Hund, sondern ein ungeheuerliches schwarzes Ding mit einem flammenden Auge.

Es kam näher mit Fauchen und Spucken wie ein ganzer Hof voller wilder Kater. Sie nahm alle Kraft zusammen und rannte in einem Tempo, wie sie es ihr Leben lang noch nicht angeschlagen hatte, aber sie wagte nicht, den Zaun zu überspringen. Sie rannte dahin wie ein Hund – beinahe fliegend! Alles war vergeblich: Das Ungeheuer, das sie verfolgte, holte sie ein, aber es verfehlte sie in der Dunkelheit und sauste davon in die Nacht hinein, während Kitty nach Atem ringend hocken blieb.

Das war ihr erstes Zusammentreffen mit den seltsamen Ungeheuern, seltsam für ihre Augen; ihre Nase glaubte sie zu kennen und sagte ihr, dies wären nur die Zeichen, dass sie sich auf dem richtigen Weg nach Hause befand. Zum Glück waren die Ungeheuer sehr dumm, wie sie bald merkte, und konnten sie nicht finden, wenn sie sich schnell versteckte und ruhig verharrte. Bevor es Morgen wurde, war sie vielen dieser Art begegnet und allen unversehrt entkommen.

Vor Sonnenaufgang erreichte sie eine reizende kleine Schmutzgasse und hatte das Glück, in einem Aschenhaufen einige, wenn auch hygienisch nicht einwandfreie essbare Dinge zu finden. Sie verbrachte den Tag in einem Stall. Es war ganz ähnlich wie zu Hause; aber sie dachte nicht im Traum daran,

hier zu bleiben. Sie wurde von einer inneren Begierde angetrieben, die weder Hunger noch Furcht war.
Am nächsten Abend trottete sie weiter. Sie hatte nun die „einäugigen Donnergroller“ den ganzen Tag vorbeifahren sehen und sich an sie gewöhnt. Diese Nacht ging genauso hin wie die vorherige. Auch weiterhin verbrachte sie die Tage damit, sich in Scheunen zu verstecken, sich vor Hunden und Knaben zu hüten, und nachts hinkte sie den Bahnschienen nach, denn sie hatte wunde Füße bekommen. Aber sie wanderte, Kilometer für Kilometer, südwärts, immer südwärts – Hunde, Kinder, brüllende Ungetüme, Hunger – Hunde, Kinder, brüllende Ungetüme, Hunger ... Tag für Tag wanderte sie trotz zunehmender Erschöpfung, und ihre Nase sagte ihr als vertrauenswürdige Berichterstatterin: „Ganz gewiss ist dies oder jenes ein Geruch, den wir schon im Frühjahr auf dem Heimweg fanden.“
So ging Woche um Woche hin, und Kitty langte schmutzig, ohne blaues Seidenband, mit wunden Füßen und schwach an der Harlem-Brücke an. Obwohl die Brücke in wunderbare Gerüche eingehüllt war, liebte sie den Anblick nicht. Die halbe Nacht wanderte sie auf und nieder, ohne eine andere Möglichkeit zu entdecken, ans gegenüberliegende Ufer zu gelangen; wenn nicht diese, dann musste sie eine andere Brücke wählen. Irgendwie musste sie zu ihr zurückkehren, nicht nur ihre Gerüche waren vertraut, sondern von Zeit zu Zeit, wenn ein „einäugiger Donnergroller“ hinüberfuhr, gab es die ganz besonderen rumpelnden Geräusche, die die Sensation ihrer Frühlingswanderung gewesen waren. Sie sprang auf den Bahnkörper und glitt von Schwelle zu Schwelle. Unter ihr war das Wasser. Sie hatte beinahe ein Drittel des Weges zum andern Ufer zurückgelegt, als ein „einäugiger Donnergroller“ brüllend vom andern Ende daherkam.
Sie erschrak sehr; aber da sie inzwischen gelernt hatte, dass die Dinger nicht sehen konnten, kroch sie zu einer niedrigen Schwelle und kauerte sich hin. Natürlich verfehlte das dumme Ungeheuer sie und fuhr vorüber, und alles wäre gut gegangen; doch es kam zurück, oder ein anderes, das ebenso aussah, war nun ganz plötzlich hinter ihr. Kitty sprang auf das große

Geleise zurück und verfolgte ihren Weg in Richtung auf das heimatliche Ufer zu. Sie hatte es beinahe erreicht, als ihr ein drittes einäugiges Schreckgespenst röhrend von dieser Seite her entgegenkam. Sie rannte, so schnell sie es vermochte, aber jetzt war sie gefangen zwischen zwei Feinden. Da gab es nichts weiter als einen verzweifelten Sprung von den Schwellen in die Leere, denn sie wusste nicht, was unter ihr war! Hinunter – hinunter – hinunter – plitsch, platsch! Untergetaucht in das tiefe Wasser, nicht kalt, denn es war August, aber ach! – Schauderhaft! Spuckend und hustend versuchte sie das Ufer zu gewinnen. Sie hatte niemals schwimmen gelernt, und doch schwamm sie, aus dem einfachen Grund, weil die Katze beim Schwimmen nur dieselben Bewegungen zu machen braucht wie beim Gehen. Sie war an einen Ort geraten, den sie nicht liebte; selbstverständlich versuchte sie schleunigst hinauszukommen.
Das Resultat war, dass sie ans Ufer schwamm. Welches Ufer? Da war kein Zweifel – das südliche, das Ufer, das ihrer Heimat am nächsten lag. Sie kroch hinaus, triefnass, tropfend, den moorigen Damm hinauf und durch die Kohlen- und Schutthaufen hindurch, so schwarz, schmutzig und unköniglich aussehend, wie eine Katze nur aussehen kann.
Als der Schreck überwunden war, fühlte sich die Landstreicherin mit dem königlichen Stammbaum besser als vor dem Untertauchen. Nach dem unfreiwilligen Bad durchströmte ihren Körper eine belebende Wärme; überdies überkam sie ein ebenso belebender Triumph; denn hatte sie nicht drei der fürchterlichsten Schreckgespenster überlistet?
Ihre Nase, ihr Gedächtnis und ihr Richtungssinn machten sie dazu geneigt, auf das Geleise zurückzugehen; aber die großen Donnergroller rannten dort hin und her, und das machte sie unruhig. Ihre Klugheit veranlasste sie, sich zur Seite zu wenden und dem Ufer mit seinen nach Moschus riechenden heimatlichen Erinnerungen zu folgen.
Länger als zwei Tage lernte sie die nicht endenden Gefahren und Schwierigkeiten der Docks auf dem östlichen Ufer kennen, und endlich, in der dritten Nacht, erreichte sie vertrautes Gelände, den Platz, den sie in der Nacht ihrer ersten Flucht

gekreuzt hatte. Von jetzt an war ihr Lauf unbeirrt und schnell. Jetzt wusste sie, wo sie war und wohin sie wollte. Sie lief sicherer und fühlte sich glücklicher. In ganz kurzer Zeit würde sie in ihrem geliebten alten Hinterhof sein. Noch eine Wendung und der Block musste vor ihr liegen.

Aber was war das? Er war nicht mehr da! Kitty wollte ihren Augen nicht trauen! Dort, wo sie krumm und schief und verfallen gestanden hatten, die Häuser des Blocks, waren nur noch große Haufen von Steinen und Gerümpel neben einigen Löchern im Boden!

Kitty strich um alles herum. Sie erkannte an einem stehen gebliebenen Pfosten und an gewissen Farben des Pflasters, dass sie in ihrer Heimat war; dass hier der Tierhändler gewohnt hatte und dass dort der alte Hinterhof gewesen war; aber alles war dahin, völlig dahin mitsamt den vertrauten Gerüchen.

Kitty verfiel in tiefste Hoffnungslosigkeit. Ihre Heimatliebe war ihre bestimmteste Regung. Sie hatte alles aufgegeben, um zu einem Heim zurückzukehren, das nicht mehr existierte, und mit einem Male war die tapfere kleine Seele völlig niedergebrochen. Sie wanderte über die stummen Schutthaufen und fand weder Tröstung noch Essbares. Der Untergang hatte mehrere dieser Wohnblocks betroffen und reichte bis hinunter zum Wasser. Ein Feuer hatte es nicht vollbracht. Kitty hatte so etwas einmal gesehen. Sie konnte ja nichts wissen von der großen Brücke, die just von dieser Stelle aus errichtet werden sollte.

Als die Sonne heraufkam, war Kitty um einen Unterschlupf für sich besorgt. Ein angrenzender Block stand noch mit wenigen Veränderungen, und die Royal Analostan zog sich dorthin zurück. Sie kannte hier einige Fährten; nur eines überraschte sie unangenehm: Sie fand die Hinterhöfe von Katzen wimmelnd, die, genau wie sie selbst, von ihren alten Plätzen vertrieben worden waren. Wenn die Mülleimer herausgestellt wurden, kamen auf jeden einzelnen mehrere Katzen. Das bedeutete eine Hungersnot für die Katzen dieser Gegend.

Kitty sah sich das einige Tage mit an und wanderte dann aus, um ihr anderes Heim an der Fünften Avenue wieder zu finden. Aber ach, sie fand es leer und verschlossen. So kehrte sie in der

folgenden Nacht zu ihrem übervölkerten Hinterhof zurück. September und Oktober gingen vorbei. Viele Katzen starben an Hunger oder waren zu sehr entkräftet, um ihren Feinden zu entgehen. Kitty jedoch, jung und stark, blieb am Leben.
Große Veränderungen begaben sich mit dem Ruinenblock. Kitty beobachtete sie; es wimmelte da alle Tage von lärmenden Arbeitern.
Ende Oktober war ein großes Bauwerk vollendet, und Hinterhof-Kitty schlich, vom Hunger getrieben, an einen Eimer heran, den ein Neger draußen hingesetzt hatte. Unglücklicherweise enthielt er keinen Abfall, sondern es war – eine Neuheit in dieser Gegend – ein Scheuereimer! Eine traurige Enttäuschung; doch sie brachte einen kleinen Trost: Da war die Spur einer vertrauten Berührung am Griff. Während sie daran schnüffelte, kam der farbige Fahrstuhlführer wieder heraus. Trotz seinem blauen Anzug bestätigte der Eigengeruch des Mannes Kittys guten Eindruck. Für alle Fälle jedoch zog sie sich auf die andere Seite der Straße zurück. Er starrte zu ihr hinüber. „Oho!", rief er, „die sieht ja ganz aus wie unsere Analostan! Komm her, Kitty! Kitty! Kitty, komm doch her! Ich glaube, sie ist sehr hungrig!" Hungrig! Seit Monaten hatte sie keine richtige Mahlzeit mehr gehabt! Der Neger ging in das Haus zurück und erschien dann wieder mit einem Teil seines eigenen Frühstücks. „Hier, Kitty! Komm, Kitty!" Er legte das Fleisch aufs Pflaster und trat in die Tür zurück.
Kitty kam und fand es wohlschmeckend, schnüffelte noch einmal, ergriff es dann und entfloh damit wie eine kleine Tigerin, um ihre Beute in Frieden zu verzehren.

4

Dieser Tag war für Kitty der Beginn einer neuen Epoche. Sie kam an die Tür des Gebäudes, wenn der Hunger sie plagte, und ihre Zuneigung zu dem Neger wuchs. Sie hatte diesen Mann früher nicht verstanden; jetzt war er ihr Freund, der einzige, den sie hatte.
Einmal fing sie eine Ratte. Sie kreuzte die Straße vor dem neuen

Gebäude, als ihr Freund gerade einem wohlgekleideten Herrn die Tür öffnete.
„Da! Sehen Sie mal, was das für eine tüchtige Katze ist!", sagte der Herr.
„Ganz gewiss, mein Herr! Das ist meine Katze, mein Herr! Sie ist der Schrecken aller Ratten, Herr! Sie ist bloß immerfort hinter ihnen her, darum ist sie so mager."
„Nun, lassen Sie sie nur nicht hungern", sagte der Herr, der wie ein Großgrundbesitzer aussah. „Können Sie sie denn ernähren?"
„Der Metzger kommt regelmäßig, mein Herr, einen Vierteldollar gebe ich wöchentlich für sie aus", sagte der Neger, indem er sich insgeheim ausrechnete, dass diese famose Idee ihre fünfzehn Cent wert war.
„Geht in Ordnung", sagte der Herr, „die Kosten übernehme ich!"
Seit dieser Stunde hat der Neger von der Idee oft profitiert. Er weiß genau, dass es nur eine Frage weniger Tage ist, bis die königliche Analostan wieder zurückkehrt, wenn sie einmal verschwindet. Sie hat gelernt, den Fahrstuhl zu ertragen und gelegentlich darin hinauf und hinunter zu fahren.
Der Neger behauptet steif und fest, einmal hätte sie den Metzger kommen gehört, während sie im oberen Stockwerk war. Daraufhin habe sie den Knopf betätigt, der den Fahrstuhl heraufrief, damit er sie hinunterbeförderte.
Sie ist jetzt wieder glatt und schön. Sie ist nicht bloß irgendeine von vielen Katzen, die den Metzger umstreichen, wenn er mit seinem Wagen angefahren kommt, sondern sie gehört zu seinen Kunden.
Aber trotz ihren Erfolgen, ihrer gesellschaftlichen Stellung, ihrem königlichen Namen und ihrem gefälschten Stammbaum ist es für sie das größte Vergnügen ihres Lebens, hinauszuschlüpfen und herumzustreunen. Denn auch jetzt ist sie genau wie in ihren früheren Lebensabschnitten in ihrem Herzen nichts anderes als eine schmutzige kleine Katze aus dem Hinterhof.

GUSTAV SCHENK

Seefahrer Kador

Vielleicht wird einmal noch das Hohelied eines seltsamen, geheimnisvollen Tiervolkes gesungen, das Lied von den Schiffskatzen, die krank werden und sterben, wenn der Lärm der Häfen, der Geruch des Kais und der Schiffe sie verlassen. Unstet fahren sie mit Dampfern und Seglern von Hafen zu Hafen, sie liefern sich Schlachten in den Gassen Tampicos oder Marseilles, sie lieben, räubern, fressen und stellen sich pünktlich wieder am Hafen ein, ehe die Anker ihres Schiffes gelichtet werden. Sie riechen die Abfahrt, sie ahnen die Stunde des Abschieds, sie kennen die Dampfer der großen Linien und wissen, wohin sie fahren und wo sie landen. Kommen sie einmal zu spät, wenn die Zeit im Rausch des Kampfes und der Liebe zu rasch verflogen ist, so finden sie doch ihre schwimmende Wohnung wieder, in Sydney vielleicht oder drei Monate später in Hamburg.

Ich vergesse es nie, wie Kador das erste Mal vor mir auftauchte, riesengroß, mitten in der Nacht des Lagerraums. Ich erkannnte den grauen Helden an seiner furchtbaren Narbe, von der jeder viel befahrene Seemann erzählen kann. Sie lief über das Nasenbein und reichte bis auf den Schädel hinauf. Ich erkannte aber auch sein Fell, stählern, mit schwarzem Brustschild, den Bau des Körpers, so wie man ihn mir beschrieben hatte: hochbeinig, geschmeidig, wie der eines Jaguars.

So viel hatte ich schon von dem Ruhelosen und Streitbaren gehört. Sein Mut, seine Entschlossenheit, sein Stolz, eben sein vollkommener Katercharakter verschafften ihm bei den Seeleuten unter den Tausenden reisender Katzen einen besonderen Platz. Er war das Zeichen einer guten Fahrt. Glücklich das Schiff, dessen Planken Kadors weiche Sohlen berührten.

Er stammte aus einem kühnen Geschlecht. Nie schliefen seine Ahnen auf weichem Pfühl, und nie starben sie an der Schwäche des Alters. Ihre Leiber wurden nicht fett, ihre Muskeln nicht schlaff. Kador wurde auf einer der Inseln unter dem Winde geboren. Er, der seinen Ruhm durch jeden Hafen der Welt trug, der den Geruch der Schiffe zwischen San Franzisko und Colombo, zwischen Aden und Singapur kannte, hatte zur Mutter eine edle Afrikanerin, die aufgewachsen war im Exil von Marseilles und ermordet, fünf Jahre später, von zwanzig algerischen Bastarden in Oran.

Zwölfmal hatte der unermüdliche graue Held sein Schiff verloren, und zwölfmal fand er es in den verlorensten Gegenden der Welt wieder. Zwölfmal war Kador vor Kummer krank gewesen, denn die Gewohnheit war auch für ihn eine große Macht. Dass er sich immer wieder auf den Planken des holländischen Dampfers „Over Flake“ einfand, war sicherlich nicht nur Zufall. Ein rätselhafter Wille führte ihn in seine heimische Welt zurück, zurück zu seinem Kapitän, der es nicht über sich brachte, laut zu schreien und Kadors empfindliches Gehör zu verletzen. Immer wieder führte es ihn zu den Matrosen, die ihn nicht plagten und denen vor Freude das Herz klopfte, wenn das Tier mit erhabener Gleichgültigkeit, so, als sei es nie fort gewesen, nach langer Zeit wiederkam.

Nun hatte Kador sein Schiff in Rio verloren. In langsamer, stürmischer Fahrt waren sie von den Westindischen Inseln gekommen, und die Matrosen waren so landhungrig wie die Kater. Zwei Tage blieb Kador fort. Am dritten Tag kam er, besah sich sein Schiff genau, ohne die Menschen darauf zu beachten, und rannte wieder eilig davon, als hätte er noch etwas vergessen. Wenige Stunden danach – die „Over Flake“ war schon in See gestochen – ließ er sich wieder am Kai blicken, beroch eifrig mit geducktem, sprungbereitem Leib Steine, Taue, Drahtseile, altes Eisen, Papier und Stroh, das von der Landung hier liegen geblieben war. Von da an hatte er keinen Sinn mehr für Fraß und Liebe, bis er sich, wie man mir berichtete, auf einem schwedischen Segler niederließ, in Kapstadt das Schiff wechselte und mit einem französischen Frachter nach Algier kam.

Die Mannschaft hatte ihn verwöhnt und gut verpflegt. Aus Kisten und Baumwolle hatten sie ihm eine Schlafstelle gebaut,

obgleich er sich doch nur oben auf der Kommandobrücke im Schatten des Sonnensegels zusammenrollte. Man hatte ihm, der an Bord als guter Geist galt, unnütz viel geopfert: Bequemlichkeit, Schlaf und die besten Bissen vom Mittagstisch. Doch er war mürrisch, zänkisch, peitschte oft und ohne Grund mit der Rute durch die Luft, fraß nicht viel und ließ sich nicht berühren.
Man erriet, was ihm fehlte: sein Heimatschiff, das oft jahrelang von Holland fortblieb, von Hafen zu Hafen zog und Fracht nahm, wo es sie bekam. Ein Stromer, ein Vagabund war die „Over Flake", die einmal in Brindisi anlegte und dann wieder in Sansibar, so regellos, wie es die Geschäfte mit sich brachten.
So fuhr Kador missmutig, gereizt, mit schmalem, abgezehrtem Leib in Algiers Hafen ein. Er hockte, ein großer, grauer Fleck mit weit geöffneten braunen Augen, auf der Brücke neben dem Kapitän. Mit verlorenem Blick sah er über die vielen Schornsteine. Er roch das Eisen der Schiffe, die langsam vorüberzogen, den Dunst des Teers, den atemraubenden, schwarzen Kohlenwind. Jede Planke roch anders, jedes Segel, jeder Mast hatte seinen eigenen seltsamen Atem.
Dann aber sprang er plötzlich, als schmerzte ihn etwas, zur Seite, sauste im gleichen Augenblick über das eiserne Gestänge der Treppe und stürzte in zwei, drei Sätzen an Deck. Einige Male lief er ratlos an der Reling hin und her, enterte dann den Lademast, balancierte auf der Rahe entlang, duckte sich und sprang mit einem mächtigen Satz auf das Deck eines vorüberfahrenden Schleppers.
Nun begann die große Jagd auf Kador. Von allen Seiten hatte man den Sprüngen des Tieres mit Spannung zugesehen und wusste auch bald, was es wollte: In der Nähe des Schleppers fuhr ein Dampfer vorbei, zum Hafen hinaus und steuerte hart an der Mole entlang. Es war die „Over Flake".
Die Reling war besetzt mit schreienden, aufgeregten Leuten, die Kador zusahen. Der sprang gerade auf eine Kohlenbarke und sah sich im Rennen und Stürzen nach dem Dampfer um, eilig und konzentriert, als wolle er sich vergewissern, ob das Schiff noch da sei.

Ein Kohlenboot lag hinter dem anderen, Kador nahm sie alle in langen, federnden Sätzen, mit dem Schwanz steuernd, wenn er zu tief fiel. Doch am Ende der Leichterreihe, schon auf dem Kai, erwarteten ihn böse Dämonen: eine Gruppe arabischer Hafenarbeiter, die mit Tüchern, Händen und Köpfen, mit ausgedörrten, staubigen Leibern und Beinen Kador den Weg verstellten.

Wütend, aufgeregt und im Schwunge der hitzigen Fahrt fegte er in das Knäuel der gefährlichen, hochbeinigen Wesen, wurde aber gleich darauf aufgehoben, von vielen Händen festgehalten, gekniffen und gezerrt. Er schrie auf, so heiser, gellend, dass sogar die Leute auf der „Over Flake“ erschraken. Er riss seine Pfoten aus den Schrauben der heißen Finger, hieb irgendwo in die Gesichter ringsum hinein, kratzte mit gespreizten Krallen von oben nach unten, zerfetzte dort ein Ohr und da ein Auge, und ehe er sich versah, wurde er fallen gelassen.

Einen Augenblick stand er benommen allein auf dem Platz, immer noch fauchend und knurrend, während die braunen Gesichter davonstoben. Dann aber raste er, sich herrlich biegend, schwebend fast, um das Rechteck des Hafens zur Mole. Man sah seine Sohlen nicht die Erde berühren. Der Schädel bildete mit dem Rücken eine Linie. Dann und wann, wenn er im Sprung ein Hindernis nahm, flog er durch die Luft, ein Geschöpf aus fremder Welt. So erreichte er die Mole an der Hafeneinfahrt, aus der eben die „Over Flake“ steuerte.

Kador stand nun am äußersten Ende des Bollwerkes, lief, das Maul in der Erschöpfung aufgesperrt, unsicher hin und her. Er miaute einmal, leise und ganz kläglich, sah mit verbogenen Ohren hinunter in das Wasser, zum Dampfer hinüber und ratlos auf seine Pfoten und stürzte sich dann mit plötzlichem Entschluss ins Meer. Er sank unter, tauchte auf, schwamm mit weit aufgerissenen Augen und angelegten Ohren hinter dem Schiff einher, eilig mit den Pfoten rudernd.

Die „Over Flake“ drehte bei. Ganz Algier stand am Hafen und sah dem Schauspiel zu, wie ein verrückter Kapitän um einer Katze willen sich aufhalten ließ. Niemals mehr hätte man den holländischen Kapitän ernst genommen, wenn es nicht Kador gewesen wäre, für den er auch noch ein Boot aussetzte, um das Tier zu bergen.

Oben wickelte man den Kater in eine Decke, ließ Milch wärmen, fütterte ihn und klopfte ihm bewundernd auf den starken, noch vom Meerwasser feuchten Rücken.

Gleich darauf besichtigte Kador das ganze Schiff, beroch das Gangspill, die Ketten, die Planken, die Kojen der Leute, stieg hinunter in den Heizraum, sog den Dunst der Kohlen und des Öls ein und war dann erst bereit, sich von der Mannschaft hinter den Ohren kraulen zu lassen. Noch im Halbschlaf rollte aus seiner breiten Brust die Musik eines himmlischen Wohlbehagens.

SVEND FLEURON

Makolfus

Unfrieden und Lärm erfüllten den ganzen Hof. Der Hund kläffte, die Hähne gerieten sich in die Haare, und auf jeden Ruheplatz in der Scheune und auf dem Heuboden erhoben die Gackelhühner Anspruch. Makolfus konnte weder oben noch unten bleiben, wurde beständig aufgescheucht und musste sich Laune und Verdauungsfrieden stören lassen – er strebte hinaus, den Kornduft einzuatmen und sich in der freien Natur zu tummeln.

So war es sein Lebtag gewesen! Seit er als junger Kater auf den Hof gekommen war, hatte dieser Trieb nach draußen ihn gezwackt. Er wurde davon überfallen, wenn er nichts ahnend im Heu lag und schnarchte ... schon das Sausen des Windes in den alten Scheunenbirken zog ihn.

Auf dem Hof war er scheu und tückisch. Ein mürrischer Ausdruck verdüsterte sein Gesicht – er fühlte keine Lebensfreude in sich. Draußen verschmolz er mit Erde und Himmel, er trat sozusagen aus seinem eigenen Fell heraus und verschwand vor sich selber. Nicht er war es, Makolfus, der am Rain entlangschlich, er hatte neue Pfoten bekommen, neue Augen, ein neues Gemüt.

Er huscht am Stallflügel entlang und hüpft auf leichten Zehen über den Abfluss des Schweinekobens. Das Geschrei aus einem Rudel kleiner Ferkel spornt ihn zu größerer Eile an. Mit einem Husch ist er unter der Gartenhecke verschwunden; an dieser führt sein Wechsel entlang. Hier trottet er bedächtig dahin, genießt das Wispern des Laubes und das sorglose Zwitschern der nichts ahnenden Spatzen. Er kommt allmählich in Stimmung und fühlt sich überzeugt davon, dass er an diesem Morgen eine ungewöhnliche Beute machen wird. Da tönt ein erstes Zickern auf, das nächste folgt, und wenige Augenblicke später hat er das geflügelte Wächtervolk um sich. Er kann nicht eine Wendung machen, nicht einen Abstecher – die Drosseln

folgen ihm und verkünden laut schreiend, dass er auf dem Jagdpfad ist.
Er ist daran gewöhnt, dass alle von ihm reden. Der Kettenhund, ja der ganze Hühnerhof stimmt ein, sobald er sich zeigt: Passt auf, da wird gebelfert und gegackert ... der Schurke, der Dieb, der Bandit!
Aber seinen Ohren schmeicheln diese Rufe eher. Wie Ehrensignale klingen sie, wie prächtige Fanfaren wirken sie auf ihn: Heil dir, Makolfus, Meisterkatze, Großjäger!
Er weiß, wohin er will: den Feldweg am Roggenschlag hinaus zu den Tümpeln. Und während die Huldigungen hinter ihm allmählich verstummen, läuft er auf der Räderspur dahin, die sich tief eingegraben hat ... nach Fuchsenart, auf niedrigen Läufen mit niedergehaltener Lunte.
Seine Grundfarbe gleicht dem Grau des Nebels; um aber die Gestalt noch weiterhin zu tarnen und unbestimmt erscheinen zu lassen, sind über seinen ganzen Pelz schwarze Schattenstreifen gezogen. Sie beginnen über den Augen und laufen zwischen den Ohren zu Bündeln zusammen; dann verlieren sie sich als Andeutung an Rücken und Flanken entlang, runden sich um die Schenkel zu Bögen, an den Vorderläufen und um den Hals zu Ringen.
Hin und wieder duckt er sich, reckt vorsichtig den Hals und steckt seinen kugelförmigen Kopf über die Räderfurche, während die dreieckigen Ohren jeden Laut verschlingen. Die Lerchen tirilieren im Blau. Der Hauch der Felder steigt ihm in die Nase mit Brodem und Korngeruch, sein Gemüt beginnt zu schwellen von den üppigen Harmonien der weiten Felder, die ihn betören und reizen. Er ist mit Fängerwonne geladen, wieder fühlt er sich eins mit seiner wahrsten Natur.
Jeder kleine Verdruss vom Hofe ist vergessen, das offene Feld gleitet ihm geradewegs ins Herz. Ein feines Piepsen aus einem Grasbüschel – und er sperrt die runden Augen auf und gleicht nun plötzlich einer Horneule. In seinem aufgeweckten Gesicht gewinnen Kühnheit, Mut und Verschlagenheit die Oberhand über ein gewisses jugendliches Erstaunen, das bislang in seinem Mienenspiel verborgen lag.

Vor einem Loch am Wegrand beginnt er mit der Schleichjagd! Seine Schulterblätter stehen wie Knoten empor und bilden einen tiefen Becher im Halsfell. Er sperrt die Augen weit auf; auch die nach unten weit verbreiterten Gehörtrichter öffnen sich, um jedem feinsten Rascheln im Grase freien Einlass zu gewähren. Hin und wieder durchfährt ihn ein kleiner, nervöser Ruck.
Plötzlich wiegt er sich auf langen, weichen Pfoten ein paar Mal hin und her. So ... jetzt ist er gesprungen! Es kribbelt etwas zwischen seinen Vorderpfoten, er nimmt die Zähne zu Hilfe und richtet sich mit der Beute im Maul triumphierend auf. Er muss das kribbelnde Gefühl noch einmal spüren; deshalb wirft er die Maus in die Luft, packt sie und wirft sie von neuem, lässt sie ein wenig im Grase laufen und macht sie mit einem geschmeidigen Sprung abermals zur Beute. Dann verschlingt er sie in ein paar Happen.
Wie schmecken Mäuse doch lecker!
Makolfus war noch so jung. Mager und mit hohen Läufen, mit einem Schwanz, so lang wie er selbst. Brust und Bauch von derselben Dicke, sein ganzer Körper wie ein windgefüllter Strumpfschaft und das Fell auf Zuwachs berechnet. Die Ohren an dem runden Kopf erschienen unverhältnismäßig groß, und die grüngelben Augen mit dem schlauen Blick standen auffallend schräg. Zog man eine Linie von den Ohren bis zu seinem Maule, dann hatte man die Längenachse der Pupillen. Im Tageslicht waren sie schmal und standen wie ein feiner schwarzer Strich im Grüngelb; wenn aber die Dunkelheit hereinbrach, dann weiteten sie sich und erfüllten das ganze Auge.
Er sah so aus wie alle Katzen, als er vor einem Augenblick nur an den Hofmauern entlangzottelte. Jetzt aber – welche Spannung, welches Spiel der Muskeln in diesem jungen Katzenleib! Bereit zu allem – Fang, Flucht, Streit, Narrenpossen.
Ein Sandwall läuft am Roggenfeld entlang, in den Blumenschmuck des Herbstes gekleidet, und viele Mauselöcher gähnen aus der trockenen, steinigen Lehne; aber jetzt, am helllichten Tage, mitten in der Sonnenglut, will er sich nicht dazu verleiten

lassen, noch länger auf eine kümmerliche Maus zu lauern. Ein Junghäschen, eine Nestschale voll junger Vögel – dergleichen zieht ihn an!

Er hüpft zwischen die Halme. Zottige, langbeinige Spinnen eilen rastlos vor ihm ins Versteck. Mücken umsummen ihn und bringen die Luft um seine empfindlichen Augenpinsel in Wallung. Er schlägt nach ihnen und reibt sich den Kopf mit der Pfote. Das Geflimmer der schwankenden Äste und das Chaos der schwarzen, ständig weichenden Stengelschatten ist dazu angetan, ihn zu verwirren. Der Wind geht über seinen Kopf hinweg und wallt hin und wieder einmal kühlend um seinen Bauch; dann setzt der Kater sich nieder und reißt den Rachen vor Wohlbehagen auf.

Welcher Bart! Die Schnurrhaare stehen so dicht und sind so borstig, dass sie die breite Mundspalte, die bis ganz zu den Ohren reicht, fast verbergen. Wie eine schwarze Naht ist sie anzusehen, wenn sie geschlossen ist; jetzt, wo er den Rachen öffnet, nimmt man den Schimmer einer roten, rauen Zunge und zweier langer, weißer Dolchzähne wahr.

Er geht weiter und untersucht genauestens alle Steine und Höhlungen auf seinem Wege. Jeder Knochen arbeitet sichtbar unter dem Fell, während der Rücken schaukelt und der Schwanz in einem Bogen nachschleppt. Nur der Hals ist gestreckt und die Ohren sind wachsam nach vorn gerichtet – er fängt jeden Laut aus vielen Metern Abstand auf.

Die Pfoten werden eine nach der anderen auf die Erde gesetzt, aber die Erde flüstert nicht zurück; er geht wie auf Kissen mit eingezogenen Krallen, so leise, dass er seinen eigenen Schritt nicht hört.

Im Geschwindschritt erreichte Makolfus den Rand des Kornfeldes: Die Tümpel lagen vor ihm, eine Wirrnis von Stängeln und Blättern, ein dichteres Versteck, weit dichter als die Roggenäcker. Dort drinnen würde er mit Leichtigkeit ein paar Wasserjungfern fangen und sich mit den Pfoten einen kleinen Fisch an Land haken ... Schleimig war der allerdings, und gut riechen tat er auch nicht, aber er schmeckte dafür umso besser.

Ein gewundener Pfad führte an einer Viehhürde entlang zu einer Landzunge – hier draußen erlebte er ein Abenteuer.
Das stille braune Wasser war von Sonnenglut übergossen und auf dem Spiegel schwammen große Teichrosenblätter. Makolfus war noch so unwissend, dass er meinte, er könne sie genau wie das Rohrhuhn als Brücke benutzen – pfui, da sanken sie unter ihm, und er schluckte gehörig Wasser. Glücklicherweise war es lauwarm!
Schnell sprang er auf den Lattenzaun der Hürde. Er zog seinen langen Harmonikakörper zu einer Kugel zusammen und saß und lauschte und schaute. Schilfhalme und Seggenbüschel weit umher. Blesshühner zankten sich im Röhricht, kleine Vögel flogen aus und ein. Wenn sich nur einer auf den Zaun setzte, dann wurde der Kater zappelnd lebendig. Er schlich sich an den Latten entlang gleich einem langen grauen Nebelfetzen; man sah kaum seine Beine. Kühn war er und schnell ging es; er war im Augenblick des Zupackens immer so entschlossen. Darum erreichte er auch etwas.
Minute für Minute konnte er auf der Lauer liegen, die Stunden flogen ihm davon. Er war eins mit den Latten, ihnen schenkte er sein Vertrauen und das ungeteilte Interesse aller seiner Sinne. Ein kleines behendes Wichtchen, sehr hell, fast grüngelb um die Backen, hoppelt auf dem niedergetretenen Viehwechsel daher. Es schnuppert kritisch an der Krauseminze und schaufelt geheimnisvolle Wurzeln in sich hinein. Die kleinen schwarzzipfligen Löffel bewegen sich um die Wette mit den Kiefern. Nicht einen Augenblick kann das Wichtchen stillsitzen. Bald klatschte es gegen den Erdboden, bald macht es einen Satz, indem es den Hinterleib hochschnellt – hier ist Überschuss an Morgenfrische und Mutwillen.
Das Junghäschen hat anderes im Kopf, als in die Luft zu gucken, was auch seiner Natur ganz zuwider wäre. In seinen unberechenbaren, geradezu humorvollen Fresssprüngen hoppelt es am Zaun entlang.
Als es jetzt halbwegs an Makolfus vorbeigekommen ist, springt er drauflos und lässt sich erbarmungslos mitschleppen, während er das arme Wichtchen mit den Hinterbeinen kämmt. Der

Hase schreit und Wollbüschel wirbeln hoch – aber der Ritt wird nur kurz sein.
Der Kater verbarg sich schleunigst im Stängelgewirr. Man hörte ein Knurren und Krachen von Knochen. Als er wieder zum Vorschein kam, schluckte er noch ein paar Mal. Aber jetzt war er satt und strich auf seinem gewöhnlichen Schlupfwege zu einem sonnigen Plätzchen hinter einem Knick.
Hier verschlief er den Rest des Tages. Erst als die Nachmittagssonne hinter die Bäume glitt und Schatten um ihn hochwuchsen, erwachte er aus seinem Schlummer. Die schwarzen Pupillen standen schmal wie Messerklingen in seinen Augen.
Dann jagte er wieder ... den ganzen Abend, die halbe Nacht. Als der Morgentau fiel, kroch er in einem der alten, hohlen Bäume hinter der Scheune in die Höhe. Das einlullende Flüstern des Birkenlaubes tat seinen Ohren wohl, eine große und schöne Harmonie strömte aus dem stummen Baum tief in seine Seele ein.

Phyllis Briggs

Schnurrs Abenteuer

Fauchend vor Wut über die erlittene Demütigung stürmte der Kater durch den Wald. Er achtete nicht des Weges, noch wusste er, wohin er ging. Die Lust auf ein gutes Nachtmahl war ihm vollständig vergangen. Vergessen war auch die liebevolle Sorgfalt, mit der ihn sein Herr stets umgeben hatte, vergessen das gestrige Abenteuer mit Barry, dem Hund, und die nachträgliche Befreiung aus misslicher Lage, die er einzig und allein dem Jungen verdankte. Peter hatte ihn geschlagen, und Prügel sind etwas, das eine Katze nicht so leicht vergisst. In des Katers Herz war nur Hass gegen den Jungen und Abscheu für alles, was mit dem Föhrenhaus und seinen Bewohnern zusammenhing.
Doch da auch der ärgste Zorn einmal verraucht, wurde das Tempo von Schnurrs wilder Jagd nach und nach gemäßigter. Plötzlich stand er vor einer Felsenspalte, und ohne lang zu überlegen, kroch er hinein. Unbeweglich und mit geschlossenen Augen lag dann der Kater den ganzen Nachmittag in seinem Versteck. Draußen kündigten lange Schatten den herannahenden Abend an. Langsam überkam auch Schnurr ein Gefühl der Ruhe, zugleich verspürte er Hunger. Jenseits der schmalen Öffnung war eine ihm unbekannte Welt, in der es nun galt, etwas Essbares aufzutreiben. Der Gedanke, in das Föhrenhaus zurückzukehren, erfüllte Schnurr mit Widerwillen. Es war der Ort seiner Schande gewesen, wo Peter ihn bestraft hatte, als sei er ein ungezogenes Kätzchen. Sich behutsam aus der Höhle heraustastend, prägte Schnurr sich die Lage des Versteckes gut ein. Es war notwendig, einen sicheren Unterschlupf zu haben, wenn man nach den Mahlzeiten ruhen wollte. Vorderhand gab es allerdings noch nichts zu essen, und es sah nicht aus, als würde bald etwas Jagdbares daherkommen. Überdies war Schnurr noch immer ein Fremdling in diesen unendlichen Wäldern. Bei jedem Geräusch fuhr er erschrocken zusammen.

War es nicht viel wahrscheinlicher, dass er, anstatt Beute zu finden, von einem Stärkeren angefallen werden würde? Mit hängenden Ohren, den Körper so eng an den Boden drückend, dass die dürren Blätter aufrauschten, bewegte sich Schnurr vorwärts. Irgendwo knurrte eine Wölfin im Dickicht. Mit einem gewaltigen Sprung, als sei eine Granate unter ihm geplatzt, machte sich Schnurr davon. Die Wölfin verzog sich, ohne den Kater zu beachten. Schnurr fasste neuen Mut. Jedenfalls gab es hier Geschöpfe, die ihn ebenso fürchteten wie er sie. Diese Erkenntnis erhöhte das Selbstvertrauen, wenn sie auch die Lage nicht wesentlich beeinflusste. Das Zusammenleben mit den Menschen hatte Schnurr vieler seiner natürlichen Fähigkeiten beraubt. Noch manches war zu lernen, ehe man den Hunger stillen konnte. Alle Tiere des Waldes jagten oder wurden gejagt. Das Unheimliche daran war nur, dass dies alles lautlos geschah, während der Wind in den Bäumen raunte oder Regen vom Himmel fiel.
Schnurr hatte jetzt den Wald verlassen und spazierte am Rande des Hochmoors entlang. Ein Wesen mit elastischen Hufen, einem ungeheuren Schädel, mächtigen Hörnern und wulstigen Lippen graste in einiger Entfernung. Es sah wie ein Pferd aus, hatte aber kein Geschirr, wie es der Kater von der Stadt her kannte. Der zehnjährige Elchbulle, dessen voll entwickeltes Geweih im August fast einen Meter im Durchmesser haben würde, nahm von Schnurr überhaupt keine Notiz. Seine Äsung waren die saftigen Wasserpflanzen des kleinen Flüsschens, das das Moor durchfloss. Ein andauerndes Plätschern und Schlurren verriet, dass der Elchbulle sich das Abendessen gut schmecken ließ.
Schnurr zog es vor, sich unauffällig zurückzuziehen. Langsam gewöhnte er sich jedoch daran, anderen Tieren zu begegnen. Ein Fuchs schnürte im Unterholz, witterte in der Richtung der großen Katze, entschloss sich aber, anderswo nach einer Mahlzeit Umschau zu halten. Ein gutmütiger alter brauner Bär, der seinen Hunger an einem Abfallhaufen gestillt hatte, kam dahergetrottet. In weiter Ferne bellte ein Wolf, der das Moor nach einem fliehenden Hasen absuchte.

Bei jedem Geräusch fauchte der Kater bösartig. Immer wieder floh er vor vermeintlichen Feinden. Am liebsten hätte er das Jagen aufgegeben, aber der Hunger wurde immer größer. Trotzdem dachte das Tier keinen Augenblick daran, zu Peter zurückzukehren. Der Zauber der Wildnis hatte Schnurr ergriffen, hatte Gefühle wachgerufen, die nicht mehr zu unterdrücken waren. Nur zu essen sollte man haben!
Die längste Zeit trieb Schnurr sich nun schon ohne Erfolg umher. Da, am Rande einer Lichtung wehte ihm endlich eine wohl bekannte Witterung entgegen. Es roch nach Maus, aber süßer und sauberer als in der Stadt. Schnurr pirschte sich an die Wühlmaus heran, als hinge sein Leben davon ab. Regen fiel jetzt in warmen Schauern nieder, ein Umstand, der Schnurr in seinen Bewegungen hemmte. Dass er seine Beute doch erwischte, hatte er einzig und allein der Unvorsichtigkeit der Maus zu verdanken. Das Tierchen hatte nicht den Warnungsruf seiner Mutter abgewartet, ehe es sich bewegte, und rannte blindlings ins dichte Gras. Die Rispen der hohen Halme schwankten verräterisch, und in der nächsten Sekunde hatte Schnurr sein Opfer gefasst. Es war eine gute Beute, das Fleisch schmeckte vorzüglich, nicht ranzig, wie das der Stadtmäuse, die sich von Abfall nähren. Nichts als das Schwänzchen des Mäusekindes blieb schließlich übrig. Warum Schnurr dieses nicht verzehrte, bleibt ungewiss. Doch setzte er die Jagd auf Leckerbissen fort und erwischte noch zwei Mäuslein. Dann fühlte sich der Kater gesättigt. Seinen Durst löschte er an einer klaren Quelle, die aus einer Felswand hervorsprudelte. Er war nun restlos glücklich.
Diese kleinen Raubzüge waren so recht nach Schnurrs Geschmack. Sie bewiesen, dass er sich auch unter schwierigen Lebensbedingungen zurechtzufinden verstand. Jetzt sollte der Ruhe gepflogen werden, und zwar gleich an Ort und Stelle. Die bis an den Boden reichenden Zweige einer Tanne boten den gewünschten Schutz gegen Regen und Wind. Unter diese verkroch sich der Kater. Behaglich schnurrend lag er da, während um ihn das vielfältige Leben des Waldes pulsierte. Der Ruf des Tauchers klang vom offenen Marschland herüber, irgendwo brach ein Bär auf der Suche nach fetten Maden durch das

Unterholz. Wärme und Müdigkeit ließen den Kater bald einschlafen. Der Wind strich sachte über das seidige Fell des ruhig atmenden Tieres.
Nach und nach kam eine seltsame Unruhe über Schnurr. So undeutlich war das Gefühl, dass sich der Kater nicht gleich zurechtfand. Sollte es das volle Bäuchlein sein, das ihn störte? Da, mit einem Mal wusste er, was es war. Gefahr drohte ihm, unmittelbare Gefahr! Unter gleichen Umständen wäre ein Hase längst davongejagt, wissend, dass Zögern den Tod bedeutet. Aber der Kater rührte sich nicht, sondern spähte in das Unterholz. Kein Laut drang aus der Finsternis zu ihm, und so ahnte er nicht, dass er sein Leben in einer Weise aufs Spiel setzte, wie man es kein zweites Mal in dieser Bergwelt wagen darf. Schnurr war eben noch zu sehr Neuling in der Wildnis, um alle jene merkwürdigen Empfindungen zu verstehen, die die Menschen beim Tier Instinkt nennen. So wusste er auch jetzt nicht, dass ihn ein hinterlistiger Feind verfolgte.
Zwei winzige Punkte, bald da, bald dort auftauchend, wie eben das Wiesel sich duckte oder hochging, leuchteten aus dem Dunkeln. Der kleine Räuber war schon die längste Zeit dieser neuen, viel versprechenden Witterung nachgelaufen. Das würde eine leckere Mahlzeit abgeben! Da erkannte endlich auch Schnurr die Gefahr. Ein heftiges Zittern ergriff ihn, dass er sich kaum weiterbewegen konnte. Wie gebannt blickte er auf die unheimlichen roten Punkte, plötzlich verschwanden sie. – Das Wiesel verbarg sich im dichten Gras – und diesen Augenblick benützte Schnurr zur Flucht. In großen Sprüngen jagte er über das Moor dahin, verfolgt von einem Feind, der ihm nach dem Leben trachtete. Wir harmlos war Barry dagegen gewesen! Ein Hund lässt sich einschüchtern, indem man ihn zum offenen, ehrlichen Kampf stellt. Doch dieses Raubtier da kroch lautlos nach, heftete sich an die Spur, ließ sich weder einschüchtern noch vertreiben.
Nachdem Schnurr ungefähr hundert Meter zurückgelegt hatte, blieb er stehen. Sein Atem ging in kurzen Stößen, seine Flanken zitterten. Um ihn herum war tiefster Friede. Da ... da ... blitzten sie wieder, diese unheimlichen Lichter! Schnurr miaute

jämmerlich, als diese Augen immer näher und näher kamen. Doch der erste Schreck war vorbei, der Kater rannte nicht mehr blindlings davon, sondern auf die Felsen zu, die ihm Deckung gewähren würden. Dort wartete er, und das war sein Fehler. Ein Glück nur, dass ihn ein Wiesel jagte und nicht ein Wolf! Schnurr wäre verloren gewesen in seiner Sucht, mit dem Feind kämpfen zu wollen. Im Wald kommt es eben darauf an, seinen Gegner zu überlisten, eine Kunst, die der Kater noch nicht genügend beherrschte.

Die Hinterbeine fest an den Boden pressend, bereitete sich Schnurr zum Sprung vor. Sein Herz klopfte unregelmäßig, als die roten Punkte neuerlich auftauchten. Näher und näher kam das kleine Biest. Schon vernahm man leises Rascheln im dürren Laub ... Schnurr konnte nicht länger an sich halten, er sprang aus der Deckung und schlug mit der Pfote zu. Aber er hatte sich verrechnet. Der Gegner wich behend aus, indem er direkt an Schnurr vorbeisprang. Damit war aber ein Angriff von der Flanke aus gegeben. In der nächsten Sekunde saß der Wildling dem Kater im Nacken und saugte sich an ihm fest wie ein Blutegel.

Das Wiesel hatte diese Art des Angriffs unzählige Male angewendet und dabei so manchen Hasen besiegt, der zumeist aus Angst wie toll dahinschoss, um endlich kraftlos zusammenzubrechen. Aber Schnurr blieb geistesgegenwärtig, und es zeigte sich, dass nicht nur er Irrtümer beging. Diesmal war es das Wiesel, das daran glauben musste. Der Kater wehrte sich verzweifelt. Obwohl er seinen Angreifer nicht beißen konnte, so hatte er doch die Pfoten frei und bearbeitete den kleinen Blutsauger mit den Krallen, dass dieser vor Schmerz schrie. Ein furchtbares Ringen begann zwischen den beiden Tieren. Sie kollerten ins Gras, und die sehnigen Körper fest aneinander gepresst, kämpfte jedes um sein Leben. Aber Schnurr blieb Sieger. Bewegungslos lag das Wiesel endlich vor dem Kater, der einen Triumphgesang anstimmte. Kein Elch nach einer kampfdurchtobten Herbstnacht, wenn die Bullen um die Vorherrschaft im Revier kämpfen, hätte stolzer auf seinen Sieg sein können als Schnurr. Todmüde kroch er in eine Felsenhöhle zurück und träumte, auf der Erde liegend, von künftigen Heldentaten. Peter war vollkommen vergessen.

Der Wildkatze, Kater Schnurrs Schritt war nun weich und lautlos geworden wie der des Iltisses. Er verstand es, sich vor dem Feind zu tarnen, dass dieser nicht einmal die grünen Augen wahrzunehmen vermochte; und wer behauptete, das Anspringen sei kein Hochgenuss, der verstand eben nichts von den Gefühlen eines wilden Katers.

Natürlich gab es immer wieder Rückfälle, wie damals, als der Wolf ihn verfolgte und er ins offene Land flüchtete, anstatt auf einen Baum zu klettern. Aber bei jedem Fehler, den Schnurr beging, lernte er zu. Schon lange fürchtete der Kater das blutgierige Wiesel nicht mehr; er kannte zumindest fünfzig verschiedene Arten, es zu jagen, so dass mancher dieser kleinen Räuber wünschte, es wäre dem Kater nie in die Quere gekommen.

Nur eines vermisste Schnurr: Bewunderung für seine neuen Fähigkeiten. Denn wenn der Kater auch wild tat, im Grunde war er doch eine Schmeichelkatze und brauchte jemanden, der ihn verwöhnte. Manchmal empfand Schnurr direkt Sehnsucht nach Peter, und diese trieb ihn oft in die Nähe des Föhrenhauses. Der Junge ahnte ja nicht, dass sein Liebling ihm beim Holzfällen zusah, sich seelenruhig Pfoten und Fell säuberte, während er sich plagte. Aber wenn Schnurr den Ruf seines Herrn auch vernommen hätte, gekommen wäre er nicht. Der Kater hätte höchstens mit der Säuberung einen Augenblick lang ausgesetzt.

Eines Tages im Frühsommer spürte Barry den Kater auf. Schnurr war ein wenig nachlässig gewesen, denn er hatte eben einen harten Kampf mit einer Eule ausgefochten, als er plötzlich dem Hund gegenüberstand, der ihn übrigens sofort verbellte, dass es in den Wäldern widerhallte. Ach, einmal sich so recht in diesen unausstehlichen Kater verbeißen zu können, das wäre nach Barrys Geschmack gewesen. Der Hund näherte sich einem Wacholderbusch, unter dessen Zweigen Schnurr gemächlich lag. Der Kater sah Barry völlig gleichgültig entge-

gen. Längst hatte er gelernt, dass man bei einem Feind, den man einschüchtern will, Gleichmut bewahren muss. Barry blieb stehen und machte ein dummes Gesicht. Die Vorderbeine flach auf den Boden gepresst, die hinteren hochgestellt, erweckte der Hund eher den Eindruck, als mache er vor Schnurr eine Verbeugung. Doch auch ein neuerliches Verbellen ließ den Kater ungerührt. Barry wurde verlegen. Was macht man mit einem Feind, der keine Furcht zeigt, sondern einen immer nur anstarrt? Ein drittes Mal versuchte der Hund Schnurr durch heftiges Bellen zu beeindrucken. Der Kater gähnte gelangweilt, als wollte er sagen: Was soll der zwecklose Lärm? Willst du kämpfen, dann komm heran. Mir soll es recht sein. Eine Weile saßen sie einander gegenüber. Barry begann vor Ungeduld und Aufregung zu keuchen, wobei sein ganzer Körper zitterte. Der Kater grinste. Wozu verschwendete dieser Hund so viel Kraft? Ausgesprochen dumm von ihm. Bedächtig ließ Schnurr die Zunge über seinen Rücken gleiten. Man würde ja sehen, was dieses bellende Geschöpf vorhatte.
Mittlerweile war Barrys Haltung beinahe demütig geworden. Bewundernd sah er auf den Kater, dessen Fell wie poliertes Ebenholz glänzte. Und weil Hunde gern alles nachmachen, ließ Barry sich auf seine Hinterbeine nieder und leckte an einer kleinen Wunde, die er sich beim Durchkriechen eines Strauches wilder Rosen gerissen hatte. Schnurrs Ohren zuckten. Ein Gefühl der Überlegenheit überkam ihn. Er hatte gewonnen, hatte Barry kampflos besiegt.
Wie ungeschickt der Hund doch seine Wunde behandelte! Die Zunge streifte dabei den Boden und brachte Sand in das offene Bein. Sand drang auch in Barrys Schnauze, zwischen die elfenbeinweißen Zähne und dadurch neuerdings an die entzündete Stelle. Der Kater streckte sich mit besonderer Sorgfalt, machte einige Schritte auf Barry zu, dessen Kampfgeist augenblicklich völlig erlahmt war. Nur das schmerzende Bein war wichtig. Immer näher kam Schnurr an den Hund heran. „Was willst du?“, schien dieser zu fragen. Schnurrs Annäherung war Barry nicht ganz geheuer, er wusste nicht, was er davon halten sollte. Also wendete er sich wieder seiner Wunde zu. In die gutmüti-

gen Hundeaugen kam ein Blick vollkommener Hilflosigkeit. Immer mehr näherte sich Schnurr, und wenn der Kater jetzt fauchte, geschah dies mehr aus Gewohnheit. Auch Barrys Knurren war nicht echt.
Einige Minuten vergingen. Der wilde Kater besah sich die Zehen seines Gegners, als wollte er seine Stärke einschätzen, dann, als Barry neuerdings seine Wunde zu lecken begann, beteiligte sich auch der Kater an der Reinigung. Sein warmes, geübtes Zünglein glitt wohltuend über den schmerzenden Riss, um den schon die Fliegen surrten. Barry seufzte tief auf, dann legte er sich zurück und ließ den barmherzigen Helfer gewähren. Was die zwei miteinander sprachen, wird immer ein Geheimnis bleiben, weil wir Menschen nicht die Gabe besitzen, die Sprache der Tiere zu verstehen. Aber es muss wohl Freundliches gewesen sein, denn das weitere Verhalten bewies, dass Barry und Schnurr von nun an gesonnen waren, Frieden zu halten.
Als sich die neuen Freunde endlich trennten, befand sich Schnurr direkt in gehobener Stimmung. Dieser letzte, kampflose Sieg dünkte ihn der schönste. Wäre sein Schwänzchen länger gewesen, es hätte wie eine Lanze ausgesehen, so kerzengerade ragte es in die Höhe. Wenn jetzt selbst ein Elch dahergekommen wäre, Schnurr hätte es mit dem König des nordischen Waldes aufgenommen.
In überquellender Lebensfreude wanderte der Kater über die Grenze des Föhrenkammbesitzes hinaus. Nicht, dass große Entfernungen Schnurr etwas ausmachten. Im Gegenteil, er hatte gelernt, weite Strecken zurückzulegen, und lief munter dahin. Gegen Abend erreichte er die nächste Siedlung.
Der Kater umkreiste die Hütten und Miststätten und gelangte endlich zu einem Haus, in dessen Fenster eine zierliche weiße Kätzin, kaum den Kinderjahren entwachsen, saß. Sie hatte Schnurr bereits herankommen gesehen und beobachtete ihn nun voll Interesse. Der schöne schwarze Kerl gefiel ihr außerordentlich. Kein Schlossfräulein hätte an ihrem Ritter mehr Gefallen finden können als Kaja an Schnurr.
Der war aber wirklich ein stattlicher Bursche. Sein ebenholz-

schwarzes Fell glänzte in der Abendsonne. Er hatte Muskeln wie Stahl und den federnden Gang eines Raubtieres.

Jetzt ließ er seinen Ruf erschallen, was in der Katzensprache ungefähr „Guten Abend, mein schönes Fräulein, haben Sie Lust zu plaudern?“ bedeutet, und die weiße Mieze gab allergnädigst ihre Zustimmung durch ein leichtes Miauen zu erkennen. Sie wollte schon ihren Rittersmann begrüßen, als eine wütende Stimme sich aus dem Innern der Hütte vernehmen ließ: „Mach, dass du fortkommst, du hässliches, altes Biest! [Das galt Schnurr.] Miaust da um die Hütte herum, dass es einem auf die Nerven geht! Und du bist still, Kaja! Du solltest dich schämen, so vorlaut zu sein!“ Die alte Frau schlug energisch die Tür zu, und eine Zeit lang musste Schnurrs Werbung unterbleiben.

Doch das Schicksal meinte es auch jetzt wieder gut mit dem Kater, denn gerade kehrte Jans Daniels heim und stapfte in seinen Schlafraum. Für den Bruchteil einer Sekunde stand die Eingangstür offen, und diese Zeitspanne benützte Kaja, um hinauszuschlüpfen.

Kaum wurde sie jedoch Schnurrs ansichtig, als sie sehr zurückhaltend tat. Dieser fremde Kater sollte nur nicht glauben, dass er der Herr dieser Wälder war, die sie als Königin beherrschte. Leichtfüßig stieg sie über die zahlreichen Unebenheiten des Bodens dahin, sah bald nach rechts, bald nach links. Nur Schnurr blickte sie nicht an. Das wäre gegen die Spielregeln gewesen.

Der wilde Kater lugte in stiller Bewunderung hinter einem Busch hervor. Kajas weißes Fell, ihre großen gelben Augen dünkten ihm wunderschön. Und erst der herrliche Schwanz! Was für ein armseliges Stümpfchen war der seinige dagegen.

Schnurr näherte sich demütig seiner Angebeteten. Er sprach zu ihr in sanften Tönen und sie hörte ihm andächtig zu.

Dann, als hätte sie plötzlich genug, ließ sie Schnurr stehen und stolzierte um die Hütte herum. Doch der Kater folgte ihr. Wenn sie rastete, ließ er sich anbetend neben ihr nieder. Dieses Spiel machte beiden Spaß, und sie setzten es so lange fort, bis die alte Frau wieder vor der Tür erschien. Einen Pantoffel in der Hand, zielte sie nach Schnurr. Doch der war geschwinder als sie. Mit einem Sprung verschwand er im Dickicht. Als es wieder still geworden war, kroch der Kater hervor, und die beiden jungen Tiere spielten noch lange im milden Schein der nordischen Sommernacht.

Zwei Tage später trug sich dann das denkwürdige Ereignis zu, das Kaja endgültig an Schnurr band. Das Katzenfräulein schlief in der Sonne, und wie es sich gehörte, bewachte der Kater ihren Schlummer. Mit einem Mal strolchte ein riesiger Kerl heran. Sein gelbes Fell funkelte in der Sonne, die Ohren hatte er zurückgelegt, die Hinterbeine waren steif, als seien sie aus Holz. Je näher der andere Kater kam, umso steiler richteten sich Schnurrs Haare in die Höhe. Er streckte seine Beine und begann jenen merkwürdigen, aber für den Gegner höchst gefährlichen Tanz, der nichts anderes als ein Flankenangriff ist. Kaja leckte ihr Mäulchen, hockte sich auf ihre winzigen Vorderpfoten und betrachtete voll Bewunderung die beiden Kämpfer. Der gelbe Kater hatte seine Schritte verlangsamt, dagegen begann er zu jaulen. Schnurr fühlte sich in bester Form und seinem Widersacher durchaus gewachsen, obschon es gewiss kein leichter Sieg werden würde, denn der Gelbe war von der Art, die sich eher in Stücke reißen lässt, bevor sie nachgibt. Das Jaulen verstärkte sich, wurde zum Geheul. Die Gegner kamen einander immer näher. Dann, mit einem durchdringenden Schrei, holte Schnurr zum ersten Schlag aus. Der gelbe Kater ging nun seinerseits los. Es waren nicht zahme Püffe, die die beiden austeilten. Die scharfen Krallen rissen das Fell stückweise heraus, bohrten sich in das Fleisch.

Der Kampf ging nach ganz bestimmten Regeln vor sich. Die beiden Raufer hockten einander gegenüber und hieben abwechselnd der eine auf den andern ein. War Schnurr an der Reihe, so schloss der gelbe Kater die Augen und erwartete scheinbar gleichgültig den Hieb, den er aber dann umso heftiger zurückgab. Das ging alles so schnell vonstatten, dass ein menschliches Auge dem Zweikampf kaum zu folgen imstande war. Die Schlacht ging der Entscheidung entgegen. Rund um den Kampfplatz lagen schwarze und gelbe Fellfetzchen verstreut oder klebten zwischen den Pfoten der Kämpfer. Schließlich

musste der gelbe Kater weichen. Er jaulte gottsjämmerlich und riss aus. Doch Schnurr war hinter ihm her, umklammerte seinen Gegner, warf ihn zu Boden. Jetzt kämpften sie wie toll, Körper an Körper gepresst. Sie rollten gegen die Wand der Hütte, in der Daniels wohnte. Das furchtbare Schreien der Wütenden brachte die alte Frau zur Tür. Sie kam eben zurecht, um Schnurrs Endsieg beizuwohnen.
Der Gelbe machte sich Schnurrs augenblickliche Ablenkung zunutze und schoss davon, so rasch ihn seine müden Beine tragen konnten. Doch auch für Schnurr war es an der Zeit, das Weite zu suchen, ehe die Alte zu einem mit Wasser gefülltem Eimer griff. Vorher sagte der wilde Kater aber noch rasch etwas zu Kaja.
Es musste ein Zauberwort gewesen sein, die Aufforderung, ihm zu folgen und sein Jägerleben zu teilen. Das weiße Kätzchen konnte gerade noch dem Zugriff der alten Frau entgehen, dann lief es Schnurr nach in den Wald. „Dieser verdammte schwarze Teufel", zeterte die Alte hinter ihr her. „Jetzt wird der Fuchs Kaja erwischen, so wie es bei Minna, Gerda und Anna geschah. Aber das weiß ich, so ein Biest von einem Kater kommt mir nicht mehr in die Nähe." Die Tür flog ins Schloss, dass die Balken krachten und der gelbe Staub des Hausschwammes durch die Oberschwelle rieselte.

Der Kater schlich unbemerkt an den arbeitenden Männern vorüber und hielt eifrig nach Essbarem Umschau. Zu diesem Zweck kletterte er auf eine windgebeugte Föhre und lugte ins Land. Wirklich unerhört von Kaja, ihn allein zu lassen! Weit und breit zeigte sich kein jagdbares Wild. Es war noch zu hell. Erst bei schwindendem Tageslicht regt es sich im Wald.
Im Dämmerschein in der Ferne am Uferrand erspähte er Fischotter. Wie lauert dieser Mörder dort auf seine Opfer, solange der Fischotter etwas Lebendes im Wasser erblickt, greift er zu, seien es Fische, Frösche, Wasserratten oder Schwäne.
Schnurr schlummerte ein wenig. Mit einem Mal schien es ihm, als sei die Luft durch einen seltsamen Ton erschüttert worden. Der Kater öffnete die Augen und blickte um sich. Auf einem

tief gelegenen Zweig hatte sich eine Krähe niedergelassen und sah schreckerstarrt ins Weite.
Das war wieder einmal ein fetter Bissen! Schnurr bereitete sich zum Sprung vor. Die Krähe aber sah unentwegt in das helle Blau des nordischen Sommerhimmels. Der Adler, der sie verfolgt hatte und vor dem sie sich nun in Sicherheit wähnte, zog seine Kreise über dem Moor. Heute würde es keinen Krähenbraten in seinem Horst geben.
Der Kater wusste nichts von der Anwesenheit eines Adlers, er war ganz in den Anblick der Krähe versunken. Jung war sie und unerfahren und daher leicht zu erwischen. „Krah“, rief das dumme Ding jetzt auch noch, damit man ja nicht auf sie vergesse. Ein Sprung und Vogel und Katze fielen zu Boden. Schnurr spuckte ein paar Mal aus, irgendwie war Erde in sein Mäulchen geraten. Dann stellte er mit Befriedigung fest, dass alle seine Glieder heil geblieben waren. Ein paar Schritte von ihm entfernt lag die Krähe. Sie hatte sich beim Sturz das Genick gebrochen.
Der Kater betastete und beroch seine Beute, dann nahm er das reglose Ding zwischen die Zähne und trabte fort. Die Krähe hatte ein ansehnliches Gewicht und erwies sich als unangenehme Bürde. Indem Schnurr den Kopf hoch hielt und fest auftrat, war es ihm möglich, vorwärts zu kommen. Sein Hals schmerzte ihn und er atmete schwer.
Den schwarzen Punkt, der über den Wolken schwebte, konnte er nicht wahrnehmen. Aber er sah ihn auch dann nicht, als der Punkt sich rasch vergrößerte. Erst das Rauschen der mächtigen Schwingen ließ Schnurr die unmittelbare Gefahr erkennen, in der er sich befand. Sofort entledigte er sich seiner Beute und stellte sich dem unbekannten Gegner. Dieses riesige Gefieder da schien es auf ihn abgesehen zu haben. Schnurr, der gefürchtete Jäger der Waldvögel, hatte bisher keine Ahnung von diesem Raubvogel gehabt. Majestätisch schwebte der Adler über dem Moor. Trotz seines ungeheuren Umfanges, die Spannweite seiner Flügel mochte gut drei Meter messen, schien er vollkommen gewichtslos zu sein. Der Anblick des Königs der Lüfte wirkte so Furcht erregend auf Schnurr, dass er die Flucht

ergriff. Unter dem Wurzelgewirr einer vom Wind gefällten Tanne fand der Kater Schutz. Doch noch immer sauste es in den Lüften, als würden tausend Decken entfaltet werden.
Von seinem Versteck aus beobachtete Schnurr scharf, was vorging. Sein Kinn zitterte, halb aus Furcht, halb aus Hunger, denn er hatte heute noch nichts gefressen. Plötzlich hatte der Adler seine verloren geglaubte Beute entdeckt. Ein kräftiges Flügelschlagen und er landete vor der toten Krähe. Da wurde Schnurr toll. Die Beute, das gute, fette Essen, das er Kaja zugedacht hatte, sollte ihm von dem andern weggeschnappt werden? Aus seinem Versteck hervorstürzend, fiel der Kater den Raubvogel an. Glaubte er, dem Adler die Krähe entreißen zu können, oder wollte er vielleicht Kaja mit einem Adler als Beute aufwarten?
Jedenfalls griff Schnurr in dem Augenblick nach der Krähe, als sich der Raubvogel erhob, und so wurde der Kater mit dieser zugleich in die Lüfte entführt. Das Gefühl des Aufsteigens war scheußlich. Die Bäume schrumpften ein, wurden seltsam flach, der Boden drehte sich mit Schwindel erregender Schnelligkeit von Schnurr weg. Des Adlers unfreiwilliger Passagier jaulte vor Entsetzen und krallte sich fester in seinen Entführer. Würde er je wieder zur Erde zurückkommen, seine Höhle und Kaja wieder sehen?
Wenn der Kater schon Qualen ausstand, so waren sie nichts gegen die, die der Adler fühlte. Der hatte die Krähe für tot gehalten, und nun krallte sich etwas in sein Fleisch, hängte sich an ihn, dass er kaum fliegen konnte. Der große Vogel versuchte verzweifelt, dieses schreckliche Ding loszuwerden, das unkrähenhafte Heultöne von sich gab. Schließlich gelang es ihm auch, die Last abzuwerfen. Dadurch verlor der Kater seinen Halt und stürzte mit ab. Pfeilschnell sauste er durch die Luft, sich dauernd überschlagend, direkt auf die Baumkronen des Waldes zu. Krachend brach er durch die Zweige einer mächtigen Föhre und landete – welch Zufall – aufrecht auf dem Körper der Krähe, welchem Umstand Schnurr wahrscheinlich sein Leben verdankte. Doch seine Eigengeschwindigkeit war so groß, dass er vornüberfiel und mit dem Kopf im Sand aufschlug. Eine

Wolke weißen Staubes wirbelte auf. Dann rührte sich eine Weile lang nichts.
Hoch oben in den Lüften segelte der Adler. Der starke Blutverlust, den der König der Vögel anfangs gar nicht spürte, hatte ihn derart geschwächt, dass er sich nicht lange würde mehr halten können. Schon begann der mächtige Vogel abzusinken, er zog immer engere Kreise, schließlich schlug er auf die Erde hin. Hilflos lag der kühne Räuber da, seine Augen glühten wie Feuerbälle. Trotz seiner schweren Verletzungen war er noch immer ein gefährlicher Feind.
Langsam kam Schnurr zu sich. Anfangs wunderte er sich, was mit seiner Nase geschehen war. Wie ein hoher Berg türmte es sich vor seinen Augen auf und behinderte die Sicht. Den Berg mit der Zunge zu lecken erwies sich als unmöglich. Wenn Schnurr seinen Kopf auch nur ein ganz wenig bewegte, war es ihm, als bohrten sich tausend Nadeln in sein Gehirn. Da bemerkte der Kater, dass auch sein Entführer nicht unweit zu Fall gekommen war.
Der Adler drehte den Kopf hin und her, der furchtbare Schnabel schloss und öffnete sich wie im Krampf. Ein unbeschreibliches Glücksgefühl ergriff Schnurr. Er, ein Fremder in diesen Regionen, hatte mit diesem geflügelten Ungeheuer gekämpft und es besiegt. Diese Gewissheit versetzte den wilden Kater in einen Rauschzustand. Unter der schützenden Föhre hervorschießend, schlug er mit seinen Krallen grimmig auf den Vogel ein. Damit hätte Schnurr eine Drossel, aber niemals einen Adler erlegen können.
Trotz seiner schweren Verletzungen sandte dieser den Kater heulend ins Gebüsch. Schnurr hatte schon mancherlei Getier gejagt, aber noch nie hatte er sich an eine Beute von solchem Ausmaß herangewagt. Zweimal versuchte er noch dem großen Vogel beizukommen, und jedes Mal warf ihn dieser zurück. Endlich beim vierten Mal kam es zu einem furchtbaren Nahkampf, in dessen Verlauf Schnurr ganze Arbeit verrichtete. Der Beherrscher der Lüfte hatte zu atmen aufgehört.
Des Katers Stolz kannte keine Grenzen. Gern hätte er den großen Vogel nach seiner Höhle abgeschleppt, doch das Gewicht

allein machte das Vorhaben zunichte. Aber jedes Tier, an dem Kadaver vorüberkommend, würde an der Witterung erkennen, wer Sieger über den Adler geblieben war.
Schnurr kehrte nun zu der Krähe zurück. Zusammenhanglos dachte er plötzlich an Peter und wie seltsam es wäre, würde der Junge jetzt zwischen den Bäumen erscheinen. Vielleicht würde Peter lieb zu ihm sein und ihn streicheln. Der Kater war schon lange nicht gestreichelt worden und sehnte sich nach einer Liebkosung. Doch die Anwandlung verging so rasch, wie sie gekommen war. Der Kater hatte auch wirklich an andere Dinge zu denken. Es zeigte sich, dass selbst der Abtransport der Krähe keine leichte Sache war, wenn man eine geschwollene Nase hat. Nur mit Mühe gelang es Schnurr, die Beute zu fassen. Zwei volle Stunden vergingen, ehe er die Höhle erreicht hatte. Angekommen, ließ Schnurr den Vogel beim Eingang fallen und guckte in das Versteck hinein. Zwei blasse Halbmonde leuchteten ihm entgegen. „Komm heraus und schau, was ich dir mitgebracht habe", so ungefähr dürfte die Einladung gelautet haben, die Schnurr seiner Frau übermittelte. Doch Kaja schien nicht von ihr Gebrauch machen zu wollen. Sie rührte sich nicht. Schnurr fuhr fort, seine weiße Mieze zu locken, doch diese sah ihren Katzenmann gar nicht an. Warum blieb Kaja unentwegt in der Höhle, anstatt herauszukommen und die fette Krähe zu bewundern? Schließlich hatte Schnurr einen heldenhaften Kampf dafür gekämpft und verlangte zumindest Anerkennung seiner Leistung. Der Kater begann jämmerlich zu miauen. Als Antwort drang ein tiefer, zärtlicher Ton aus dem Innern der Behausung zu ihm. Kajas Stimme klang glückerfüllt, wenn auch ein wenig schläfrig. Und plötzlich vernahm Schnurr noch weitere Stimmchen, die viel eher ganz schwach einem Pfeifen glichen. Der Kater horchte auf. Es war natürlich nicht das erste Mal, dass Schnurr Vater geworden war, doch diesmal nahm er an seinen Kindern Anteil. Er musste Kaja zeigen, wie lieb er sie hatte. Also schob er mit seiner schmerzenden Nase die Krähe in die Höhle und ließ dabei ein zufriedenes Schnurren hören. Doch Kaja, die keinen Hunger hatte, wendete sich von dem Kadaver ab. Schnurr, unglücklich über die Ablehnung, versuch-

te es neuerdings, indem er den Vogel noch näher an Kaja heranbrachte. Die junge Katzenmutter fühlte einen Stich in den Rippen, als eine der harten Kielfedern sie berührte. Schnurr bekam eine kräftige Ablehnung. Daraufhin zog sich der neugebackene Vater zurück und bezog seinen Posten beim Eingang der Höhle. Anscheinend wünschte Kaja nicht gestört zu werden. Der Kater streckte sich vor der Felsenspalte aus. Ein Versuch, das Gesicht zu waschen, misslang vollkommen. Die Nase war und blieb eine schmerzliche Angelegenheit. Überdies war Schnurr ganz furchtbar müde.

Als die Nacht hereinbrach, schlief Schnurr noch immer. Im Innern der Höhle miauten dünne Stimmchen, als Kaja ihre vier winzigen Katzenkinder leckte und nährte.

In den nächsten Wochen unternahm Schnurr keine größeren Spaziergänge, sondern beschränkte seine Jagdgelüste auf die unmittelbare Umgebung. Dann und wann schlüpften auch die Kleinen aus dem sicheren Versteck und ergötzten sich an der wärmenden Sonne und dem weichen Boden des Waldes.

Schnurr gebärdete sich wie toll. Er spielte mit den Kätzchen, mimte den gefährlichen Feind, berührte aber die kleinen Dingerchen so zart, dass selbst Kaja es nicht hätte besser machen können. Anfangs hatte die fürsorgliche Katzenmutter dem Treiben ängstlich zugesehen, doch mit der Zeit lernte sie Schnurr zu vertrauen. Er wurde schließlich so geschickt im Heimtragen der Kleinen, dass sie ihm diese Arbeit allein überließ. In den ersten Wochen lehnten die jungen Katzen all die guten Fleischbissen ab, die Schnurr erjagte. Doch dauerte dieser Zustand nicht allzu lange. Bald erlernten sie das Mäusefangen. Kaja lehrte die Kleinen, wie man das Fleisch von den Knochen reißt und wie man es richtig hinunterschlingt. So verbrachte die Katzenfamilie den Sommer. Ein Tag war wärmer und schöner als der folgende, und zu essen gab es mehr als genug.

Was Schnurr nicht wusste, war, dass der Sommer in diesen Breiten nur von kurzer Dauer ist und die trüben, kalten Monate des nordischen Winters heranrückten. Solange der Kater in London gelebt hatte, bedeutete der Winter nichts weiter als eine Zeit, während der es häufiger als sonst regnete. In der schwedi-

schen Küstenstadt hatte Schnurr nie das Zimmer verlassen, war also auch dort mit Schnee und Eis nicht in Berührung gekommen. Auch jetzt noch, wenn die Abende empfindlich kühl wurden, rollte sich Schnurr in der Höhle nur enger zusammen, in der festen Überzeugung, morgen werde die Sonne wieder scheinen. Das schöne Herbstwetter bestärkte ihn in diesem Glauben. Doch mit jedem Tag ging die Sonne später auf und verschwand früher hinter dem Horizont.
Der Kater beachtete natürlich diese Vorgänge nicht. An sein früheres Leben erinnerte ihn nur die immer wiederkehrende Sehnsucht nach Peter. Der Junge war der Erste gewesen, der ihm Gutes erwiesen hatte. Öfter als früher trieb es Schnurr in die Nähe des Hauses am Föhrenkamm, teils um mit Barry zu spielen, der nun zu seinen besten Freunden zählte, teils jedoch um zu sehen, wie es Peter ging.
Einer seltsamen Empfindung gehorchend, ließ der Kater seine Gefährtin Kaja unvermutet stehen und machte sich auf den Weg zum Föhrenkamm. Er wollte mit Barry spielen, fand aber den Hund nicht vor, sondern nur einen Knochen, den dieser von seinem Mittagmahl übrig gelassen hatte. Der Kater wollte sich eben an diesem restlichen Mahl erfreuen, als Barry herantrottete. „Du kleiner Lump, du", rief der Hund dem Dieb von weitem zu. Doch beide ließen sich in keiner Weise stören. Sie spielten eine Weile miteinander, dann trabten sie gemeinsam, wie so oft zuvor, in den Wald. Heute jedoch spürte Barry mit dem sicheren Gefühl, das Tiere für kommende Ereignisse haben, dass etwas geschehen werde. Zu wiederholten Malen hob der Hund prüfend den Kopf und witterte. Ja, irgendwo musste sich ein Unglück zugetragen haben.
Auch Schnurr ergriff jetzt eine würgende Angst, die ihm die Kehle zuschnürte. Mit einem Mal wurde der Himmel rauchgeschwärzt. Rauch stieg aus verkohltem Holz auf, lag in dünnen Schwaden über der verbrannten Heide. Schnurr und Barry hatten die Stelle erreicht, an der der Brand entstanden war. Gespenstisch nahmen sich die beiden Tiere in der zerstörten Landschaft aus. Eine halbe Meile von ihnen entfernt tobte eine furchtbare Feuersbrunst, und mittendrin in diesem Flammen-

meer befanden sich die vier Kätzchen. Freilich würde die Höhle vorderhand die Kleinen vor dem Äußersten bewahren, doch wie lange konnte sie ihnen Schutz bieten gegen die brausende Flammenbrandung?
Mit einem Sprung war Schnurr in der düster glühenden Dämmerung verschwunden. Er raste über den glutheißen Waldboden dahin. Was machte es ihm aus, dass seine Pfoten schmerzten, dass die Hitze sein Fell versengte? Die Kraft, die schon manche Katzenmutter in ein brennendes Haus getrieben hatte, um ihre samtweichen Kinderchen zu retten, drängte jetzt Schnurr vorwärts.
Barry, durch das plötzliche Davonschießen seines Freundes närrisch geworden, rannte am Rand des brennenden Waldes hin und her und verbellte die Katastrophe, bis er heiser wurde. Doch als Antwort kam nur das Prasseln der Flammen und das Krachen der stürzenden Bäume.
Indessen setzte Schnurr seinen verzweifelten Wettlauf mit dem Feuer fort. Der Kater rannte bereits über brennenden Grund. Schwer legte sich der Rauch auf seine Lunge, sein Atem ging in unregelmäßigen Stößen. Kam denn der Felsen noch immer nicht in Sicht? Oder hatte Schnurr den Weg verfehlt? Alle Landmarken, die sonst als Wegweiser dienten, waren verschwunden.
Plötzlich tauchte inmitten dichter Rauchschwaden, nur einige Meter von Schnurr entfernt, die Höhle auf. Die Fichte, die am Eingang stand, war eine einzige Feuersäule geworden.
Blindlings stürzte der Kater in die Loderhölle hinein. Er musste die Kleinen retten oder mit ihnen in den Flammen untergehen. Die Rettung kam keine Minute zu früh. Wimmernd krochen die Kätzchen auf Schnurr zu. Das nächste ergreifend, rannte der Kater davon. Sein Herz pochte wie toll. Endlos erschien ihm der Weg in die Sicherheit zu sein.
Taumelnd vor Anstrengung und beinahe blind geworden von dem schwelenden Dunst des Brandes erreichte Schnurr endlich die Lichtung. Barry hatte seinen Freund schon von weitem gesehen. Jetzt begriff der Hund, warum der Kater die Gefahren des brennenden Waldes auf sich genommen hatte, und lief ihm

entgegen. „Gib mir das Kätzchen", war wohl das, was er dem Vater sagte. „Ich hüte es dir, während du die anderen holst."
Barry trug das zappelnde Wesen auf unversehrtes Gebiet und legte es ins kühle Gras. Um dem Kätzchen seine Liebe zu beweisen, leckte er es in seiner ungeschickten Art, unterbrach jedoch alle Augenblicke seine Betätigung, um ein jämmerliches Geheul loszulassen.
Schnurr kam ein zweites und ein drittes Mal. Jetzt ging er das vierte und letzte Kätzchen holen. Wieder gelangte der Kater zur Höhle, schleppte das Kleine heraus. Doch diesmal wollte der Rückweg wirklich kein Ende nehmen. Kraftlos bewegte sich das Tier.
Sein Fell war versengt, der Körper mit Brandwunden bedeckt, die Augen waren völlig erblindet. Schnurr glaubte sich rasch zu bewegen, während er doch kaum mehr vorwärts kam. Eine Schwäche überfiel ihn, er drohte umzusinken, da hörte er Barrys durchdringendes Gebell. Im nächsten Augenblick fühlte sich der Kater emporgehoben und mitsamt dem Kätzchen über eine Strecke von fünfzig Metern getragen.
Auf der Lichtung, im weichen Gras liegend, fand endlich Kaja ihre Familie. Ohne sich um die Anwesenheit des Hundes zu kümmern, überhäufte sie Schnurr und die Kleinen mit Liebesbezeigungen. Ihre Zunge wurde nicht müde, die Fellchen ihrer Kinderchen zu lecken, und sie sah dauernd zu Schnurr hin, als wollte sie ihm sagen, dass auch er gleich drankommen würde. Nach und nach freundete sie sich auch mit Barry an, der wirklich das Seinige zur Errettung der Kätzchen beigetragen hatte.
Knapp vor Mitternacht fielen endlich die ersten Tropfen. Gleich darauf begann es in Strömen zu regnen. Die obdachlose Katzenfamilie drückte sich enger aneinander, und der gute Barry versuchte, so gut es eben ging, die Kleinen zu wärmen, indem er sich fest an sie schmiegte.
Die ganze Nacht stürzten ungeheure Wassermassen vom Himmel. Sie machten der Feuersbrunst ein jähes Ende. Dort und da züngelte noch eine Flamme empor, dann war auch die letzte Glut gelöscht.

Unaufhörlich trommelte der Regen auf das Dach des Hauses am Föhrenkamm. Die Bergstraße wurde zum schäumenden Gießbach, das Marschland verwandelte sich in eine einzige schlammige Masse. Der heiße, aber kurze schwedische Sommer war für dieses Jahr dahin.

Es dauerte geraume Zeit, ehe Schnurr von seinen Verwundungen genas. Kaja und Schnurr hatten jetzt nur ein Junges mehr. War es der Rauch oder der ausgestandene Schrecken gewesen, die drei anderen Kätzchen hatten die Katastrophe nicht überlebt. Umso sorgfältiger wurde dieses einzige umhegt. Es bekam die fettesten Bissen und wurde von den Eltern so andauernd geleckt, dass es stets in unerhörter Sauberkeit erstrahlte.

Schnurr war ängstlich geworden. Das Leben, das ihn leicht und sicher gedünkt hatte, war mit einem Male schwierig und gefährlich geworden. Der Regen wollte nicht aufhören, drang selbst durch das dichteste Gebüsch. Um wie viel besser war der Aufenthalt in der trockenen, gegen jeden Zug geschützten Höhle gewesen! Doch um keinen Preis der Welt wäre Schnurr in diese zurückgegangen. „Eine schreckliche Zeit“, dachte er. „Sind die goldenen Tage auf immer dahin?“

Kaja nahm die neuen Lebensumstände mit Ruhe auf. Was sich nicht ändern ließ, musste eben ertragen werden. Überdies hatte die Kätzin die Absicht, noch vor Einbruch der kalten Jahreszeit die Hütte der alten Frau aufzusuchen. Einmal wollte sie schon zu dem Winterquartier aufbrechen und gab Schnurr in ihrer anmutigen Weise zu verstehen, dass er sie begleiten solle. Doch dieser blinzelte als Antwort nur schwach mit den Augen und rührte sich nicht.

Dessenungeachtet wurden die Nächte immer kälter. Es hörte zu regnen auf, die Erde wurde trocken und hart, die Quecksilbersäule stieg nur wenig über den Nullpunkt. Scharfe Winde pfiffen über das Moor. Nur mit Mühe konnte Schnurr seinen kleinen Haushalt versorgen.

Oft mussten die Eltern das Kätzchen zurücklassen und gemeinsam auf die Jagd gehen. Aber auch dann blieb die Ausbeute meist sehr gering. Und noch immer dachte der Kater nicht an

die nächstliegende Lösung, die allen Schwierigkeiten ein Ende gemacht hätte!
Eines Nachts wurde es so kalt, dass das Katzenkind kläglich zu weinen begann. Schnurr presste sich dicht an das Kleine, um es zu wärmen. Wenn er nur einen sicheren Unterschlupf für die Seinen finden könnte! Etwas kitzelte den Kater am rechten Ohr. Noch ehe er recht wusste, was es war, berührte es ihn wieder. Erschrocken blickte Schnurr um sich, und seine Augen wurden groß vor Erstaunen über das Ungewohnte, das sich ihm plötzlich bot. Kleine weiße Sternchen fielen vom Himmel. Erst da und dort eines, gleich darauf war die ganze Luft von ihnen erfüllt. Sie tanzten im Wind, trieben, drehten sich, legten sich dann sacht auf Baum und Strauch, auf Gras und Heide. Schnurr presste sich noch fester an das Kätzchen. Die kleinen Sternchen sahen lustig aus, aber sie beunruhigten ihn. Er sah Kaja an. Ein feiner weißer Pulverstaub bedeckte ihr Fell. Nun fiel ein Sternchen Schnurr mitten auf die Nase, so dass er niesen musste. Wie lange würden diese glitzernden Dinge fortfahren, vom Himmel herunterzufallen?
Der Wind nahm an Stärke zu, die feinen Sternchen wurden zu richtigen Flocken. Schon war die Sicht gering geworden, die Umrisse der Bäume und Sträucher erschienen verwischt. Schnurr wagte es nicht mehr, sich zu rühren, denn nur das Fleckchen Erde, das er mit seinem Körper deckte, blieb warm und trocken.
Auch sein Fell trug schon die unheimliche weiße Hülle. Der Kater hatte versucht, sie abzuschütteln, aber da war ihm noch kälter geworden. Schnurr war zumute wie einem Mann, dem es in den Nacken regnet, nur dass der Kater keinen Kragen zum Aufstellen hatte.
Ein heftiger Sturm setzte jetzt ein. Er leitete den Winter ein. Meterhohe Schneetriften, eiskalte Nächte würden in der Folge kommen. Eine schlimme Zeit für die Tiere des Waldes, aber noch schlimmer für Schnurr und seine Familie, denn Katzen können im Freien nicht überwintern.
All dies spürte Schnurr irgendwie, während er immer tiefer in die weiche, flaumige Masse versank. Bald würde sie ihn völlig

zugedeckt haben. Eine ungeheure Müdigkeit überkam ihn, er schloss die Augen und dann wusste er nichts mehr von sich.
Am nächsten Morgen jagte Barry in großen Sprüngen über die schneebedeckte Heide, geradewegs auf die Stelle zu, wo er Schnurr zu finden hoffte. Trotzdem die Schneedecke nur wenige Zentimeter betrug, kam der Hund schwerer als sonst vorwärts.
Atemlos erreichte er endlich den Busch, in dessen unmittelbarer Nähe Schnurr gelagert hatte. Doch von der Katzenfamilie war keine Spur vorhanden. Nichts als eine weiße Fläche, die in der Sonne glitzerte. Barry ließ ein schmerzliches Bellen ertönen. Wo waren seine kleinen Freunde hingeraten? Plötzlich bemerkte er unweit von sich ein Loch im Schnee. Ein anderer Hund hätte dies nicht gesehen, doch Barry kannte alle Zeichen des Winters.
In ein wütendes Gebell ausbrechend, begann er mit den Vorderpfoten zu graben. Kein Bernhardiner hätte seine Arbeit besser ausführen können als der gute Barry. Endlich kam die schlafende Katzenfamilie zum Vorschein. Schnurr hob als Erster den Kopf. Wie seltsam alles um ihn herum aussah! Fragend blickte der Kater auf Barry. Woher war der Hund gekommen? Und dann wusste es Schnurr plötzlich: von Peter, Peter! Ja, das war es, was Schnurr seit Tagen irgendwie gefühlt hatte. Barry wohnte bei Peter, und er, Schnurr, würde zu seinem früheren Herrn zurückkehren. Aber die Freiheit aufgeben, die er sich so schwer erkämpft hatte?
Da drang ein jämmerliches Weinen an Schnurrs Ohr. Das Kätzchen, das einzige, das am Leben geblieben war, fror nun, da Barry die wärmende Schneedecke entfernt hatte. Schnurr und Kaja würden vielleicht im Freien überwintern können, doch niemals das Kleine. Wie der Kater seine Ideen Barry und Kaja mitteilte, ist unerklärlich. Doch wurde der Heimweg in ganz bestimmter Reihenfolge angetreten. Barry ging als Wegbereiter voran, dann folgte das Katzenpaar. Es war eine lange und beschwerliche Reise. Kaja hatte schüchtern die Einwendung gewagt, dass es näher zur Hütte der alten Frau als zum Haus am Föhrenkamm sei, doch Schnurr wollte nichts

davon hören. Der Kater hatte Sehnsucht nach Peters liebkosenden Händen, nach einem warmen Plätzchen beim Ofen.
Eine seltsame Prozession kam den Abhang herabgestiegen. Voran trabte ein Hund, der mit seinen Pfoten eine schmale Gasse durch den Schnee bahnte, dann laut bellend die Spur zurücklief, als ginge er jemanden holen.
Vor den erstaunten Männern erschien Schnurr, das Kätzchen im Maul. Einen Augenblick sah es aus, als sei der Kater am Ende seiner Kräfte. Die kostbare Bürde wurde für Sekunden in den Schnee gelegt, damit der Träger ein wenig verschnaufen könne. Nun näherte sich dem müden Vater die Katzenmutter und rieb sich zärtlich an ihrem Gatten. Wahrscheinlich sprach sie ihm Mut zu und tröstete ihn, da das Haus schon in Sicht sei und die beschwerliche Reise gleich ein Ende haben werde.
„Geht ins Haus hinein, wenn ihr wollt, dass die Katzenfamilie hier bleiben soll. Die Kätzin sieht ängstlich drein“, verkündete Turi. Diese Vorsichtsmaßregel war notwendig, denn Peter wäre, als er in dem fürsorglichen Kater seinen tot geglaubten Schnurr erkannte, diesem am liebsten entgegengestürzt. Aber der Finne blieb unerbittlich. Magnus und Peter mussten in die Stube zurückgehen, wo sie sich an den Kamin setzten. Die Tür wurde offen gelassen, Turi hielt sich in der Nähe des Eingangs auf. Alle drei sahen sie wie gebannt auf das glitzernde weiße Rechteck, in das in der nächsten Minute Barry und seine Schützlinge treten mussten. Tapp, tapp, tapp. Kleine müde Füßchen steigen die Treppe hinauf. Barrys Kopf erscheint im Türrahmen. Stille. Dann schlägt der Hund an. Er steht am Eingang zur Stube, erblickt Magnus und springt schweifwedelnd an seinem Herrn empor. Hinter ihm kommt Schnurr hereingeschlichen und sieht sich vorsichtig um. „Guten Tag, Schnurr“, begrüßt Peter seinen Kater. Langsam geht dieser auf den Jungen zu, legt das Kätzchen vor ihn hin und setzt sich daneben. Schnurr kann einfach nicht mehr. Im nächsten Augenblick ist er in Peters Armen. Der Junge drückt sein Gesicht in das schwarze Fell seines wiedergekehrten Lieblings, und der Kater schnurrt, dass es in den Balken widerhallt.
Im weißen Rechteck des Eingangs steht noch eine kleine

Gestalt. Scheu sieht sich Kaja um. Es ist nicht ihr Heim, fremde Männer sind da, und Kaja hat bittere Erfahrungen mit Männern in Daniels Hütte gemacht. Aber hier sieht es wirklich gemütlich aus. Ihr Baby liegt auf dem Boden, ein Junge hat Schnurr im Arm. Ein anderer Mann schüttet Milch in eine Napf, ein zweiter holt einen lange unbenützt gewesenen Korb hervor, tat Decken hinein, die warm und weich sind.
„Komm herein, kleine Fremde", ruft Turi. „Es geschieht dir nichts."
Kaja horcht auf. Die Stimme ist gut, also wird auch der Mann gut sein, der die aufmunternden Worte sagt. Langsam schiebt sich Schnurrs kleine Frau in die Stube, während Magnus aufsteht und die Tür schließt. So sind alle wieder glücklich im Haus am Föhrenkamm vereint.

Renate Fabel

Mit Kind und Kater

Während Joseline liebevoll ihr hellgelbes Häkelzeug ausbreitete, machte Georg mit Anton einen Intelligenztest. Das heißt, eigentlich brauchte er den Kater gar nicht dazu. Er kannte seinen Liebling so gut, dass er die Fragen allein beantworten konnnte. Trotzdem – Anton schien zu merken, dass es um seine Person ging. Mit artig zusammengestellten Pfoten und um den Bauch geringelten Schwanz hörte er sitzend zu, was Georg alles über ihn zu wissen glaubte.

„Reagiert Ihre Katze auf Musik oder Rhythmus? Sitzt sie auf dem Klavier oder dem Radio, bewegt sie sich rhythmisch nach der Musik, tanzt sie, wiegt sie sich, zuckt sie mit dem Schwanz?", las Georg laut aus dem Buch vor. Er musterte Anton. „Nein, nichts davon. Er ist völlig unmusikalisch. Also heißt die Antwort ‚niemals'. Das ergibt einen Punkt."

„Das mit dem Klavier haben wir nie ausprobiert", wandte Joseline ein. Sie war dabei, eine so genannte „Ausfahrdecke" für den Kinderwagen zu häkeln. Das ging am einfachsten und man musste nirgendwo Maschen abnehmen. „Außerdem – *ich* bin sehr musikalisch."

„Du, du, du", machte Georg ungeduldig. „Was hast du mit dem Kater zu tun? Du pflegst doch jetzt andere Interessen, also mische dich bitte nicht in unsere Angelegenheiten. Weiter im Text. Ist Ihre Katze in der Lage, ihr Missfallen an der vorgesetzten Nahrung zu äußern? Schmeißt sie den Napf um, benützt sie ihn als Katzenklo?" Er runzelte die Stirn. „Eine saudumme Frage. So etwas tut doch ein Kater wie unserer nicht. Dreht sich höchstens zur Seite und schleicht enttäuscht davon. Nicht wahr, Stinkbär?" Anton, der nur Nahrung verstanden hatte, klopfte mit dem Schwanz bedeutungsvoll auf den Boden.

„Nicht solche Ausdrücke, bitte", monierte Joseline, sie hatte gerade eine Masche verloren. „Wenn dich das Baby hört."

„Kann es ruhig, ich habe nichts zu verbergen." Georg war die

Ruhe selbst. „Frage Numero drei: Äußert Ihre Katze ihre Gefühle gegenüber anderen Tieren oder Personen des Haushalts – Neid, Liebe, Sorge?“ Er hielt inne. Die Frage machte ihm Spaß.
Joseline hob den Kopf. „*Mir* gegenüber Liebe“, betonte sie. „Dir gegenüber – nun vielleicht Sorge?“ Das war keine Frage, sondern eine Feststellung.
Georg reagierte beleidigt. Wer kümmerte sich denn hier seit Wochen, nein, seit Monaten um das Wohl Antons? Ohne ihn bekäme der arme Kerl doch ebenso wenig zu essen wie er selbst. Joseline zeigte sich gerade noch bereit, Dosen zu öffnen, eine nach der anderen, mehr nicht. Die übrige Zeit hatte sie ganz andere Dinge zu tun, Nestchen bauen ... Wie beispielsweise jetzt. Was fummelte sie denn da wieder herum?
„Eine Schmuckdecke für den Kinderwagen“, erklärte Joseline stolz. „Habe ich als Baby auch gehabt. Am Schluss kommen Spitzen darum herum.“
„Ricarda hatte eine Pelzdecke“, erinnerte sich Georg. „Passend zu ihrer Persianerjacke. Ich habe ihr beides im Krankenhaus überreicht.“
So etwas hörte Joseline besonders gern. Gerade jetzt, wo die Exfrau wieder einmal per Anwalt mehr Unterhalt gefordert hatte. „Bravo“, sagte sie böse. Im nächsten Augenblick schrie sie Anton an, um Himmels willen ihren Wollknäuel in Ruhe zu lassen. Er stellte sich taub.
Georg nutzte die Gelegenheit. „Jetzt schreit sie dich schon an“, bedauerte er seinen Kater, der begeistert an einem Faden kaute. „Früher haben wir das nicht gehabt. Eine feine Entwicklung. Aber keine Angst, mein Lieber, ich verteidige dich schon.“ Damit wandte er sich der nächsten Frage zu: „Hat Ihre Katze gelernt, mindestens fünf Schritte auf den Hinterbeinen zu gehen? So ein Quatsch, wir sind doch nicht im Zirkus. Legt sich Ihre Katze auf Simse und fällt im Schlaf herunter? Schon wieder so ein Unsinn. Was scheinen die bloß für Katzen zu kennen?! Aber jetzt wird es interessant.“ Er legte den Finger an den Mund und las wie ein Erstklässler. „Zeigt Ihre Katze Babys oder Kleinkindern gegenüber Ablehnung? Hasst sie

Pudergeruch, nasse Windeln und Geschrei. Ja, Anton, was meinst du, was ich darauf antworten soll?"
Der Kater schüttelte seinen dicken Kopf. Das tat er aber wohl eher wegen des Wollstrangs, der ihn wie eine Liane umgarnte. Wild ruderte er mit Armen und Beinen. Dafür war Joseline hellhörig geworden.
„Sag mal, willst du hier gegen mich Stimmung machen?"
Sie kniff die Augen zusammen. „Nur zu, passt alles zusammen. Ihr gründet wohl einen Verein gegen mich?"
„Was heißt ‚ihr'?", wollte Georg wissen.
„Wer wohl! Du und der dumme Kater, der sich in seiner Gutmütigkeit zu allem missbrauchen lässt!"
„Aber, das ist doch völliger Unsinn", beeilte sich Georg zu versichern. „Außerdem – was regst du dich auf? Hör dir lieber die nächste Frage an, direkt kinderfreundlich: Legt sich Ihre Katze mit Vorliebe in eine Wiege und schmiegt sich an einen schlafenden Zwerg, Pardon, Säugling? Wie viele Punkte soll ich dafür geben?"
„Du verstehst überhaupt nichts. Hast nie etwas verstanden und wirst nie etwas verstehen. Und warum: weil du hoffnungslos männlich und hoffnungslos von gestern bist."
Mit diesen Worten schlug Joseline die Tür hinter sich zu. Die Vorstellung eines Anton in der Wiege musste erst mal verdaut werden. Der Gedanke verfolgte sie Tag und Nacht.
Aber im Moment lauerte noch keine Gefahr: Anton flezte auf der Ausfahrdecke. Zwar war sie erst zu einem Viertel fertig und auch noch nicht umrandet – egal, er ließ sie nicht mehr los. Das erste Stück Babyeigentum, das sich der Kater – im Einverständnis mit Georg, da war sich Joseline sicher – unter die Kralle gerissen hatte.

Weihnachtsidylle: An diesem, dem größten, dem prachtvollsten Abend des Jahres schneite es nun ausgerechnet nicht. Föhnwetter hatte die sibirischen Schneestürme der letzten Wochen abgelöst, es taute und tropfte. Um den in vielerlei Frühlingsfarben schillernden Himmel nicht dauernd vor Augen zu haben, hatte Joseline die Vorhänge zugezogen. Drinnen, im Wohnzimmer, dem augenblicklichen Weihnachtszimmer, herrschte festliche Stimmung. Die Kerzen am windschiefen Christbaum flackerten, der Duft von Glühwein und Tannennadeln lag in der Luft, und über den Teppich segelte zerknülltes Glanzpapier, rollten goldene Spiralen von Seidenband, von Anton sanft verfranst.

Joseline saß glücklich und zufrieden auf der Couch. Das heißt, so glücklich und zufrieden war sie eigentlich gar nicht. Gewiss – der kleine Ferdinand hatte getrunken, artig Bäuerchen gemacht und schlief jetzt in seinem Korbwagen wie das Jesukind in der Krippe (sie hatte seine schwarze Haartolle zu einem Heiligenschein gekämmt, was er sich glucksend und mit wild bewegter Oberlippe gefallen ließ) – und das war ja eigentlich die Hauptsache, aber da gab es noch das Problem mit Anton.

Wohlgenährt war er damals von seinem Ausflug zurückgekehrt, weigerte sich zu verraten, wo er sich inzwischen durchgefressen hatte (Joseline tippte: bei Kasimir), und beanspruchte wie in den besten Zeiten seinen Schlafplatz neben Joseline. Doch darin lag nun das Problem. Joseline musste zweimal nachts aufstehen, um ihr Baby zu versorgen, und wenn sie sich dabei auch wie eine ägyptische Bauchtänzerin aus dem Bett schlängelte, um ihre Lieben ja nicht zu stören – Anton fühlte sich aufgescheucht und trabte verstimmt davon. Einige Anzeichen wiesen darauf hin, dass er bereits mit dem Gedanken einer neuen längeren Abwesenheit spielte (immer öfters starrte er sinnend in die Ferne), aber ein drittes Mal – das wusste Joseline – ein drittes Mal würde sie diese Tortur nicht überstehen. Also setzte sie alles daran, den Kater bei guter Laune zu halten. Sie fütterte ihn mit den auserwähltesten Leckerbissen, führte endlose Monologe mit ihm, polsterte sämtliche Balkonkästen mit Kissen aus.

Ganz vorsichtig hatte sie ihn mit Ferdinand bekannt gemacht. Erst zeigte sich Anton sogar recht angetan von dem Winzling mit dem Milchgeruch, als das Baby dann aber alle zehn Fingerchen bewegte und gleichzeitig herzhaft gähnte, wich Anton entsetzt zurück. Sein Fauchen schnitt Joseline tief ins

Herz. Sie wünschte sich nichts sehnlicher, als dass auch Anton ihr Baby liebte.
Daher ihre gespannte Miene. Georg nahm die Sache weniger ernst. Er hatte seinen Sohn Nummer zwei mit großem Stolz willkommen geheißen und bei Ricarda seine alte Eisenbahn angefordert; jetzt räkelte er sich behaglich im Lehnstuhl und studierte die Geschichte des Kriegs von 1870/71, Joselines Weihnachtsgeschenk. Nebenbei kontrollierte er Anton, der sich vor dem feierlich aufgestellten Puppenhaus niedergelassen hatte, den kleinen Wolfgang Amadeus Mozart fest im Smaragdblick. Eine unbedachte Geste des Katers, und zweihundertachtundsiebzig Seiten Deutsch-Französischer Krieg würden durch die Luft segeln. Das wusste Georg, ahnte Joseline und anscheinend auch der Kater, denn er rührte sich nicht.
Bisher war der Abend friedlich verlaufen. Joselines Mutter – sie verbrachte Weihnachten bei ihrer Tochter Barbara – hatte telefonisch Grüße gehaspelt und Klein Ferdinand symbolisch ans Herz gedrückt, die Schwiegermutter war auf eigenen Wunsch nach einem gemeinsamen Abendessen wieder in die eigenen vier Wände zurückgekehrt. Die Enge in der kleinen Wohnung und Antons unergründlicher Blick irritierten sie. Man würde sich am zweiten Feiertag zum Kaffee treffen. So blieb also die „junge" Familie für den Rest des Abends für sich.
Nervös blätterte Joseline in der Weihnachtspost. Eine Karte war von Petra. Sie hatte ebenfalls einen Jungen bekommen, allerdings unter wesentlich schwierigeren Umständen als die ältere Kollegin, und musste noch ein paar Tage in der Klinik bleiben. Joseline wollte sie gleich morgen besuchen.
Von der nahen Kirche läuteten die Glocken. Fröhliche, selige Weihnachtszeit! Mit einem kleinen gequälten Lächeln schwenkte Joseline Georg ihr Sektglas entgegen (der erste Alkohol seit dem letzten Frühjahr). „Prost, mein Schatz! Auf uns alte Kämpfer und den Neuankömmling! Prost!"
Er schwenkte lustig zwinkernd zurück, zufrieden mit sich, der Welt und diesem Weihnachtsabend. Hatte sich nicht alles bestens geregelt?
Aus den Augenwinkeln heraus beobachtete Joseline Anton.

Stimmte er in den allgemeinen Friedenstoast ein? Es wäre ihr schönstes Weihnachtsgeschenk und war doch bei Gott nicht zu viel verlangt.
Da setzte sich der schwere Kater mit fast gazellenhafter Grazie in Bewegung. Das Puppenhaus schwankte unter seinem Tritt, und fast wäre der kleine Wolferl samt seinem gepuderten Zopf vom Schemel gekippt, doch ungerührt tigerte Anton weiter. Jetzt war er am Korbwagen angekommen. Ein kurzer Moment Pause – Anton dachte sichtlich nach –, dann duckte er sich zum Ansprung.
„He, hallo! Wie haben wir es denn da?" Georg, dem keine Bewegung des Katers entgangen war, hob drohend sein Buch.
„Nicht", wehrte Joseline nervös ab, „bitte nicht. Warte doch." Trotzdem trat auch sie einen Schritt näher.
Überraschend sanft war Anton auf der gehäkelten Decke gelandet. Er schnupperte misstrauisch daran herum, befand sie jedoch als ausreichend bequem für seine Bedürfnisse und streckte sich mit einem wohligen Seufzer darauf aus. Nicht am Kopfende, wie Joseline sich das in schlaflosen Nächten ausgemalt hatte – dort schien es ihm zu unruhig zu sein –, nein, ganz, ganz unten. Jetzt hatte er endlich seinen Platz gefunden, na also. In Zeitlupentempo schlossen sich Antons Augen, mit der linken Hinterpfote umfasste er Ferdinands gehäkelten Babyschuh. Das Baby gurgelte vor Vergnügen.
Dunkel schwangen die Glocken durch die Nacht, wieder und wieder. Die ganze Luft summte von ihrem Klang.
„Mistvieh, dummes!", sagte Georg zärtlich.

EMILE ZOLA

Das Paradies der Katzen

Eine Tante hat mir einen Angorakater vermacht, der wirklich das bornierteste Tier ist, das ich kenne. Was hier folgt, hat mir mein Kater an einem Winterabend am Kamin erzählt.

1

Ich war damals zwei Jahre alt und war bestimmt der fetteste und einfältigste Kater, den man sich denken kann. In jenem zarten Alter war ich noch so überheblich, dass ich das Behagen eines warmen Zuhauses verachtete. Dennoch musste ich der Vorsehung danken, dass sie mich bei Ihrer Tante untergebracht hatte. Die brave Frau liebte mich über alles. Ich hatte unten in einem Schrank ein richtiges Schlafzimmer mit Federkissen und drei Decken. Das Essen war ebenso gut wie das Lager; niemals Brot, niemals Suppe, nur Fleisch, gutes saftiges Fleisch.
Trotzdem hatte ich inmitten dieses Wohllebens nur den einen Wunsch, nur den einen Traum, mich durch das halb geöffnete Fenster davonzustehlen und auf die Dächer zu flüchten. Die Liebkosungen fand ich fade. Mein weiches Bett widerte mich an. Ich war so fett, dass ich mich vor mir selbst ekelte. Und den ganzen Tag glücklich zu sein, langweilte mich maßlos.
Ich muss erwähnen, ich habe, als ich den Hals reckte, durch das Fenster das Dach gegenüber gesehen. An jenem Tage balgten sich dort vier Katzen mit gesträubtem Fell und hochstehendem Schwanz, wälzten sich in der Sonne auf den blauen Schiefern und stießen dabei Freudenschreie aus. Noch nie hatte ich ein so ungewöhnliches Schauspiel gesehen. Von da an stand eins für mich fest: Das wahre Glück war auf jenem Dach hinter dem Fenster, das man so sorgfältig schloss. Dass es so sein musste, bewies, dass man auch die Türen der Schränke verschloss, hinter denen das Fleisch versteckt war.
Ich gab meinen Fluchtplan nicht auf. Es musste im Leben noch

etwas anderes geben als saftiges Fleisch. Dort war das Unbekannte, das Ideal. Eines Tages vergaß man, das Küchenfenster zu schließen. Ich sprang auf ein kleines Dach, das sich darunter befand.

2

Wie schön die Dächer waren! Breite Traufen säumten sie, aus denen köstliche Gerüche kamen. Mit einem Gefühl der Wollust lief ich durch diese Traufen. Meine Pfoten versanken in einem weichen Schmutz, der sehr feucht war und unendlich wohltat. Es war mir, als ginge ich auf Samt, und in der Sonne war es wunderbar warm. Eine Wärme, die mein Fett schmelzen ließ.
Ich will Ihnen nicht verhehlen, dass ich am ganzen Leibe zitterte. In meine Freude mischte sich Entsetzen. Ich erinnere mich vor allem an ein furchtbares Gefühl, das mich fast auf das Pflaster hinunterstürzen ließ. Drei Kater, die sich auf dem Giebel eines Hauses wälzten, kamen mit grässlichem Miauen auf mich zu. Und als ich fast ohnmächtig wurde, sagten sie, ich sei dumm, sie miauten nur zum Spaß. Woraufhin ich mit ihnen zu miauen begann. Es war entzückend. Die Spaßvögel waren nicht fett wie ich. Sie machten sich über mich lustig, als ich wie eine Kugel über die in der Sonne schmorenden Zinkplatten rollte. Ihr Anführer, ein alter Kater, befreundete sich besonders mit mir. Er erbot sich, mich zu unterweisen, was ich dankbar annahm.

Ach, wie weit weg war die behagliche Atmosphäre bei Ihrer Tante! Ich trank aus den Dachrinnen, und nie hat mir gezuckerte Milch so süß geschmeckt! Alles erschien mir gut und schön.

Eine Katze kam vorüber. Eine bezaubernde Katze, deren Anblick ein ganz neues Gefühl in mir weckte. Nur in meinen einsamen Träumen hatte ich bis dahin jene herrlichen Geschöpfe gesehen, deren Rücken so wunderbar geschmeidig ist. Wir, meine drei Gefährten und ich, eilten auf sie zu. Ich war schneller als die anderen und war gerade dabei, der reizenden Katze Schmeichelhaftes zu sagen, als einer meiner Kameraden

mich grausam in den Hals biss. Ich stieß einen Schmerzensschrei aus.
„Bah", sagte der alte Kater, mich mit sich ziehend. „Sie werden noch viele ihresgleichen sehen."

3

Nach einem einstündigen Spaziergang verspürte ich einen Riesenappetit.
„Was isst man auf den Dächern?", fragte ich meinen Freund, den Kater.
„Was man findet", erwiderte er weise.
Diese Antwort verwirrte mich, denn so viel ich auch suchte, ich fand nichts. Schließlich bemerkte ich in einer Mansarde eine junge Arbeiterin, die ihr Mittagessen bereitete. Auf dem Tisch unter dem Fenster lag ein schönes, appetitliches, rotes Kotelett.
„Das wäre was für mich", dachte ich äußerst naiv.
Und ich sprang auf den Tisch und ergriff das Kotelett. Aber die Arbeiterin, die mich gesehen hatte, versetzte mir einen scheußlichen Schlag mit dem Besenstiel auf den Rücken. Ich ließ das Fleisch fallen und flüchtete laut fluchend.
„Sie sind wohl von gestern", sagte der Kater zu mir. „Das Fleisch, das auf Tischen liegt, darf man nur von fern begehren. In den Regenrinnen muss man suchen."
Nie habe ich begreifen können, dass das Fleisch in den Küchen nicht den Katzen gehört. Mein Bauch begann ernstlich wütend zu werden. Der Kater machte mich noch völlig verzweifelt mit der Bemerkung, man müsse abwarten, bis es Nacht sei. Wir würden dann auf die Straße hinuntergehen und in den Müllhaufen wühlen.
Abwarten, bis es Nacht sei! Er sagte das mit der Ruhe eines abgebrühten Philosophen.
Mir wurde schon allein bei dem Gedanken an dieses noch lange währende Fasten schwach.

4

Die Nacht kam langsam, eine neblige Nacht, in der ich Stein und Bein fror. Bald begann es zu regnen, ein feiner, durchdringender, von Windstößen gepeitschter Regen. Wir gingen die Treppe hinunter und durch eine Glastür hinaus. Wie hässlich mir die Straße vorkam!

Nichts mehr von der wohligen Wärme, der strahlenden Sonne, den im Lichte gleißenden Dächern, auf denen man sich so köstlich sielen konnte. Meine Pfoten rutschten auf dem glitschigen Pflaster. Voller Bitterkeit dachte ich an meine drei Decken und mein Federkissen zurück.

Kaum waren wir auf der Straße, da begann mein Freund, der Kater, zu zittern. Er machte sich klein, ganz klein, schlich an den Häusern entlang und sagte mir, ich solle ihm schnellstens folgen. Als er an eine Toreinfahrt kam, verschwand er hastig darin, wobei er befriedigt schnurrte.

Auf meine Frage, warum er sich dort hineingeflüchtet habe, antwortete er:

„Haben Sie denn nicht den Mann mit der Kiepe und dem Eisenhaken gesehen?“

„Doch.“

„Nun, wenn er uns bemerkt hätte, hätte er uns erschlagen, am Spieß gebraten und verzehrt!“

„Am Spieß gebraten und verzehrt!“, rief ich. „Aber gehört denn die Straße nicht uns? Man findet nichts zu fressen und wird gefressen!“

5

Inzwischen hatte man die Mülleimer vor den Türen entleert. Ich suchte verzweifelt in den Haufen, fand zwei oder drei magere Knochen, die in der Asche gelegen hatten. Da wurde mir klar, wie wundervoll eine frische Lunge schmeckt. Mein Freund, der Kater, durchsuchte behende die Müllhaufen. Bis zum Morgen musste ich mit ihm herumlaufen; er ließ keine Straße aus und beeilte sich nicht im Geringsten. Fast zehn Stunden lang wurde

ich vom Regen klatschnass und mich fror zum Erbarmen. Verfluchte Straße, verfluchte Freiheit! Ach, wie sehnte ich mich nach meinem Gefängnis zurück!
Als es Tag geworden war, fragte der Kater, der mich schwanken sah, mit seltsamer Miene:
„Haben Sie jetzt genug?"
„Ja! Ja!", antwortete ich.
„Wollen Sie nach Hause zurück?"
„Natürlich. Aber wie soll ich das Haus wieder finden?"
„Kommen Sie. Als ich Sie heute morgen herauskommen sah, wusste ich sofort, dass ein fetter Kater wie Sie für die bitteren Freuden der Freiheit nicht geschaffen ist. Ich weiß, wo Sie wohnen, und werde Sie dorthin bringen."
Er sagte das ganz selbstverständlich, mein würdevoller Lehrer. Als wir am Ziel waren, verabschiedete er sich von mir kühl und sachlich.
„Nein", rief ich. „So werden wir uns nicht trennen. Sie kommen mit mir mit. Wir werden Bett und Fleisch teilen. Meine Herrin ist eine brave Frau ..."
Er ließ mich nicht ausreden.
„Schweigen Sie", sagte er grob. „Sie sind ein Narr. Ich würde in Ihrer verweichlichten Welt umkommen. Ihr üppiges Leben ist gut für Katzen wie Sie. Die freien Katzen würden nie für Ihr Wohlleben und Ihr Federkissen in Gefangenschaft gehen ... Leben Sie wohl."
Und er kehrte auf seine Dächer zurück. Ich sah in der aufgehenden Sonne seine schlanke Gestalt vor Behagen zittern.
Als ich nach Hause kam, ergriff Ihre Tante die Klopfpeitsche und verabfolgte mir eine Tracht Prügel, die ich mit großer Freude empfing. Nur allzu sehr genoss ich das wollüstige Gefühl, es warm zu haben und verprügelt zu werden. Während sie mich schlug, dachte ich voller Wonne an das Fleisch, das sie mir danach geben würde.

6

„Wissen Sie", schloss mein Kater – sich vor der Glut in meinem

Kamin streckend –, „das wirkliche Glück, das Paradies, mein lieber Herr, ist es, in einem Zimmer, in dem Fleisch liegt, eingesperrt und verprügelt zu werden. Das gilt für alle Katzen."

Konstantin Paustowski

Der rote Räuber

Es war zum Verzweifeln. Wir wussten nicht, wie wir ihn fangen sollten, diesen rothaarigen Kater. Er bestahl uns Nacht für Nacht. So schlau verstand er sich zu verstecken, dass ihm keiner von uns auf die Schliche kam. Erst nach einer Woche gelang es uns festzustellen, dass ein Katerohr zerfetzt war und dass vom schmutzigen Schwanz ein Stück fehlte.
Das war er also, dieser Kater, der sein Gewissen verloren hatte, dieser Landstreicher und Bandit! Unter uns nannten wir ihn den Oberräuber.
Er stahl einfach alles: Fisch und Fleisch, saure Sahne und Brot. Einmal holte er sich aus unserer Vorratskammer eine Blechbüchse mit Würmern. Er fraß die Würmer zwar nicht selbst, doch die Hühner rannten zur erbeuteten Büchse und pikten unseren ganzen Ködervorrat auf.
Dann lagen die voll gefressenen Hühner in der Sonne und stöhnten. Wir gingen um sie herum und schimpften über sie. Der geplante Fischfang war ins Wasser gefallen.
Fast einen ganzen Monat vergeudeten wir damit, den roten Kater zu erwischen.
Die Dorfjungen halfen uns dabei. Eines Tages kamen sie angerannt und erzählten außer Atem: „Der Kater ist im Morgengrauen herangeschlichen, hat sich in die Gemüsegärten geduckt und in den Zähnen einen Haken mit Barschen weggeschleppt.“
Wir stürzten in den Keller und sahen sofort, dass der Haken weg war. Auf ihm hatten zehn fette Barsche gesteckt, aus der Prorva gefangen.
Das war schon kein Diebstahl mehr – das war Raub am helllichten Tag. Wir schworen uns, den Kater einzufangen und ihn für seine Banditenstreiche zu verbleuen.
Noch am selben Abend ging er uns in die Falle. Er stahl ein Stück Leberwurst und kletterte damit sofort auf eine Birke. Wir

fingen an, die Birke zu schütteln. Da ließ der Kater die Leberwurst fallen. Sie fiel Ruwin auf den Kopf. Mit wildem Blick sah der Kater auf uns herunter und heulte schrecklich. Doch da war keine Hilfe. Er entschloss sich zu einer verzweifelten Tat: Mit Furcht erregendem Schrei schnellte er von der Birke ab, landete auf dem Boden, sprang wie ein Fußball hoch und sauste zum Haus.

Das Haus war klein. Es stand in einem öden, verwilderten Garten. Jede Nacht wurden wir vom Getrommel wach, mit dem die wilden Äpfel auf das Bretterdach fielen. Das Haus war angefüllt mit Angeln, mit Schrot und Äpfeln und dürrem Laub. Wir benutzten es nur zum Übernachten.

Den ganzen Tag über, vom Morgengrauen bis zur Abenddämmerung, streiften wir an den Ufern der vielen Wasserläufe und Seen umher. Dort fingen wir Fische und schichteten im Ufergestrüpp Scheiterhaufen auf.

An die Seeufer war nur auf engen Trampelpfaden durch das hohe, duftende Gras heranzukommen. Die Blütenstände wiegten sich über unseren Köpfen und bestreuten die Schultern mit Blütenstaub.

Abends kehrten wir zurück, von Dornen zerkratzt, hundemüde, sonnverbrannt, mit ganzen Packen silbriger Fische; und jedes Mal kam man uns mit Geschichten über neue Streiche dieses Stromers entgegen, des roten Katers.

Aber nun war er uns in die Falle gegangen. Er war unter das Haus gekrochen, durch ein enges Loch, außer dem es keinen Ein- und Ausschlupf gab. Ein Hintertürchen stand nirgendwo offen.

Wir verhängten das Schlupfloch mit einem ausgedienten Fischernetz und begannen zu warten. Aber der Kater kam nicht heraus. Er heulte widerwärtig, heulte wie ein Erdgeist, ununterbrochen und ohne zu ermüden.

Es verging eine Stunde, eine zweite, eine dritte ...

Schließlich wurde es Zeit, sich schlafen zu legen. Doch der Kater heulte und schimpfte unter dem Haus, und das fiel uns auf die Nerven. Lenjka wurde herbeigerufen, der Sohn des Dorfschusters. Lenjka war wegen seiner Furchtlosigkeit berühmt und er war sehr pfiffig. Ihm gaben wir den Auftrag, den Kater aus dem Fehlboden unter dem Haus hervorzuholen. Lenjka nahm eine seidene Angelschnur, befestigte sie am Schwanz einer frisch gefangenen Plötze und warf sie durch den Einschlupf in den Zwischenboden.

Das Geheul brach ab. Wir hörten ein Knirschen, ein gieriges Knacken: Der Kater verbiss sich in den Kopf des Fisches. Mit Würgegriff fiel er über ihn her. Lenjka zog an der Schnur. Der Kater krallte sich verzweifelt ein, doch Lenjka war stärker, und außerdem wollte der Kater den leckeren Fisch nicht loslassen.

Eine Minute später erschien der Kopf des Katers mit der Plötze zwischen den Zähnen in der Öffnung des Schlupflochs. Lenjka packte den Kater am Kragen und hob ihn vom Boden auf. Zum ersten Mal konnten wir ihn so richtig betrachten.

Der Kater kniff die Augen zu und legte seine Ohren an. Den Schwanz zog er für alle Fälle ein. Er sah abgemagert aus, trotz seiner fortgesetzten Räubereien: ein verwahrloster Kater, brandrot, mit weißen Flecken am Bauch.

Nachdem Ruwin ihn nachdenklich gemustert hatte, fragte er: „Was tun wir jetzt mit ihm?"

„Verdreschen!", schlug ich vor.

„Das hilft nichts", sagte Lenjka. „Der ist als Räuber auf die Welt gekommen."

Der Kater lauerte mit engen Augenschlitzen.

Da sagte Ruwin überraschend: „Man sollte ihn einmal richtig füttern."

Wir befolgten diesen Rat, schleppten den Kater in die Vorratskammer und gaben ihm ein erstklassiges Abendessen: Schweinebraten, Barsch in Gelee, Quarktäschchen mit Sahne.

Der Kater speiste länger als eine Stunde. Schwankend verließ er die Vorratskammer, ließ sich auf der Türschwelle nieder und putzte sich. Auf uns und die Sterne, die niedrig standen, warf er dabei Blicke aus grünen, frechen Augen. Nach der Katzenwäsche fauchte er ausgiebig und rieb sich den Kopf am Boden. Anscheinend wollte er damit Behagen anzeigen. Wir fürchteten schon, er könnte sich das Fell am Nacken durchwetzen.

Dann wälzte sich der Kater auf den Rücken, fing seinen

Schwanz, knabberte an ihm herum, spuckte um sich, streckte sich auf dem Ofen aus und schnarchte friedfertig.
Von dem Tag an lebte er mit uns. Mit dem Stehlen war es vorbei. Am nächsten Morgen vollbrachte er sogar eine edle, unerwartete Tat. Auf dem Tisch im Garten stand ein Teller mit Buchweizengrütze. Die Hühner flatterten auf den Tisch, und während eins das andere wegstieß und beschimpfte, pikten sie die Grütze aus dem Teller.
Der Kater zitterte vor Entrüstung. Er pirschte sich an die Hühner heran und sprang mit kurzem Siegesruf auf den Tisch. Die Hühner flatterten mit Angstgeschrei davon. Dabei warfen sie einen Milchkrug um, sie verloren Federn beim Reißausnehmen und stürzten aus dem Garten.
Allen voran rannte und tuckerte der Hahn, der Schreihals und Krakeeler. Der Kater rannte ihm auf drei Beinen nach und schlug ihm mit der einen Vorderpfote auf den Rücken. Staub und Flaum wirbelten auf. Der Kater trommelte auf dem Hahn wie auf einem Gummiball, bei jedem Schlag gab es einen Bums und einen Pfiff. Danach lag der Hahn ein paar Minuten lang da, die Augen verdreht, und stöhnte leise. Als er mit kaltem Wasser übergossen wurde, verzog er sich rasch.
Künftig hüteten sich die Hühner, uns zu bestehlen. Sobald sie den Kater auch nur erblickten, versteckten sie sich sofort unter dem Haus, mit viel Gestoße und viel Gegacker.
Der Kater ging ums Haus und durch den Garten, als wäre er Hausherr und Wächter zugleich. Er rieb den Kopf an unseren Füßen. Er verlangte Dankbarkeit und ließ ganze Büschel seiner roten Haare auf unseren Hosen.
Wir tauften ihn um: Aus dem „Oberräuber“ wurde der „Polizist“. Und wenn auch Ruwin behauptete, das wäre nicht ganz passend, so waren wir anderen doch überzeugt, dass der Polizist uns keine Schande machen werde.

Mark Twain

Dick Baker und sein Kater

Einer meiner Kameraden dort – auch ein Opfer von achtzehn Jahren unbelohnter Plackerei und vernichteter Hoffnungen – war eines der sanftesten Gemüter, die je in öder Verbannung geduldig ihr Kreuz getragen haben: der gesetzte und schlichte Dick Baker, Nestergräber von Dead-House Gulch. Sechsundvierzig Jahre alt, grau wie ein Ratz, ernst, beschaulich, mit dürftiger Bildung, schlampig gekleidet und lehmbeschmiert, sein Herz aber aus edlerem Metall als alles Gold, das seine Schippe zutage förderte – ja als alles, was jemals gegraben oder geprägt worden ist.

Immer wenn er eine Pechsträhne hatte und ein bisschen niedergeschlagen war, fing er an, um den Verlust einer wunderbaren Katze zu trauern, die er einmal besessen hatte (denn wo keine Frauen und Kinder da sind, halten sich gutherzig veranlagte Männer Schoßtiere, weil sie irgendetwas lieb haben müssen). Und immer sprach er von der merkwürdigen Klugheit dieser Katze, und er tat dies mit der Miene eines Mannes, der im geheimsten Innern glaubte, dass sie etwas Menschliches – vielleicht sogar Übernatürliches – an sich gehabt hätte.

Ich hörte ihn einmal von diesem Tier erzählen. Er sagte: „Wissen Sie, ich hab hier mal 'ne Katze gehabt, die hieß Tom Quarz, die hätte Sie vielleicht interessiert, ich meine – hätte fast jeden interessiert. Hab sie hier acht Jahre gehabt – die phantastischste Katze, die *ich* jedenfalls gesehn hab. War 'n großer grauer Kater, mein Tom Quarz, mit mehr Menschenverstand wie jeder hier im Camp – und *würdig* – hätte sich nicht mal von unserm hohen Gouverneur vertraulich kommen lassen. Sein ganzes Leben lang hat er keine Ratte gefangen – war ihm nicht fein genug. Ihn hat nichts weiter reizen können wie's Goldgraben. Da wusst er mehr drüber, dieser Kater, wie alle Leute, die ich überhaupt kenne. Übers Seifengraben konnte ihm keiner mehr was vormachen – und für Nester, Mann, dafür war er richtiggehend geboren. Hat hinter mir und Jim hergebuddelt, wenn wir über die Hügel schürfen waren, und ist ganze fünf Meilen hinter uns hergetrottet, wenn wir so weit gegangen sind. Und hat den allerbesten Riecher gehabt für Boden mit was drin – so was haben Sie einfach noch nicht gesehn. Haben wir dann mit der Arbeit angefangen, hat er rumgeäugt, und wenn er von den Anzeichen nicht viel gehalten hat, hat er geguckt, wie wenn er sagen wollte: ‚*Mich* müsst ihr schon entschuldigen', und hat dann ohne jedes weitre Wort die Nase hochgenommen und ist abgeschoben und nach Hause. Hat ihm der Boden aber gefallen, hat er abgewartet und keinen Mucks gesagt, bis die erste Pfanne ausgeseift war, und dann ist er anscharwenzelt gekommen und hat sich's angeguckt, und hatten wir so Stücker sechs bis sieben Goldkörner drin, war er zufrieden – 'ne bessere Schürfe wollte er gar nicht –, und dann hat er sich auf unsre Jacketts hingehaun und wie 'n Dampfschiff geschnarcht, bis wir aufs Nest gestoßen sind, und ist dann aufgestanden und hat Aufsicht geführt. Im Obersteigern war er schon beinah ganz große Klasse.

Na ja, und dann kam das Getue mit dem Quarzbau. Sind alle rein versessen drauf gewesen, haben sich alle mit der Picke und Sprengpulver rangemacht, statt auf'm Hang zu schippen – haben alle ihr'n Schacht gebohrt, statt über Tage zu kratzen. Jim ließ keine Ruhe mehr, wir sollten's auch mal mit Adern probiern, und das haben wir denn. Haben uns an einen Schacht gemacht, und Tom Quarz, der hat sich vielleicht gewundert, was in drei Teufels Namen das nu alles bedeuten sollte. So 'ne Art Bergbau hatte er doch noch nie gesehn, und er war reineweg durcheinander, es ging ihm irgendwie nicht ein, war ihm einfach zu hoch. Hat ihm gestunken, kann ich Ihnen sagen, hat ihm mächtig gestunken – hat's wohl für den reinsten Blödsinn gehalten. Aber dieser Kater war schon von früher her gegen alle neumod'schen Einrichtungen – die konnt er irgendwie nicht ausstehn. Sie wissen ja, wie das mit alten Gewohnheiten so ist. Langsam hat sich Tom Quarz dann aber doch 'n bisschen damit ausgesöhnt, bloß hat er nie völlig verstanden, warum nu immerzu Schacht gebohrt und gar nichts mehr ausgeseift wurde.

Zuletzt ist er auch selber runter in den Schacht gekommen, um sich die Sache zu beschnuppern. Und wenn er mal miesepetrig war und niedergeschlagen und verärgert und sauer – denn er wusste doch, dass wir immer tiefer in die Kreide gerieten und keinen einzigen Cent machten –, da hat er sich in der Ecke auf einem Jutesack zusammengerollt und sich ausgeschlafen. Wie nu eines Tages der Schacht seine zirka acht Fuß tief war, wurde das Gestein so knochenhart, dass wir sprengen mussten – das erste Mal in Tom Quarz' Leben. Und da haben wir also die Lunte angezündet und sind raus und fünfzig Schritt weit weg – und haben Tom Quarz vergessen und auf dem Sack weiterschlafen lassen. Nach ungefähr einer Minute sehn wir aus dem Loch 'ne Rauchwolke rauspuffen, und dann ist alles mit furchtbarem Krach losgegangen, und zirka vier Millionen Tonnen Felsen und Erde und Rauch und Splitter sind anderthalb Meilen hoch in die Luft geflogen, und, weiß der Kuckuck, genau mittendrin der alte Tom Quarz! Und schießt wie wahnsinnig Kobolz und schnaubt und niest und haut um sich und will sich wo festkrallen. Half bloß nicht, wissen Sie, half überhaupt nicht. Und dann haben wir zweieinhalb Minuten lang nichts mehr von ihm gesehen, und auf einmal hat's Steinbrocken und Dreck geregnet, und dann – plumps! – ist er runtergekommen, ungefähr zehn Fuß weit ab von da, wo wir standen. Na, der sah aus wie das gemeinste Viech, was Ihnen je übern Weg gelaufen ist. Das eine Ohr hinten am Genick und den Schwanz verbogen und die Wimpern versengt und ganz schwarz von Pulver und Rauch und mit Dreck beschmiert und von oben bis unten mistig. Also, ich sag Ihnen, sich entschuldigen wollen, war sinnlos – kein Wort brachten wir raus. Er hat erst sich selber und denn uns angeguckt, ganz empört, so als ob er sagen wollte: ‚Ihr kommt euch wohl sehr schlau vor, was, 'ne Katze so reinzulegen, die mit Quarz noch keine Erfahrung hat, aber ich denk da anders drüber!', und dann machte er kehrt und zog ab nach Hause, ohne noch weiter was zu sagen.

Das war genau seine Art. Und Sie werden's vielleicht nicht glauben, aber was der hinterher für 'n Vorurteil gegen Quarzbau hatte, das war bei 'ner Katze einfach einmalig. Und wie er dann

nach und nach doch wieder runter in den Schacht gegangen ist, da hätten Sie gestaunt, wie schlau er da war. Den Moment, wo wir 'ne Sprengung loslassen wollen und die Lunte anfängt zu knistern, guckt er als wie: ‚Mich müsst ihr schon entschuldigen', und nichts wie raus aus 'm Loch und rauf auf 'n Baum. Klugheit? Gar kein Ausdruck. Schon mehr höhere Eingebung!"
Ich sagte: „Diese Voreingenommenheit gegen den Quarzbau ist wirklich erstaunlich, Mr. Baker, wenn man bedenkt, wie er sie sich geholt hat. Konnten Sie ihn denn nie davon heilen?"
„Ihn *heilen?* Ach herrje! Wenn Tom Quarz erst einmal gegen was war, dann war er *immer* dagegen – und da hätten Sie ihn dreimillionenmal in die Luft sprengen können, sein verdammtes Vorurteil gegen Quarzbau hätten Sie nicht aus ihm rausgekriegt, nein, aus ihm nicht."
Die Liebe und der Stolz, die Bakers Gesicht erhellten, wenn er der Standhaftigkeit seines einstigen ergebenen Freundes Tribut zollte, wird mir immer lebendig in Erinnerung bleiben.

Tina Caspari

Gespenster essen keinen Hering

Ein Tiger im Regen

„Mann ist das eine Hitze!“
Walther, TH genannt, stand auf, reckte sich zu seiner vollen und bemerkenswerten Länge und rieb sich den verschwitzten Hosenboden, der auf dem Plastikbezug der Eckbank einen feuchten Fleck hinterlassen hatte.
Dann suchte er in seinen Jeans nach einem Taschentuch, tupfte die Schweißperlen von der Nase und begann umständlich seine Brille zu putzen.
„Ich werde bei Mamma für jeden von uns noch eine Cola schnorren“, sagte Tommi tröstend. „Das hält ja kein Nilpferd aus.“
„Vielleicht sollten wir uns lieber in den Garten setzen?“, schlug Milli vor.
„Da ist es ja noch schlimmer. Fünfunddreißig Grad im Schatten, das stelle sich mal einer vor!“ Walther trocknete sich Hals und Gesicht ab. „Und keine Schule!“
„Wieso, TH, möchtest du bei dieser Hitze etwa in die Schule gehen?“
„Quatsch. Aber dann bekämen wir hitzefrei, das lohnte sich wenigstens. So ’ne Hitze ohne Schule, das ist doch die reinste Verschwendung!“
Tommi war in die Küche der Pizzeria *Mamma Gina* hinübergelaufen, um mit seiner Mutter zu verhandeln. Mamma Gina stand an dem großen Tisch unter dem Fenster und bearbeitete einen Nudelteig, als wolle sie ihn verprügeln. Klatsch! ging es, klatsch, klatsch, klatsch, dann flog das handtuchdünne Teigstück durch die Luft, landete wieder auf dem Tisch und wurde mit den Händen noch ein wenig mehr ausgewalkt. Dabei sang Mamma Gina aus voller Kehle.
„Was wird das?“, fragte Tommi, dem die größte Hitze nicht den

Appetit verschlagen konnte. „Lasagne“, sagte Mamma Gina und wischte sich die Hände an der Kittelschürze ab. „Sag bloß, ihr wollt schon wieder was zu trinken!“
„Es ist so heiß und ...“
„Heiß! Heiß! Und das sagt ein Italiener, dio mio! Trinkt nicht so viel Cola, davon wird es nur schlimmer.“
„Aber die anderen ...“
„Gut, gut, macht, was ihr wollt. Geh zu Papa, der wird dir was geben.“
Tommi verkrümelte sich schweigend. Im Gastraum herrschte sanftes Halbdunkel, das ein wenig Kühle zumindest vortäuschte, wenn man das Lokal betrat. Papa Francesco Carotti stand hinter der Theke und studierte in der Zeitung die neuesten Fußballergebnisse. In einer Ecke löffelte ein sehr junges Paar Eis, als wollte es einen Geschwindigkeitsrekord aufstellen.
„Papa, Mamma hat gesagt ...“
„Schon gut, nimm dir noch vier Flaschen. Aber vergiss nicht, vier neue ins Eis zu tun, hörst du?“
„Danke, Papa!“
Tommi nahm vier Flaschen Cola aus dem Kühlfach und stellte vier neue aus dem Kasten darunter hinein. Dann kehrte er ins Hinterzimmer der Pizzeria *Mamma Gina* zurück, das den vier Freunden, der Pizza-Bande, als Versammlungsraum diente.
„Nachschub, dem Himmel sei Dank, ich verschmachte“, ächzte Walther übertrieben und spielte den Verdurstenden in der Wüste.
„Wo Schräubchen nur bleibt?“, murmelte Milli. „Sie wollte schon vor einer halben Stunde hier sein! Ich muss doch gleich heim. Außerdem gibt es sicher ein Gewitter, und ich habe keine Lust, bei Blitz und Donner durch die Felder zu fahren.“
„Dann bleibst du eben, bis das Gewitter vorüber ist“, sagte Tommi gleichmütig und schenkte die Gläser voll. Er machte das mit einem gekonnten Schwung, den er Papa Francesco abgeschaut hatte.
„Du hast Nerven! Ich muss heute im Kuhstall helfen, Leni hat ihren freien Tag!“
„Wie ist das eigentlich, wenn man eine Kuh ist?“ Tommi ver-

folgte interessiert die winzigen Fontänen, die aus seinem Glas aufstiegen. „Diese Dinger da, die von der Melkmaschine angelegt werden ... fühlt man sich da nicht wie auf dem elektrischen Stuhl?"
„Das musst du die Kühe fragen, nicht mich."
In diesem Augenblick stürmte Schräubchen herein. Ihr Gesicht war vom Laufen gerötet und mit winzigen Schweißperlen bedeckt, die kurzen blonden Haare standen in feuchten Büscheln vom Kopf ab, das dunkelblaue T-Shirt klebte am Körper. „Kinder, ihr ratet nicht, was Schreckliches passiert ist!", keuchte Schräubchen und ließ sich neben Milli auf die Eckbank fallen. „Gebt mir sofort was zu trinken, ich komme um vor Durst!"
„Ist das das Schreckliche?"
„Quatsch!"
Tommi schob Schräubchen ein gefülltes Glas hinüber, und sie stürzte es ohne abzusetzen hinunter. Danach hielt sie sich erst einmal für eine Weile den Bauch, weil ihr das Getränk wie ein Brocken Zement im Magen lag.
„Nun erzähl schon!"
„Brennt es irgendwo?"
„Ein Unfall?"
Schräubchen schüttelte stumm den Kopf, sie rang immer noch nach Atem.
„Esmeralda ist weg!", brachte sie schließlich heraus.
„Esmeralda? Wer ist Esmeralda?", fragte Walther.
„Na, Frau Molls Esmeralda!"
„Du kennst doch Frau Moll!", erklärte Milli. „Die Vermieterin von Schräubchens Tante Ilse!"
„Ach so, ja, die das irre alte Haus am See unten hat. Und deren Tochter ist verschwunden?"
„Wieso Tochter? Ihre Katze!"
„Ach so. Ich wusste gar nicht, dass sie eine Katze hat."
„Und was für eine! Ein Prachtstück! Rauchgrau, eine Perserkatze mit ganz langem, seidigem Fell! Sie hat schon zig Preise gewonnen! Was glaubst du, wie kostbar die ist!"
„Und wieso ist sie jetzt verschwunden?"

„Wieso? Woher soll ich das wissen! Jedenfalls ist sie weg. Heute früh lag sie noch auf ihrem Platz auf der rechten Säule der Einfahrt, ihr wisst schon, die ganz unter den Blättern des Ahorns versteckt ist, das war ihr Lieblingsplatz. Und jetzt ist sie weg."
„Vielleicht hat sie sich an einen kühlen Platz verkrochen. In den Keller zum Beispiel", meinte Milli.
„Das haben wir auch gedacht. Und wir haben in jedem Winkel nachgesehen, wir haben das ganze Grundstück durchgekämmt und die Nachbarschaft. Tante Ilse und ich haben Frau Moll beim Suchen geholfen, und wir haben wirklich nichts ausgelassen, das könnt ihr mir glauben."
„Vielleicht ist sie weggelaufen. Katzen laufen oft sehr weit", sagte Milli.
Tommi grinste. „Besonders dann, wenn sie einem hübschen Kater nachsteigen!"
„Esmeralda hat das noch nie getan!", beteuerte Schräubchen. „In den ganzen acht Jahren ihres Lebens noch nicht. Sie hat ihre festen Gewohnheiten, und jeder im Viertel kennt sie. Sie ist immer zurückgekommen!"
„Das ist bedenklich!"
Walther suchte nach einem trockenen Zipfel an seinem Taschentuch, um seine vom Schwitzen schon wieder beschlagene Brille zu putzen.
„Vielleicht ist sie überfahren worden?" Tommi sah fragend in die Runde. „Ich meine, derjenige könnte sie doch in sein Auto gepackt und heimlich beseitigt haben, weil ihm das peinlich war!"
„Das hätte bestimmt jemand gesehen oder gehört. Und man hätte Blutspuren auf der Straße finden müssen!"
„Also bleibt nur Diebstahl!", stellte TH fest. „Kein Wunder, wenn das Prachtstück so kostbar ist."
„Frau Moll hat so geweint", sagte Schräubchen leise. „Sie tut mir schrecklich Leid. Esmeralda war wie ein Kind für sie. Das einzige Wesen auf der Welt, das zu ihr gehört. Ihr Mann ist schon lange tot, und sie hat keine Kinder, auch sonst keine Verwandten."

„Das ist schlimm. Wenn wir ihr nur helfen könnten!" Milli stützte nachdenklich das Kinn auf ihre Fäuste. „Hat sie denn schon die Polizei benachrichtigt?"
„Klar, sofort! Und auch den Tierschutzverein. Aber das ist ja gerade das Schlimme ..."
„Was?"
„Sie haben gesagt, dies sei nicht der erste Fall! In letzter Zeit verschwinden dauernd Katzen in Sommerberg. Und sie haben den Verdacht, dass da ein ganz gerissener Katzendieb am Werk ist!"
„Ein Katzendieb?"
„Ja! Ein Fänger. Einer, der Katzen klaut und sie dann für viel Geld an eine Versuchsanstalt verkauft, ein Labor, in dem Versuche für die Kosmetikindustrie gemacht werden. Es gibt da neuerdings eines nicht weit von Sommerberg. Aber man hat ihnen noch nichts nachweisen können. Das ist natürlich auch nicht so leicht."
„Grauenhaft!", stöhnte Milli. „Ich kenne nichts Widerwärtigeres als diese sinnlosen und qualvollen Tierversuche! Ich habe schon öfter darüber gelesen."
„Die Tierversuche sind schon schlimm genug", meinte Walther. „Aber sie dann auch noch mit gestohlenen Tieren durchzuführen, mit Katzen und Hunden, die ein Zuhause haben, Menschen, die an ihnen hängen, die viel Geld für sie ausgeben, für Futter, für den Tierarzt, die sie hegen und pflegen und ihnen bestimmt auch manches Opfer bringen, das ist doch ... das ist doch ..."
„Kriminell!"
„Genau."
„Man müsste ihnen ein für alle Mal das Handwerk legen!"
„Du sagst es."
Draußen ertönte dumpfes Grollen.
„Das Gewitter!", rief Milli. „Ich dachte nicht, dass es so schnell kommen würde. Ich muss schleunigst nach Hause, seid nicht böse. Bis morgen dann!"
„Okay, bis morgen. Ciao!"
„Ciao, Milli!"

„Tschüs!"
Milli stürmte nach draußen, winkte Papa Francesco hinter seinem Tresen zu und rannte auf die Straße. Noch war das Gewitter ein paar Kilometer entfernt, die Wolken hingen bleigrau über der Stadt, kein Lüftchen regte sich. Milli zerrte ihr Fahrrad aus dem Ständer und machte sich auf den Weg.
In der Stadt herrschte um diese Zeit Hochbetrieb; die Büros, Handwerksbetriebe und Fabriken hatten Feierabend, die Straßen waren von Autos verstopft. Milli schlängelte sich durch das Gewühl und war froh, als sie die Stadt hinter sich lassen konnte. Auf kleinen Straßen und Feldwegen fuhr sie zum Maierhof hinaus, das bedeutete zwar einen kleinen Umweg, aber es war ihr lieber, als auf der Staatsstraße dem Benzindunst und Lärm der Autoschlangen ausgesetzt zu sein.
Milli hatte noch nicht ganz die Hälfte ihres Weges hinter sich, da erhob sich urplötzlich ein Sturm, als solle sie mitsamt ihrem Fahrrad in den Himmel entführt werden. Gleichzeitig begann es um sie herum zu krachen und zu blitzen, dass sie sich unwillkürlich duckte und vom Rad sprang. Die ersten dicken Tropfen klatschten in den Staub. Milli sah sich um.
Es war klar, bis zum Maierhof konnte sie es unmöglich schaffen, sie musste in der Nähe einen Unterschlupf suchen. Am besten, sie rannte bis zur Scheune hinüber, die dort drüben zwischen den Wiesen stand.
Milli lehnte das Rad gegen den Koppelzaun und raste los. Bis sie zur Scheune kam, war sie schon halb durchnässt, aber wenigstens war sie hier vor den Blitzen einigermaßen geschützt. Milli schlüpfte durch das Tor und ließ sich erschöpft in das duftende Heu fallen. Sie strich sich die nassen Strähnen aus der Stirn. Jetzt konnte sie nur hoffen, dass sich einer der von krachendem Donner begleiteten Blitze nicht gerade diese Feldscheune zum Ziel wählte. Aber die hatte schon viele Gewitter heil überstanden.
Allmählich kam sie wieder zu Atem. Das Toben dort draußen entfernte sich sehr langsam, dafür regnete es jetzt immer stärker. Schließlich stürzte eine Flut von dicken Hagelkörnern herunter. Sie prasselten auf das Scheunendach, als habe Petrus

eine ganze Wagenladung Kies ausgeschüttet. Nein, es hatte wirklich keinen Sinn, durch dieses Unwetter nach Hause zu fahren, sie musste warten.
Milli schlang die Arme um die angezogenen Knie und starrte durch den Türspalt nach draußen. Plötzlich stutzte sie. Dort an der Tür schob sich eine Pfote mit spitzen Krallen um das splittrige Holz und kratzte energisch daran, als wolle sie die Tür mit aller Kraft aufziehen.
Milli stand auf und öffnete das Tor ein wenig. Ein grauer Schatten huschte über ihre Füße ins Innere der Scheune, so schnell, dass sie kaum erkennen konnte, wer ihr da Gesellschaft zu leisten wünschte.
„He! Wer bist du denn?"
Milli schaute sich um. Es war nichts zu sehen.
„He, du! Nun zeig dich doch! Bist du ein Hund? Nein, du musst eine Katze sein."
Sie lauschte. Irgendwo da aus dem Dunkel kam ein leises schleckendes Geräusch. Milli setzte sich auf ihren alten Platz; vielleicht flößte das ihrem Gast Vertrauen ein und er kam zu ihr herüber.
„Wohnst du hier?", fragte Milli ins Dunkel.
Aus dem Dunkel löste sich schattenhaft eine schmale, hohe Gestalt auf vier ungewöhnlich langen Beinen, machte einen Buckel, reckte sich dann, indem sie den vorderen Teil ihre Körpers flach nach vorn schob, verlagerte das Gewicht, streckte die Hinterbeine einzeln von sich, dass die Schwanzspitze vor Anspannung zitterte, und schlenderte schließlich mit majestätischer Gleichmütigkeit zu Milli hinüber. Ein Tigerkater von beachtlicher Größe, schmutzig, abgemagert bis auf die Knochen, aber mit den schönsten seegrünen Augen, die Milli je bei einer Katze gesehen hatte.
Der Kater setzte sich vor sie hin und sah sie an, als warte er auf etwas.
„Wenn du Hunger hast", sagte Milli, „muss ich dich enttäuschen, ich habe nichts bei mir. Zu wem gehörst du?"
Der Kater wandte den Kopf und starrte trübsinnig in den Regen hinaus. Es sah aus, als wolle er sagen: Das siehst du doch!

Zu niemandem. Sähe ich sonst so abgemagert und heruntergekommen aus?
„Du lebst schon ziemlich lange allein, wie? Schau, der Regen lässt nach. Ich glaube, ich kann es riskieren. Nass bin ich sowieso."
Milli stand auf und trat ins Freie. Im Schutz des Scheunendaches schaute sie zum Himmel hinauf. Ja, die Wolken begannen sich zu verziehen, am Horizont blitzte bereits ein Eckchen Blau auf, und weit draußen auf dem See ließ ein einzelner Sonnenstrahl das Wasser silbrig glitzern, als spielte ein Schwarm Fische an der Oberfläche.
„Hm, die Luft! Herrlich, was? Na komm, Tiger."
Milli war ziemlich sicher, dass der Kater ihr folgen würde, sie wusste selbst nicht, warum. Sie lief über die von Nässe triefende Wiese zum Weg zurück, kroch durch den Zaun und holte sich ihr Fahrrad. Der Kater hatte sie überholt und wartete bereits auf sie.
„Macht es dir was aus, ein bisschen zu rennen? Wir haben es eilig. Ich werde so langsam wie möglich fahren."
Dem Kater machte es nichts aus. Im Abstand von einigen Metern folgte er Milli, bis der Maierhof vor ihnen auftauchte.
„Jetzt krieg bloß keinen Schreck!", sagte Milli und sprang vom Fahrrad. „Wer da auf uns zugeschossen kommt und wie ein Verrückter bellt, ist Moritz, unser Hund. Er ist mein bester Freund, verstehst du, und er ist ungeheuer klug."
Milli hatte kaum ausgesprochen, da stürzte sich Moritz mit wildem Gekläff auf den Kater. Es klang nicht böse, und an seinem lustigen Gesicht war abzulesen, dass dies mehr ein Spiel als eine Drohung war, nur um dem Fremden zu zeigen, wer hier der Herr im Hause war.
Wäre der Tigerkater jetzt entsetzt geflohen, hätte Moritz ihn vermutlich verfolgt, bis er in der nächsten Baumkrone verschwunden war.
Aber nichts dergleichen geschah. Der Kater plusterte sich zu einer riesigen Fellkugel auf, die Rückenhaare schwollen zu einem imponierenden Kamm an, der sich bis zur Schwanzspitze fortsetzte, so dass man meinen konnte, einen jungen Drachen

vor sich zu haben. Den Rücken zu einem mächtigen Buckel erhoben, die Ohren flach angelegt, knurrte der Kater den Hund an, als wolle er sich jeden Moment auf ihn stürzen. Moritz setzte sich vor Erstaunen auf sein Hinterteil. Es gab einige Katzen auf dem Hof, und er war gewohnt, dass sie ihm ängstlich auswichen, wenn er auftrat, und sich in ihre Verstecke im Kuhstall und in der Scheune zurückzogen. Dieser hier wollte ihn offensichtlich herausfordern.
„Sei brav, Moritz!“, mahnte Milli. „Der Kater ist unser Gast und Gäste muss man höflich behandeln.“
Das sah Moritz sofort ein, zumal er sich noch deutlich an eine sehr unangenehme Begegnung mit einer Katzenkralle erinnerte. Also machte er kehrt und lief Milli voraus auf den Hof. Der Kater folgte ihnen mit majestätischen Schritten.

Kleine Geschenke erhalten die Freundschaft

Noch ehe Milli sich ihrer nassen Sachen entledigte, wurde der fremde Kater versorgt. Frau Obermaier, Millis Mutter, die in der Küche Rohrnudeln für das Abendessen bereitete, stieß einen Entsetzensschrei aus, als das abgemagerte, durchnässte Tier neben Milli auftauchte.
„Mein Gott, wie sieht denn der aus! Völlig heruntergekommen! Schämen sollten sich die Menschen, die einem Tier so was antun! Warte, du Armer, gleich bekommst du was Gutes.“
Frau Obermaier zerschnitt ein Stück Rinderherz, das sie für Moritz gekocht hatte, mischte es mit Haferflocken und einem Rest Gemüsesuppe, der vom Mittagessen übrig geblieben war, und stellte es dem Kater hin. Der verschlang in Minutenschnelle alles bis auf den letzten Krümel. Milli servierte ihm noch ein Stück Kalbsleberwurst und dann noch mal ein Schälchen mit Hundefutter – der Kater ließ nicht ein Bröckchen übrig.
„So, jetzt ist es aber genug“, sagte Milli. „Schau dir deinen Bauch an! Wie eine Boccia-Kugel! Du frisst ja mehr als Moritz. Schau, wie er dich anguckt. Richtig schockiert ist er!“
Milli hatte Recht, Moritz lag ein wenig entfernt von ihnen auf dem Boden, den Kopf auf den Pfoten, und betrachtete die

Szene mit zutiefst angewidertem Gesichtsausdruck. Zwischen seinen Augen hatte sich eine steile Falte gebildet.
Den Kater störte das nicht im Geringsten. Er begann sich ausgiebig zu putzen und tat, als sei der Hund Luft für ihn. Auch als Moritz ein verhaltenes, aber deutlich ärgerliches Knurren von sich gab, drehte er nicht einmal den Kopf. Endlich hatte er seine Reinigungsaktion beendet, sah sich aufmerksam um, dachte einen Augenblick nach und entschied sich dann für die Eckbank.
„O nein, nicht auf Vaters Kissen!“, mahnte Milli. „Das gibt Ärger!“
„Hier, gib ihm das als Decke“, sagte Frau Obermaier und reichte Milli einen alten Mantel. „Den wollte ich sowieso gerade wegschmeißen, er stammt noch vom Großvater.“
Milli nahm den Mantel, machte ein behagliches Nest daraus und legte ihn unter die Ofenbank. Dann ergriff sie den Kater und setzte ihn darauf.
„Hier, dies ist dein Platz. Der ist doch super, oder?“
Der Kater saß aufrecht und ein wenig steif auf dem Mantel und sah Milli aus halb geschlossenen Augen an.
„Nun geh aber endlich und zieh dir trockene Sachen an“, mahnte Frau Obermaier. „Und dann ist es höchste Zeit, dass du in den Kuhstall kommst!“
„Schon gut, Mutti, ich beeil mich.“
Milli ging zur Tür, während ihre Mutter die Pfanne mit den Rohrnudeln in den Backofen schob. Im Türrahmen drehte sie sich noch einmal um. Der fremde Kater lag auf der Eckbank auf Vaters Kissen, als sei er nie woanders gewesen.
„Nein, nein, nein!“ sagte Milli streng. „So geht das nicht! Dein Platz ist dort unten, Tiger!“
Wieder setzte sie den Kater unter die Bank.
„Und du, Moritz, passt auf, dass er dort bleibt! Dieser ... oh, wir müssen unbedingt einen Namen für ihn haben, Mutti! Vielleicht lässt er dann eher mit sich reden.“
„Einen Namen, ja ... hm, wie wär's denn mit Max? Max und Moritz, die beiden sind doch ein prächtiges Paar, auch wenn sie vorerst nicht so aussehen, als liebten sie sich.“

„Max ... Maxl, ja, das ist gut! Also, Max, du hast gehört: Das dort unten ist dein Platz, und da schläfst du und nirgendwo sonst, ist das klar?"
Max sah an Milli vorbei, als sei sie nicht vorhanden. Moritz kam ein wenig näher, legte sich vor den neuen Hausgenossen hin und ließ ihn nicht aus den Augen. Milli warf Max einen letzten warnenden Blick zu, dann ging sie in ihr Zimmer hinauf, um sich umzuziehen.
Als sie zwei Stunden später aus dem Kuhstall kam und zum Wohnhaus hinüberging, fiel ihr ein fremder Mann auf, der in der Hofeinfahrt stand und sich suchend umsah. Der Mann trug einen leeren Rucksack über dem Rücken, obgleich er nicht aussah wie ein Wanderer.
Auch ein Förster oder Waldarbeiter schien er nicht zu sein, er erinnerte Milli eher an einen Jahrmarktschreier, den sie einmal gesehen hatte, und der mit frechen Witzen und derben Anspielungen die Leute zum Kauf von völlig überflüssigen Dingen überredet hatte, für die sie zudem noch viel zu hohe Preise hatten zahlen müssen.
„'n Abend, schönes Frollein", sagte der Mann. „Ist der Chef zu sprechen?"
„Mein Vater ist nicht da", sagte Milli steif, unangenehm berührt von dem aufdringlichen Grinsen des Mannes. „Vielleicht kann ich Ihnen helfen. Worum dreht es sich denn?"
„Oh, sicher kannst du mir helfen. Wir werden deinen Vater gar nicht belästigen müssen. Ich habe da ein kleines Problem, weißt du, meiner Mutter ist ihre Katze entlaufen ..."
„Max!", dachte Milli. „Es wird doch nicht Max sein? Ich will nicht, dass er wieder fortgeht, er soll bei uns bleiben."
„Uns ist keine Katze zugelaufen", sagte sie schnell. Schließlich stimmte das, Max war keine Katze, sondern ein Kater.
„Nein, nein, das glaube ich wohl ..." Der Mann sah sich lauernd um. „Das gute Tier wird wohl überfahren worden sein, was weiß ich, rannte ja Nacht für Nacht durch die Gegend. Aber die alte Dame ist natürlich untröstlich. Die Katze war ihre einzige Gesellschaft, kannst du dir ja denken. Ich habe ihr versprochen, ich bring ihr eine neue, verstehst du. Na ja, und ihr

hier … ich meine, auf so einem Hof, da gibt's doch jedes Jahr einen Haufen Jungkatzen. Ehe sie ersäuft werden, dachte ich mir, nehme ich euch eine ab. Es können auch zwei sein, dann langweilen sie sich nicht so …"
„Bei uns werden keine Katzen ersäuft!", sagte Milli wütend. „Und Jungkatzen haben wir auch keine, tut mir Leid. Da müssen Sie sich woanders umschauen."
Milli wusste selber nicht, was sie an dem Mann so abstieß, aber eines spürte sie genau: Nie würde sie einem solchen Menschen ein Tier anvertrauen.
„Und die da?", fragte der Mann und grinste Milli vertraulich an. „Ganz reizendes Tierchen, willst du mir die nicht verkaufen?"
Milli sah sich um. Vor der Scheune saß Lydia, die kleine Schwarze, und putzte sich die Pfoten.
„Ich würde dir … na, sagen wir, fünf Mark dafür geben. Ist das ein Angebot?"
„Selbst wenn ich sie Ihnen verkaufte, hätte Ihre Mutter keine Freude an ihr", sagte Milli abweisend. „Sie ist nämlich wild und lässt sich von niemandem anfassen, ohne ihn ganz fürchterlich zu kratzen und zu beißen. Nicht mal unser Tierarzt hat es geschafft."
„Oh", sagte der Mann und fasste unwillkürlich nach seiner linken Hand. Milli erkannte ein paar tiefe, blutige Kratzer und eine eiternde Stelle am Daumen. „Nein, dann ist sie nicht das Richtige für uns. Na schön", wieder grinste er unangenehm, „vielleicht ein andermal. Ich frage bei Gelegenheit wieder nach."
Er hob grüßend zwei Finger an den grünen Schlapphut und stapfte davon, die Hände tief in die Taschen des schwarzen Ledermantels gesteckt, als wolle er sie vor Milli verbergen.
Milli kehrte nachdenklich in die Küche zurück. Moritz begrüßte sie mit aufgeregtem Bellen und lief zwischen Milli und der Eckbank hin und her. Auf der Eckbank, auf Vaters Kissen, lag Max, der Kater.
„Das kann doch nicht wahr sein!", rief Milli aus. „Aber warte nur, Vati ist gerade auf den Hof gefahren. Das war vermutlich das letzte Mal, dass du auf seinem Platz gelegen hast."

Milli hatte Recht. Als Vater Obermaier kurz darauf die Küche betrat, merkte er zunächst nichts von dem neuen Hausgenossen. Er strich Milli über den Kopf, tätschelte dem aufgeregt kläffenden Moritz den Rücken und sah sich nach seiner Frau um.

„Ist das Essen noch nicht fertig? Wo ist Mutti?"

„Drüben im Hühnerstall. Das Essen ist fertig, ich decke schnell den Tisch", sagte Milli und holte Besteck aus der Schublade.

Herr Obermaier streifte die Stiefel von den Füßen, schlüpfte in die Pantoffeln und ging zu seinem Platz.

„Oh, wen haben wir denn hier? Du hast dich wohl in der Adresse geirrt, Freundchen."

Damit nahm er Max beim Genick und setzte ihn auf den Fußboden. Moritz wedelte mit dem Hinterteil vor Freude. Max putzte sich gedankenvoll die Pfoten, als hätte er die ganze Zeit nichts anderes vorgehabt, dann machte er einen Buckel, streckte sich ausgiebig und schritt hoheitsvoll nach draußen.

Während Milli den Tisch deckte, erzählte sie ihrem Vater, wie sie Max gefunden hatte. Und da gleich darauf ihr Bruder Georg die Küche betrat, der in der Autowerkstatt Wagner als Mechaniker arbeitete, musste sie die Geschichte noch einmal von vorn erzählen. Moritz saß neben ihrem Stuhl und hörte aufmerksam zu.

„Schau doch mal, wo der Gustl bleibt", sagte Frau Obermaier. „Wir wollen essen." Doch das war nicht nötig, die schlurfenden Schritte des Knechts waren bereits auf der Treppe zu hören. Im Flur blieb er regungslos stehen.

„Ja so was. Habt's ihr den Hund verkauft, den Moritz?", murmelte er erstaunt.

„Den Hund verkauft? Wie kommst du denn darauf!", rief Milli lachend. „Wir verkaufen doch den Moritz nicht, den würden wir nie hergeben!"

„Ja aber ... na, i mein ja nur. Weil da a neies Viech liegt in sei'm Korb."

„Ein neues ... Maxl! Au weia, wenn das der Moritz spitzkriegt!"

Moritz ahnte vorerst nichts. Um keinen Preis hätte er sich während einer Mahlzeit vom Tisch weggerührt. Auch wenn er es nicht wagte zu betteln, seine herzzerreißenden Blicke verführten immer den einen oder anderen, ihm einen Bissen zuzustecken.

„Lass sie das untereinander ausmachen“, sagte Vater Obermaier. „Am besten, man mischt sich da nicht ein. Am Ende raufen sie sich doch zusammen.“

Sie brauchten nicht lange darauf zu warten. Als Frau Obermaier die Teller zusammenstellte und Vater Obermaier sich seine Pfeife anzündete, wusste Moritz, dass es hier nichts mehr für ihn zu holen gab, und trottete aus der Küche.

„Das sehe ich mir an“, sagte Milli und sprang auf.

Ihr Bruder Georg folgte ihr.

Sie waren noch nicht draußen auf dem Flur, als ein ohrenbetäubendes Knurren, Fauchen und Kläffen das Haus erschütterte, gefolgt von einem kläglichen Aufjaulen. Dann war alles still.

„Was tun sie?“, rief Vater Obermaier und zündete ein neues Streichholz für seine Pfeife an.

„Moritz hat Maxl gepackt und geschüttelt, und Max hat Moritz eine runtergehauen. Jetzt liegt Moritz in seinem Korb, und Maxl sitzt davor und sieht ihn an. Es sieht aus, als redeten sie miteinander.“

„Das werden sie wohl auch tun“, meinte Georg lachend. „Ich bin gespannt auf die nächste Runde.“ Die nächste Runde ließ nicht lange auf sich warten.

Frau Obermaier hatte das Futter für Moritz bereitet und stellte ihm seine Schüssel wie gewohnt vor die Haustür. Moritz wagte nicht, seinen eben zurückeroberten Platz zu verlassen, dafür lief Max mit fröhlich erhobenem Schwanz hinaus und machte sich über das Futter her.

„Pfui, Maxl, das ist Moritz’ Futter, du hast doch schon genug bekommen!“, schimpfte Milli.

Maxl tat, als sei Milli gar nicht da. Er schien ganz ins Fressen versunken. Wenn man allerdings genau hinsah, konnte man feststellen, dass eines seiner Ohren in Richtung Flur ausgerichtet war, um jede Regung im Hundekorb wahrzunehmen.

Moritz ließ nicht lange auf sich warten. Wütend stürzte er sich auf den neuen Hausgenossen, der es wagte, aus seiner Schüssel

zu fressen. Erstaunlicherweise wehrte sich Maxl nicht, sondern beugte sich sofort Moritz' Argumenten. Er wich zurück, umrundete den Hund, der sich gierig auf sein Fressen stürzte, und marschierte ins Haus zurück, um sich sogleich auf den von ihm gewählten Schlafplatz zu begeben: den Hundekorb.
Nun war der Korb recht groß, für einen Hund von mittlerer Größe, wie es Moritz war, eigentlich zu groß. Er hatte früher einem Bernhardiner gehört, der lange Jahre auf dem Maierhof das Amt des Wachhundes innegehabt hatte. Auch Maxl schien der Meinung zu sein, dass der Korb reichlich Platz für zwei bot. Maxl entschied sich für die linke Seite, putzte sich noch einmal flüchtig die Pfoten und rollte sich zusammen.
Milli wartete, was nun geschehen würde, aber wenn sie angenommen hatte, Moritz würde sich erneut auf den Kater stürzen, so hatte sie sich geirrt. Moritz sah die Bescherung, drehte auf dem Absatz um und ging stinkbeleidigt aus dem Haus. Mitten in der Einfahrt legte er sich in den Sand und starrte trübsinnig in die Ferne.
Das passte Max nun auch wieder nicht. Eine Weile blieb er im Korb liegen, dann trieb ihn die Neugier, zu sehen, was aus seinem Gegner geworden war. Er schlenderte den Flur entlang, rieb sich eine Weile am Türpfosten und sah gleichgültig in den Hof hinaus, wobei er es vermied, Moritz direkt anzuschauen. Schließlich sprang er die Stufen hinunter, spazierte zum Brunnen hinüber, dann zu der großen Kastanie, die rechts neben der Einfahrt stand, wetzte ausgiebig seine Krallen und ließ sich schließlich drei Meter entfernt von Moritz nieder. Er gähnte herzhaft, faltete die Pfoten unter der Brust, so dass es aussah wie eine Kaffeemütze über einer bauchigen Kanne, und starrte in die gleiche Richtung, in die Moritz' betrübte Blicke wanderten.
Milli kehrte in die Küche zurück und berichtete.
Vater Obermaier lachte. „Das nennt man psychologische Kriegsführung! Ich wette, heute nacht schläft keiner von beiden im Hundekorb. Aber am Ende werden sie die besten Freunde werden."
„Am besten, du sprichst mit ihnen", riet Frau Obermaier ihrer

Tochter. „Du musst jeden streicheln und ihm gut zureden, das hilft! Moritz ist jetzt beleidigt, weil er glaubt, wir lieben ihn nicht mehr und der Maxl solle seine Stelle einnehmen. Du musst ihm klarmachen, dass das nicht so ist. Und gleichzeitig den Maxl loben, wenn er Moritz den Vortritt lässt.“
„Ich werd’s versuchen“, sagte Milli. „Bitte sei nicht böse, wenn ich dir nicht helfe, Mutti, aber ich muss sehen, was die beiden jetzt machen.“
Als Milli in den Flur zurückkam, lag Moritz friedlich in seinem Korb. Von Maxl war keine Spur zu sehen. Milli bekam einen Schreck. Hatte der Hund den Kater verjagt?
Sie lief auf den Hof hinaus und sah sich um. Dann ging sie in die Scheune, in den Hühnerstall und in den Kuhstall hinüber, suchte in der Milchkammer und im Geräteschuppen, lief durch den Garten und auf die Koppel hinaus, wo das Shetlandpony Wastl vor seinem Holzverschlag döste – von Maxl war nirgends eine Spur zu entdecken. Milli rief immer wieder seinen Namen, vergeblich.
Traurig kehrte sie ins Haus zurück. Im Wohnzimmer lief der Fernseher. Georg, Gustl und der Vater saßen dort und sahen ein Fußballspiel an. Frau Obermaier stand am Küchentisch und bügelte Hemden. Milli machte sich daran, das zum Abtrocknen aufgestellte Geschirr in den Schrank zu räumen.
„Kannst mir noch die Handtücher zusammenlegen und in den Wäscheschrank bringen“, sagte Frau Obermaier. „Da sind auch noch von dir ein paar Sachen.“
„Ist gut.“
Sie arbeiteten schweigend. Eine halbe Stunde mochte vergangen sein, da sah Milli durch die offen stehende Tür im Flur etwas vorbeihuschen. War Maxl zurückgekommen? Sie ließ das Handtuch in den Korb zurückfallen und ging leise zur Tür. Es war Maxl – und er trug etwas im Maul. Eine fette, frische Maus!
„Mutti, komm schnell, aber leise“, flüsterte Milli. „Sieh dir das an!“
Maxl hatte die Maus vor Moritz hingelegt und sah ihn auffordernd an. Moritz schnupperte an der Maus und wandte sich ab. Jetzt biss Maxl in die Maus und tat, als wolle er sie mit Genuss

verspeisen. Moritz spitzte die Ohren und hob den Kopf, die schmatzenden Geräusche weckten sein Interesse. Wieder legte Maxl die angebissene Maus vor ihn hin. Moritz legte den Kopf schief. In seinem lustigen Gesicht malten sich die widersprechendsten Empfindungen. Ein Ohr aufmerksam nach vorn gerichtet, das Schlappohr seitlich wie eine Tragfläche aufgespannt, in den Augen sowohl Neugierde als auch Zweifel, so betrachtete er das ungewöhnliche Geschenk.

Noch einmal tat Maxl, als wolle er ein Stück von der Maus abbeißen. Dann legte er seine Beute noch ein wenig näher zu Moritz hin. Moritz stand auf, leckte an der Maus, sah erst den Kater, dann Milli und ihre Mutter an und verspeiste endlich, mit sichtlichem Widerwillen, aber höflich die Maus. Dann kehrte er an seinen Schlafplatz zurück.

Maxl stieg steifbeinig über den Rand des Hundekorbs, schnupperte an Moritz' Schnauze, als gäbe er ihm einen zarten Kuss, wusch mit seiner rosigen Zunge ein paar Mal über die Augenwinkel des Hundes, dann machte er es sich in seinem Rücken bequem, putzte sich flüchtig und schlief ein.

„Wenn ich das den anderen erzähle", meinte Milli kopfschüttelnd, „die glauben mir kein Wort!"

„Schon möglich", sagte Frau Obermaier lachend. „Ich hätte es auch nicht geglaubt. Es sind eben zwei besonders kluge Tiere!"

Die tiefgekühlte Unterhose

Die Freundschaft zwischen Max und Moritz war ein für alle Mal besiegelt. Von nun an sah man die beiden oft zusammen. Erstaunlicherweise veränderte Moritz sein Verhalten den anderen Katzen gegenüber nicht, er jagte sie, wo immer sie ihm vor die Nase kamen. Er hätte ihnen vermutlich nichts zuleide getan, wenn er eine von ihnen erwischt hätte. Es war mehr wie ein Spiel. Aber er konnte sich die Gelegenheit, sie wegrennen zu sehen, einfach nicht entgehen lassen.

Die Geschichte von Maxls Geschenk an Moritz musste Milli natürlich immer wieder erzählen. Walther, Tommi und Schräubchen wollten sich ausschütten vor Lachen, als sie davon

hörten, und Mamma Gina hatte für Milli jedes Mal eine Kleinigkeit – einen Fleisch- oder Leberrest oder ein paar Weintrauben für Moritz, der für sein Leben gern Obst fraß –, um sie ihr für die beiden vierbeinigen Freunde mitzugeben.
Wenn die vier Freunde auf dem Maierhof beisammen waren, waren Moritz und Max stets mit von der Partie und standen im Mittelpunkt ihres Interesses. In Sommerberg allerdings rückten andere Dinge in den Vordergrund. Vor allem ein Problem beschäftigte sie sehr: das Verschwinden der Katze Esmeralda. Da täglich mehr Katzen in Sommerberg verschwanden, waren sie sich einig, dass es sich hier um Diebstahl handeln müsse. Und der Gedanke, dass es noch niemandem gelungen war, den Dieb auf frischer Tat zu ertappen, erfüllte sie mit hilfloser Wut.
Wieder einmal saßen sie in ihrem Sitzungsraum – dem Hinterzimmer der Pizzeria *Mamma Gina* – zusammen und zerbrachen sich die Köpfe, wie man dem Dieb das Handwerk legen könne.
„Ich bin heute noch einmal auf der Polizeiwache gewesen“, berichtete Schräubchen. „Sie zucken nur mit den Achseln. Ja, wenn wir irgendwas Verdächtiges festgestellt hätten, wenn wir eine brauchbare Spur hätten, dann wären sie sofort da. Aber so ... “
„Wenn die Diebstähle nachts passierten ...“, brummte Walther, „aber sie geschehen am hellichten Tage, das macht mich so wütend! Die Leute müssen blind sein!“
„Na ja“, meinte Tommi, „du kannst deine Katze ja nicht den ganzen Tag im Auge behalten. Ich meine, zwischendurch musst du ja auch mal was anderes tun. Und wenn du sie nicht einsperren kannst, weil sie freien Auslauf gewöhnt ist ... Du kannst ihr schließlich keine Alarmanlage aufmontieren, oder?“
„Ich glaube, wenn es nicht so viele Menschen gäbe, denen Tiere total Wurscht sind, könnte das auch nicht passieren“, sagte Milli. „Aber es gibt sicher eine Menge, die einfach weggucken.“
„Dann müsste man eben so hohe Belohnungen aussetzen, dass es auch den Gleichgültigsten aus dem Sessel reißt!“
„Aber das tut man doch! Ohne großen Erfolg, wie du siehst. Schau dir die Zeitungsannoncen an: hier – dreihundert Mark

Belohnung. Da sind's sogar fünfhundert!" Walther starrte in die Zeitung, als könne ihm von dorther plötzlich die Lösung entgegenleuchten.

„Eines ist klar. Die Diebe sind unglaublich raffiniert", sagte Schräubchen. „Aber wenn ich eine Katze hätte, ich würde mich wochenlang auf die Lauer legen, bis ich den Kerl auf frischer Tat ertappte!"

„Und dann? Stell dir mal vor, du hockst in deinem Versteck und siehst, wie so ein Kerl die Straße raufkommt, deine Mieze auf der Gartenmauer entdeckt, sie in den Arm nimmt und streichelt, sich umschaut und sie unter seiner Jacke verschwinden lässt.

Du stürzt dich auf ihn, brüllst ihn an, was er da mit deiner Katze macht, er grinst dämlich, gibt sie dir wieder und behauptet, er hätte geglaubt, sie wäre herrenlos, und er hätte sie gerade zum Tierschutzverein bringen wollen. Was willst du dann machen? Du kannst ihm nicht das Gegenteil beweisen", belehrte Walther sie. „Es sei denn, du schaffst es, ihn zu verfolgen, bis er die Katze weiterverkauft. Und dazu müsstest du erst mal motorisiert sein."

„Aber irgendetwas müssen wir doch tun können!", beharrte Milli.

„Vielleicht sollten wir Plakate malen?", schlug Tommi vor. „Ganz viele bunte Plakate, auf denen wir vor den Dieben warnen und die wir überall in der Stadt aushängen."

„Dadurch haben wir den Dieb noch nicht. Er ist höchstens gewarnt und geht noch vorsichtiger zu Werk", widersprach Walther. „Die Leute werden vielleicht vorübergehend ein bisschen mehr auf ihre Tiere achten, aber bald wird alles vergessen sein und die Diebstähle nehmen wieder zu."

„Abgesehen davon brauchen wir eine Genehmigung fürs Plakateaushängen!" Schräubchen sah Tommis enttäuschtes Gesicht und fügte schnell hinzu: „Natürlich ist die Idee gut, denn es ist immer wichtig, die Leute aufzuklären. Viele wissen noch gar nicht Bescheid. Aber in erster Linie wollen wir natürlich den Dieb finden und diejenigen, die ihm die Katzen abkaufen."

In diesem Augenblick erklang draußen im Hof eine scheppernde Klingel.
„Der Eiermann", rief Tommi. „Wartet, ich habe Mamma versprochen, die Eier zu holen, wenn er kommt. Er bringt sie frisch vom Land."
„Wir brauchen auch welche", sagte Walther. „Ich komme mit."
„Ist das der mit den guten Schokoladenschnitten?", erkundigte sich Milli interessiert.
„Genau der."
„Dann komme ich auch mit."
Schließlich standen sie alle vier um den kleinen weißen Lieferwagen, in dessen Kühlraum Eier in allen Größen, aufgestapelt in Kartons, sowie frische Landbutter, hausgemachte Leberwurst und Blutwurst und noch ein paar Spezialitäten gelagert waren. Für die jüngere Kundschaft führte der Eiermann einen Korb Lutscher, Bonbons und Schokolade mit. Ob die Waren wirklich von einem großen Gutshof stammten, wie die Aufschrift des Wagens vorgab, oder ob es sich um einen geschickten Reklametrick handelte, war nicht festzustellen. Die Hausfrauen jedenfalls kauften eifrig Eier, von denen sie sich einbildeten, sie schmeckten frischer als die vom Supermarkt an der Ecke.
Der Wagen war von Käuferinnen umlagert, und die vier Freunde mussten eine ganze Weile warten, bis sie endlich an der Reihe waren.
Zuerst kam Tommi, der beste Kunde, da er für die Pizzeria gleich fünf Dutzend Eier erwarb. Er bekam eine Schokoladenschnitte gratis, und der Verkäufer erbot sich sogar, ihm beim Tragen der Eierkartons zu helfen, was Tommi mit einem überlegenen Lächeln ablehnte.
Walther war in die Wohnung hinaufgerannt, um das Haushaltsportemonnaie zu holen. Jetzt ließ er sich zehn Eier, ein halbes Pfund garantiert echte Landbutter und eine Gutsleberwurst in seinen Einkaufskorb legen.
„Bitte eine Quittung", sagte er überlegen und reichte dem Verkäufer einen Zwanzigmarkschein.
„Oh, verflixt, das hätte ich beinah vergessen, ich brauch auch

eine für Mammas Abrechnung!", fügte Tommi schnell hinzu.
„Sofort, meine Herren."
Der Verkäufer gab Walther das Wechselgeld und zückte dann seinen Block, um die gewünschten Quittungen auszustellen. Seine linke Hand steckte in einem dicken Verband.
Milli und Schräubchen sahen sich im Wagen um. In dem Deckelkorb, der die Süßigkeiten enthielt, war keine Schokoladenschnitte mehr zu entdecken. Aber daneben stand noch ein Korb. Milli hob den Deckel, um zu sehen, was er enthielt. Kopfschüttelnd warf sie einen Blick auf den Inhalt. Am Boden des Korbes lag eine alte lange Männerunterhose wie zu einem Nest zusammengeknüllt. Milli rümpfte die Nase und machte Schräubchen durch einen Blick darauf aufmerksam.
„Igitt!", sagte Schräubchen und kicherte.
Milli legte den Deckel zurück auf den Korb. Sie würde lieber darauf verzichten, von diesem Mann Schokolade zu kaufen. Er sah überhaupt irgendwie komisch aus, nicht besonders sympathisch jedenfalls.
Der Verkäufer war fertig und überreichte den Jungen ihre Quittungen. In diesem Augenblick drängten drei kleine Mädchen heran und stürzten sich auf den Korb mit den Süßigkeiten.
„Ich will den grünen Lutscher!"
„Und ich den gelben und drei Kaubonbons!"
„Und ich ... oh, keine Schokoladenschnitten mehr da!"
Das Mädchen öffnete den zweiten Korb, wie Milli in der Hoffnung, dort noch einen Vorrat zu finden.
„Finger weg, was fällt dir ein, du unverschämtes Gör!", schimpfte der Verkäufer und stieß die Kleine grob zurück.
„Na, na, na!", brummte Walther empört.
„An meinem Wagen habt ihr nichts zu suchen!", schimpfte der Verkäufer. „Sagt mir, was ihr wollt, und ich gebe es euch."
„Dann nehmen wir eben gar nichts", antwortete die Größte der drei Mädchen. „Kommt, wir gehen in den Supermarkt."
„Ist mir auch lieber so." Der Verkäufer schlug hastig die Tür zum Laderaum zu. „Auf so unerzogenes Gesindel wie euch kann ich gut verzichten."

Damit schwang er sich hinter sein Lenkrad und fuhr davon.
„Ich weiß nicht, an irgendwen erinnert er mich“, sagte Milli. „Die Stimme kommt mir so bekannt vor. Wenn ich nur wüsste, woher ...“
„Blöder Heini. Die Kinder so anzuschnauzen! Was glaubt der denn, wer er ist!“, rief Walther hinter dem Wagen her. „Jetzt tut es mir richtig Leid, dass ich bei ihm eingekauft habe.“
„Wahrscheinlich geniert er sich“, meinte Schräubchen. „Wegen der Unterhose.“
„Wegen welcher Unterhose?“
„Na, die in dem Deckelkorb. Milli hat auch reingeschaut. Es war nichts drin als eine Unterhose. Eine lange. So 'ne richtige Altmännerunterhose.“
„Eine lange Unterhose? Du lieber Himmel, warum legt er die denn ins Kühlfach!“ Tommi schüttelte amüsiert den Kopf. „Wenn sie ihm zu heiß ist, braucht er sie ja nicht anzuziehen!“
„Vielleicht hat er den Marilyn-Monroe-Film gesehen, neulich im Fernsehen. Die hat ihre Unterwäsche, weil es so heiß war, auch in den Kühlschrank gelegt.“
„Es sah aus wie ein Nest“, stellte Milli fest.
„Wie ein Nest? Er verkauft doch nicht auch frische Hühner, oder? Lebendig und gut durchgekühlt, so sind sie am frischesten“, alberte Tommi.
„Ihr seid blöd!“
Milli war verärgert und traurig, und sie wusste nicht, warum. Es war ein Gefühl, als hätte sie etwas Wichtiges vergessen, etwas, das sie nicht hätte vergessen dürfen.
„Ich muss die Sachen raufbringen“, sagte Walther. „Kommt ihr mit?“
„Wir wollten doch zu Schräubchen rüber. Ihre Mutter hat Heidelbeerkuchen gebacken, sie hat uns eingeladen.“
„Wirklich? Das hatte ich ganz vergessen. Dann nichts wie hin! Geht schon mal vor, ich komme in zehn Minuten nach.“
Schräubchen, Milli und Tommi nahmen den Schleichweg über die Gartenmauer. In der Ferne war das Klingeln des Eiermann-Wagens zu hören, der gerade in die Gartenstraße einbog und bei den Häusern am unteren Ende hielt.

Frau Wagner, Schräubchens Mutter, hatte den Kaffeetisch auf der Terrasse gedeckt.
„Da seid ihr ja endlich! Ich habe schon befürchtet, ihr wolltet gar nicht mehr kommen! Vati ist schon wieder in die Werkstatt hinübergegangen. Wo ist Walther?"
„Kommt gleich nach", sagte Schräubchen. „Hm, der Kuchen duftet ja toll!"
„Ja, nehmt nur, doch für Tante Ilse müsst ihr noch ein Stück übrig lassen. Du kannst es ihr später ins Büro hinüberbringen", sagte sie zu ihrer Tochter.
„Wird gemacht."
„Ich darf den Eiermann nicht verpassen", sagte Frau Wagner. „Ich brauche unbedingt frische Eier."
„Zum Kuchenbacken?", fragte Tommi.
„Ja, auch das. Wenn ihr mir im Wald Heidelbeeren pflückt, backe ich euch morgen oder übermorgen wieder einen Kuchen."
„Das ist ein Argument, das mich sogar von der Nützlichkeit des Heidelbeerpflückens überzeugt!"
Walther war unbemerkt herangetreten und setzte sich an den Tisch.
Mit unglaublicher Geschwindigkeit ließ er das erste Stück Kuchen in seinem Mund verschwinden und griff bereits nach dem nächsten, während er noch mit vollen Backen kaute.
„Für einen, der sich nichts aus Essen macht, schlägst du ganz schön zu!", stellte Milli lachend fest. „Es schmeckt aber auch prima!"
Frau Wagner war hinausgegangen, um den Eiermann zu erwarten. Es dauerte nicht lange, da kam sie zurück.
„Also, kann man das verstehen? Da fährt der Kerl mir doch einfach vor der Nase davon! Dabei weiß er ganz genau, dass ich ihm regelmäßig Eier abkaufe!"
„Er ist dir davongefahren? Obwohl er dich gesehen hat?", fragte Schräubchen verwundert.
„Ja!" Frau Wagner stellte ärgerlich den leeren Eierkarton auf den Tisch. „Das heißt nein, gesehen hat er mich vielleicht nicht, aber er hält sonst immer vor unserem Haus. Heute ist er nur bis

zum Schreiner Oswald gefahren. Dort hat er kehrtgemacht und ist wie ein Verrückter davongefahren!"
„Vielleicht hatte er keine Eier mehr?", überlegte Tommi.
„Das glaube ich nicht. Als er bei euch drüben hielt, war der Wagen noch bis unters Dach voll!", widersprach Milli. „So viele Kunden hat er doch in der kurzen Zeit gar nicht bedient!"
„Das ist überhaupt ein mieser Kerl", sagte Walther. „Man sollte nicht mehr bei ihm kaufen. Wenn ich denke, wie er die kleinen Mädchen vorhin behandelt hat! Darf ich noch ein Stück?"
„Aber natürlich, Junge, iss nur. Und ihr anderen auch!"
„Ich kann nicht mehr!", stöhnte Schräubchen. „Ich werde Tante Ilse schnell ein Stück Kuchen ins Büro bringen. Ich bin gleich zurück."
Als Schräubchen das Büro der Autoreparaturwerkstatt ihres Vaters betrat, stieß sie in der Tür mit Opa Oswald zusammen. Die drei Oswalds – Großvater, Vater und Sohn – betrieben die Schreinerwerkstatt gleich neben dem Wagner'schen Betrieb; man lebte in bestem Einvernehmen miteinander.
„Oh, hallo, ist der für mich?"
Opa Oswald zeigte auf das große Stück Heidelbeerkuchen, das Schräubchen auf einem Teller hereinbrachte.
„Also, eigentlich ist er ja für Tante Ilse. Aber ich kann noch ein Stück holen. Vorausgesetzt, dass Walther und Tommi nicht inzwischen alles aufgefressen haben."
„Nein, nein", wehrte der alte Mann lächelnd ab. „Ich bin nicht so sehr für Süßes. Übrigens – Lilli ist nicht zufällig bei euch?"
„Ihre Katze? Nein, ich habe sie heute noch nicht gesehen."
„Komisch. Vorhin war sie noch da, wartete auf ihr Futter, und als ich mit dem Fressnapf kam, war sie verschwunden. Das hat sie noch nie gemacht."
„Verschwunden ..." Schräubchen biss sich nachdenklich auf die Lippen.
„Warten Sie, Opa Oswald, ich hole die anderen. Wir werden Ihnen suchen helfen!"
Schräubchen warf Tante Ilse einen fragenden Blick zu. War es möglich, dass der Katzendieb wieder zugeschlagen hatte? Oder

trieb sich Lilli nur irgendwo in den Lagerhallen herum? Das mussten sie so schnell wie möglich herausbekommen!

Gespenster essen keinen Fisch

Die Katze Lilli blieb verschwunden. Es war klar: Wieder einmal hatte der gemeine Katzendieb einen Weg gefunden, am hellen Tage unter den Augen seiner Mitmenschen ein Tier zu entführen. Keiner wusste, wie es geschehen konnte. Jeder behauptete von sich, die Augen offen gehalten und nichts Ungewöhnliches bemerkt zu haben.

„Und wir hocken in aller Gemütsruhe am Tisch und schlagen uns den Bauch mit Heidelbeerkuchen voll, während keine zweihundert Meter entfernt eine Katze gestohlen wird!", wütete Tommi, als sie sich am nächsten Tag auf den Weg machten, um im Wald Heidelbeeren für Frau Wagner zu pflücken. „Es ist zum Verrücktwerden!"

„Der arme Opa Oswald ist ganz verzweifelt", berichtete Schräubchen. „Lilli war sein großer Liebling, er hing an ihr wie an einem eigenen Kind!"

„Gemeine, gefühllose Verbrecher sind das, die so etwas tun!" Millis Stimme zitterte vor Erregung.

Immer wieder musste sie sich vorstellen, wie es wäre, wenn ihr Hund Moritz und der geliebte Kater Max einem solchen Anschlag zum Opfer fielen.

Die beiden allerdings rannten zum Glück quietschvergnügt mit ihnen mit, mal voraus, mal hinterher und immer Seite an Seite.

„He! Seht euch das an! Jede Menge Heidelbeeren! Da werden wir unsere Eimer blitzschnell voll haben!", rief Schräubchen. „Das ist ja wie im Schlaraffenland!"

„Nein, lasst uns noch ein bisschen weitergehen", sagte Milli und sah sich unsicher um.

„Aber warum denn? Besser können wir es nirgends finden!"

„Das ist kein guter Platz."

„Kein guter Platz? Ich versteh dich nicht."

„Milli macht ein Gesicht, als hausten hier böse Geister", neckte Walther sie. „Oder ist es Dracula?"

„Vielleicht ein Drache mit neun Köpfen!“, sagte Tommi lachend und kniete sich vor einen übervollen Heidelbeerstrauch.
„Lacht nur. So komisch ist das gar nicht. Es gibt Geister!“
„Hier?“, fragte Schräubchen überrascht.
„Ja, auch hier.“
Milli drehte sich ungeduldig weg. Sie ärgerte sich, dass sie davon angefangen hatte. Aber dieser Platz erfüllte sie mit einem heimlichen Grauen, sobald sie nur in seine Nähe kam.
„Das ist nicht dein Ernst!“
„Das ist doch mein Ernst. Kannst unseren Knecht Gustl fragen. Oder meinen Großvater oder meine Tante. Eine Menge Leute kannst du fragen.“
„Und was machen die Gespenster?“, erkundigte sich Tommi neugierig.
„Sie heulen nachts. Und manchmal auch am Tage. Es sind die Geister der Toten in dem verschütteten Bunker.“
„Was für ein verschütteter Bunker?“, fragte Tommi. „Wo ist er?“
„Überall hier. Dort, wo du stehst, zum Beispiel. Und überall hier in der Gegend, es waren lauter unterirdische Gänge.“
„Ach, das kann er ja nicht wissen“, sagte Schräubchen, „Carottis wohnen noch nicht so lange in Sommerberg. Ich hatte es selbst ganz vergessen. Es ist schließlich auch so lange her. Im Krieg, weißt du, da gab's hier einen Bunker. Er ist in den letzten Kriegsjahren von einer Explosion total zerstört worden und in sich zusammengesackt, mit vielen Leuten. Sie hatten da Munition gelagert und Sprengstoff und haben sich aus Versehen selber in die Luft gesprengt.“
„Ist ja irre. Da müsste man doch noch Schätze finden. Ich meine, Sachen ausgraben können von damals.“
„O Tommi, hör auf! Was zu finden war, das haben die Leute damals ausgebuddelt, das kannst du mir glauben!“, sagte Walther. „Du siehst doch, inzwischen ist alles überwuchert.“
„Na kommt, gehen wir an die Arbeit“, mahnte Milli. „Umso eher haben wir es hinter uns. Wo ist eigentlich Max?“
„Bei Moritz vermutlich.“

„Nein, Moritz ist hier bei mir. Moritz, wo ist Max? Such Max! Max! Wo bist du? Maxl!“
„Da drüben am Waldrand liegt er!“ Schräubchen zeigte den Weg zurück, den sie gekommen waren. „War ihm wohl zu weit zu laufen.“
„Maxl, komm her! Na komm schon!“
Max rührte sich nicht.
„Ich hole ihn“, erbot sich Walther und stapfte davon.
Am Waldrand angekommen, hob er den Kater auf und trug ihn zu Milli. Vor ihren Füßen setzte er Maxl auf den Boden. Der Kater sah sich um, legte die Ohren an, fauchte und schoss wie ein Pfeil davon. Milli und Schräubchen sahen sich verblüfft an.
„Ist das nun wegen der Gespenster?“, fragte Schräubchen kichernd. „Oder was ist sonst mit ihm los?“
„Keine Ahnung. Komisch ...“
„Ha!“, schrie Tommi triumphierend auf. Er hatte sich ein wenig entfernt von ihnen niedergelassen und mit dem Pflücken begonnen.
„Was ist? Hast du einen Schatz gefunden?“ spottete Walther.
Tommi kniff ein Auge zu und blinzelte zu ihm hinauf.
„Nein, aber die Reste des Gespenstermahles! Da!“
Damit hielt er die abgenagten Reste eines Herings in die Höhe.
„Du Ferkel, das stinkt ja wie die Pest!“, empörte sich Schräubchen.
„Das ist ja ganz neu – dass Gespenster Fisch essen!“ Walther sah Tommi interessiert über die Schulter. „Da liegt noch mehr von dem Zeug.“
„Heidelbeerkuchen mit Fischgräten! Kein Stück werde ich davon essen“, maulte Schräubchen.
„Wenn du genau hinschaust, ist das die reinste Abfallgrube hier. Die Leute sollten sich wirklich schämen. Können die ihre Picknickreste nicht einpacken und zu Hause in den Mülleimer schmeißen?“ Milli schüttelte ärgerlich den Kopf. „Hühnerknochen, Milchtüten, Sardinendosen, sogar Katzenfutterdosen liegen da rum!“
„Da oberhalb der Kiefern ist am Weg eine kleine Parkbucht, da müssen sie das Zeug runtergeschmissen haben.“

„Still! Hört ihr das?"
Tommi richtete sich auf und legte beschwörend den Finger auf die Lippen.
„Was ist denn?"
„Psst! Hört doch mal genau hin ..."
„Irgendetwas schreit da ..."
„Das Gespenst, hm?"
Tommi sah Milli mit einer Mischung aus Spott und Unruhe an.
„Genauso hört es sich nachts an, wenn die Geister heulen. Gustl hat mich mal mitgenommen. Ich hab erst gedacht, er wollte mir nur Angst einjagen, weil er weiß, dass ich ..."
Milli brach ab. Sie gestand nicht gern ihre Gespensterfurcht ein.
Plötzlich stürzte sich Moritz mit wildem Gekläff ins Gebüsch.
„Pfui, Moritz! Hierher! Er muss ein Tier aufgestöbert haben. Moritz! Hierher!"
Milli rannte in die Richtung, aus der das wilde Gebell kam. Sie musste sich kriechend durch dichtes Gesträuch arbeiten. Walther, Tommi und Schräubchen folgten ihr.
„Kannst du was sehen?"
„Ich weiß nicht ... wartet ... hier, haltet Moritz fest, damit er mir nicht wieder dazwischenkommt ..."
Schräubchen nahm Moritz am Halsband. Walther riss ein paar Zweige und Farne aus und versuchte, Milli zu folgen.
„Hast du was gefunden?"
Einen Augenblick blieb alles still. Dann drang Millis Stimme wie von sehr weit her zu ihnen. Sie klang kläglich.
„Kommt her, schnell!"
Im gleichen Augenblick ertönte von neuem ein lang gezogener Klagelaut. Sie schraken zusammen. Was für ein merkwürdiges Tier mochte das sein? Steckte es in einer Falle?
„Geh du vor, Schräubchen", sagte Tommi schnell. „Ich passe hier auf Moritz auf."
Tiere waren nicht sein Fall, sie flößten ihm Respekt ein. Aber wenn er die Wahl hatte, war es immer noch besser, auf Moritz aufzupassen, den er kannte, als sich Auge in Auge mit einem tollwütigen Fuchs zu befinden oder was immer da sonst im Wald sein mochte.

Walther hatte sich bis zu Milli vorgearbeitet. Sie hockte vor einer Felsspalte und versuchte mit den Händen, so gut es ging, unter dem Stein Sand und Geröll wegzuscharren. Dann legte sie sich wieder auf den Bauch und schaute in das Innere der kleinen Höhle.

„Sind es Füchse?“, fragte Walther. „Dann solltest du lieber vorsichtig sein!“

Milli antwortete nicht.

„Vielleicht ein Dachsbau?“

Milli scharrte wie wild drauflos.

Sie hatte einen Stein zu Hilfe genommen, so ging es besser.

„Komm, komm her, mein Schatz, ganz ruhig. Nicht aufregen“, sagte sie in einem beruhigenden Singsang. „Ganz ruhig, gleich haben wir dich.“

Jetzt war nur noch ein klägliches Maunzen zu hören.

Walther kroch ein wenig näher zu Milli heran. Ihr Gesicht war nass von Tränen. Wieder legte sie sich flach auf den Boden und steckte beide Hände behutsam in die Felsspalte.

„Vorsicht, geh doch weg da!“

Walther rutschte erschrocken zurück. Milli zog etwas, das wie ein aufgeplustertes, schmutziges Fellkissen aussah, ans Tageslicht und hob es auf ihren Schoß.

„Meine arme Kleine, nun wird alles gut.“

„Was ist das?“

Walthers Stimme klang, als hätte er einen ganzen Semmelknödel in der Kehle.

„Esmeralda. Gott weiß, wie sie in diese Falle geraten ist. Wir müssen zum Tierarzt mit ihr, vielleicht ist sie verletzt.“

„Dass sie so weit gelaufen ist ...“

„Das glaube ich nicht. Vielleicht ist sie dem Katzendieb entflohen und hat sich in ihrer Panik versteckt. Oder sie ist von oben her in eine Felsspalte gerutscht und hat sich bis hierher durchgearbeitet.“

„Möglich.“

In diesem Augenblick schoss etwas wie ein Blitz an den beiden vorbei und verschwand im Unterholz. Milli und Walther sahen sich an.

„Was zum Teufel war das?"
„Ein Tier."
„Klar, ein Tier. Aber was? Es scheint, Esmeralda war in seiner Höhle zu Gast."
„Ein Dachs ist doch nicht so schwarz, oder?"
„Ein Dachs hätte die Katze auch nicht bei sich geduldet."
„Komisch."
„Na komm, wir müssen Esmeralda schleunigst in Sicherheit bringen."
Die anderen warteten bereits ungeduldig.
„Wo bleibt ihr denn bloß so lange! Was hast du da?"
Milli hatte Esmeralda in ihre Strickjacke gewickelt und trug sie in ihren Armen. Schräubchen erkannte die Perserkatze sofort.
„Frau Molls Katze! Du lieber Himmel, wie hat die sich denn hierher verirrt?"
Walther berichtete, wie sie Esmeralda gefunden hatten.
„Dann muss die Höhle doch einen zweiten Eingang haben!", rief Tommi eifrig. „Komm, das müssen wir uns genauer ansehen, vielleicht finden wir etwas!"
„Tommi, ich will Esmeralda so schnell wie möglich zum Tierarzt bringen!", mahnte Milli. „Wir haben jetzt keine Zeit, lange herumzusuchen."
„Dann geht ihr eben schon vor. Walther und ich schauen uns hier noch ein bisschen um."
„Also gut, wir treffen uns später in der Pizzeria."
Bis zum Maierhof brauchten sie fast eine halbe Stunde. Aber Esmeralda schien sich in Millis Armen ausgesprochen wohl zu fühlen und verhielt sich ganz still. Sie schnurrte sogar ein bisschen.
Auf dem Maierhof angekommen, riefen sie zuerst Frau Moll an. Sie verabredeten sich beim Tierarzt. Vater Obermaier, der in der Wagenremise eine seiner Maschinen reparierte, fuhr sie hin. Zum Glück hatte Esmeralda nur eine leichte Quetschung. Eine Schnittwunde an der Pfote hatte sich fast wieder geschlossen. Der Tierarzt versorgte sie und legte die Katze der überglücklichen Frau Moll in die Arme.
„Geben Sie ihr reichlich zu trinken, verwöhnen Sie sie ein biss-

schen mit Leckerbissen, und lassen Sie sie ein paar Tage ganz in Ruhe. Das Fell wird nach und nach sauber werden, bürsten Sie sie dann. Wenn Sie jetzt versuchen, die Schmutzbatzen herauszukämmen, würden Sie sie nur unnötig plagen“, sagte er zum Abschied. „Die Schönheit kann ein paar Tage warten.“

Milli und Schräubchen grinsten. Jeder konnte Frau Moll an der Nasenspitze ansehen, dass sie ihre Katze täglich stundenlang bürstete.

Frau Moll nahm die beiden Mädchen in die Stadt mit. Vater Obermaier war sofort auf den Hof zurückgekehrt.

„Womit kann ich euch denn jetzt eine Freude machen, zum Dank dafür, dass ihr Esmeralda gerettet habt?“, fragte Frau Moll.

„Dass Esmeralda wieder da ist und ihr nichts zugestoßen ist, genügt uns schon!“, versicherte Milli. „Aber wenn Sie so nett sein würden, uns vor der Pizzeria *Mamma Gina* abzusetzen ...“

„Selbstverständlich.“

Frau Moll gab ihnen dann doch noch zehn Mark „für die größten Eisbecher, die es gibt“, wie sie sagte. Esmeralda lag bereits wieder auf ihrem Stammplatz vor dem Rückfenster und schaute hinaus, als sei sie nie fort gewesen.

Sie brauchten nicht lange auf die Jungen zu warten. Mit dem üblichen Schrei „Wir verdursten!“ polterten sie in das Hinterzimmer, in dem die Mädchen bereits ihr Eis löffelten.

„Na, habt ihr was entdeckt?“

„Nichts“, stöhnte Walther, „obwohl wir da herumgekrochen sind wie die Maulwürfe. Es ist so ein unzugängliches Gelände, wir wollten uns schließlich nicht die Knochen brechen.“

„Und als dann dieser blöde Kerl auftauchte und rummotzte, hatten wir sowieso keine Lust mehr“, fügte Tommi hinzu. „Dem möchte ich zu gern mal einen saftigen Streich spielen!“

„Welcher blöde Kerl?“

„Na, dieser Eier-Heini. Wahrscheinlich war er sauer, dass er mit seiner Puppe nicht allein sein konnte. Fährt da groß mit seiner Karre auf, eine aufgedonnerte Blonde neben sich, sieht uns und quakt und an, was wir da zu suchen hätten!“, berichtete Walther.

Tommi kicherte.

„Walther hat ihm gesagt, wir fingen Fliegen für unsere Goldfische, und da gäbe es nun mal die fettesten, weil irgendwelche Idioten ihre Picknickabfälle liegen gelassen hätten. Da hättet ihr ihn mal sehen sollen! Rot wie eine Tomate ist er geworden."
„Und dann?"
„Dann ist er abgehauen."
„Und wir auch. Irgendwie hatten wir so eine ... so eine Fata Morgana von Eisbechern mit Früchten und so. Der sind wir gefolgt", sagte Walther grinsend.

Kein Job für Tommi

„Warum darf ich nicht mitkommen!"
„Das ist nichts für kleine Mädchen."
„Bitte, Tommi!"
„Nele, du ... du nervst mich unheimlich! Wir haben wichtige Dinge zu besprechen."
„Gar nicht wahr! Kuchen essen tut ihr! Haufenweise Kuchen – und ich kriege nie was ab."
„Hach, gibt es eine schlimmere Pest als kleine Schwestern?", stöhnte Tommi. „Du hörst doch, wir haben wichtige Probleme zu bereden! Das ist noch nichts für Kinder in deinem Alter!"
„Angeber! Na warte, du ... du wirst schon sehen!"
Nele stampfte wütend mit dem Fuß auf und lief davon. Tommi schnaufte erleichtert auf. Heute konnte er Neles Gesellschaft weniger denn je gebrauchen. Er schaute sich um, ob die Luft rein war, dann kletterte er über die Mauer in den Wagner'schen Garten.
Schräubchen lehnte in ihrem Mansardenfenster und winkte ihm zu. Hoffentlich waren die anderen noch nicht da; er musste sie unbedingt einen Moment allein sprechen.
Die Haustür stand offen. Tommi nahm abwechselnd einmal zwei, einmal drei Stufen auf einmal, als er die Treppe zu Schräubchens Zimmer hinaufrannte, und kam atemlos oben an.
„Du bist der Erste", sagte Schräubchen. „Setz dich irgendwo hin."

Tommi zog den Katalog heraus, den er unter seinem Anorak verborgen gehalten hatte, und hielt ihn Schräubchen unter die Nase.
„Was ist damit?"
„Das da – das sind sie."
„Die Boxen, die du haben willst? Mann, ganz schön teuer!"
„Deshalb muss ich mit dir sprechen."
„Mit mir? Also, wenn du Geld brauchst, da muss ich dich enttäuschen. Ich hab keins, und an mein Sparkonto darf ich nur mit Genehmigung meiner Eltern ran."
„Das meine ich doch nicht. Aber ich hab mir gedacht, vielleicht könnte ich mir ein bisschen was verdienen? Bei deinem Vater in der Werkstatt! Wenn du mit ihm redest?"
Schräubchen schüttelte mitleidig den Kopf.
„Fehlanzeige. Mein Vater nimmt keinen unter sechzehn. Das haben schon andere versucht."
„Scheiße!"
„Warum arbeitest du nicht bei euch in der Pizzeria?"
„Das kann ich jederzeit. Aber da verdiene ich doch nichts. Papa ist der Ansicht, der Sohn des Hauses sei automatisch Mitbesitzer, also müsste er auch umsonst arbeiten. Und die paar Trinkgelder ... Da kriege ich meine Anlage nie zusammen."
„Es kommt ja auch mal wieder Weihnachten. Und dann dein Geburtstag", tröstete Schräubchen ihn.
„So lange will ich nicht warten!", sagte Tommi wütend.
„Hast du schon mal Millis Vater gefragt?"
„Der sagt das Gleiche wie deiner."
„Hm."
„Ich finde einen Job, verlass dich drauf!", beharrte Tommi.
„Irgendwer wird mir schon Arbeit geben."
„Da kommen die anderen."
Walther und Milli stürmten die Treppe herauf. Milli hielt eine große Tüte im Arm, aus der sie genüsslich Schokoladenkekse zog.
„Da, hat mir Walther mitgebracht!", sagte sie und hielt Schräubchen die Tüte hin. „Von seinem Vater."
„Ein Segen, dass die in der Keksfabrik so viel Bruch fabrizie-

ren. Das reicht ja für eine ganze Mannschaft. Hm, mit Marmelade gefüllte sind auch dabei. Und Waffeln!"
„Na, was sagt ihr zu der Sensation?", übertönte Walther die Mädchen.
„Von welcher Sensation sprichst du?"
„Von Lilli. Oswalds Lilli."
„Was ist mit ihr?"
„Sie ist wieder da! Eben bin ich Opa Oswald begegnet, da hat er mir freudestrahlend erzählt, heute gegen Morgen hätte es vor seinem Fenster gemaunzt, und als er hinaussah, sass Lilli da. Halb verhungert und ganz erschöpft.
Sie schläft immer noch. Sie war total verdreckt, hat er erzählt, ganz grau und ..."
Walther blieb mit offenem Mund stehen, als hätte ihn soeben der Schlag getroffen. „Moment mal ... da fällt mir gerade was ein! Dass ich darauf nicht früher gekommen bin, Milli!"
„Was denn? Was meinst du?"
„Das komische Tier! Das Tier, das aus der Felsspalte geschossen kam und wie verrückt davonraste! Das könnte Lilli gewesen sein! Wir haben sie bloß nicht erkannt, weil ihr schwarzes Fell grau und dreckig war. Und weil sie so schnell verschwunden war natürlich."
Jetzt war es an den anderen, Münder und Augen aufzureißen.
„Du meinst ..."
„Das würde ja bedeuten ..."
„Das würde heißen, dass beide Katzen dort eingesperrt waren!", rief Milli. „Das verstehe ich nicht. Wie kann man Katzen mitten im Wald in so eine winzige Falle stecken? Ich habe Esmeralda ja nur mit Mühe herausgebracht!"
„Milli!", rief Schräubchen aufgeregt. „Erinnerst du dich, wie dein Kater Max gefaucht hat, als er in die Nähe der alten Betontrümmer kam? Könnte es nicht sein, dass er auch dort eingesperrt war?"
„Klar!", schrie Milli außer sich.
Die vier starrten sich an.
„Es muss da einen versteckten Eingang geben", rief Tommi. „Eine Höhle, die wir noch nicht entdeckt haben! Aber lasst nur,

die werden wir schon finden. Jeden Stein werden wir umdrehen."
„Eines verstehe ich nicht", sagte Schräubchen ratlos. „Wieso bringt der Katzendieb die Tiere dorthin? Nur um sie zu quälen? Damit sie da drin elend verhungern?"
„Vielleicht ist es nur eine Art Durchgangsquartier. Könnte doch sein, dass er die Katzen nicht sofort an Ort und Stelle abliefern kann, wenn er eine erwischt hat", sagte Walther. „In seiner Wohnung wird er sie nicht verstecken können, das würde den Nachbarn auffallen."
„Wenn du Recht hast, haben wir eine einmalige Chance, die Tiere zu retten!" Tommi wurde ganz aufgeregt. „Wir brauchen nur den Eingang zur Höhle zu finden und können jede geklaute Katze sofort befreien!"
„So, und wie lange, glaubst du, wird das gut gehen? Ein, zwei Tage, dann hat der Dieb spitzgekriegt, dass ihm da wer auf der Spur ist. Und sofort wird er sich ein neues Versteck suchen."
„Trotzdem ist es eine einmalige Chance", sagte Milli ruhig. „Nämlich den Dieb zu stellen und der Polizei zu übergeben! Zuerst müssen wir natürlich mal feststellen, ob unsere Vermutung stimmt und ob dieses sagenhafte Versteck überhaupt existiert."
„Das werden wir!", beteuerte Tommi feierlich. „Ich wette mit euch, wir finden es!"
Schräubchen studierte noch einmal die Anzeigen in der Zeitung.
„Heulen könnte man, wenn man das liest! *Wer hat unsere Mucki gesehen? Schwarzweiß geflecktes Kätzchen, neun Monate alt, verschwunden am 24. 8. Hohe Belohnung!* Und hier: *Belohnung für jeden Hinweis, der uns auf seine Spur bringt! Unser treuer Freund und Begleiter seit acht Jahren, Kater entlaufen am 3. 11., hohe Belohnung* ... Oh, Tommi, hier steht was für dich!"
„Für mich?"
„Ja, du willst doch Geld verdienen. Hier: *Nebenverdienst für sportliche junge Leute. Keine Vorkenntnisse nötig. Telefon 2 23 27*, wär das nichts?"
„... für sportliche junge Leute, was kann das sein?"

„Kisten schleppen, Zeitungen austragen, Obst pflücken", meinte Walther. „Warum rufst du nicht einfach an? Fragen kostet nichts."
„Mach ich!" Tommi stand auf und nahm Schräubchen die Zeitung aus der Hand. „Darf ich schnell mal euren Apparat benutzen?"
Tommi verschwand und kam nach fünf Minuten wieder.
„Na?"
„Er hat mich zu einem persönlichen Gespräch eingeladen. Was ich eigentlich tun soll, hat er mir am Telefon nicht sagen wollen. Er will mich erst kennen lernen. Hier, ich hab mir die Adresse aufgeschrieben. Ob ich da wirklich hingehen soll?"
„Warum nicht?"
„Ich weiß nicht, das war so 'n komischer Typ. So ... so salbungsvoll irgendwie. Wie ein Pfarrer."
„Hat er sonst nichts gesagt?", erkundigte sich Schräubchen.
„Nein, er hat nur gefragt, wie alt ich bin. Ich hab ein bisschen geschwindelt. Fast fünfzehn, hab ich gesagt. Und dass ich im Laufen und Springen ein Ass bin."
„Was das wohl für eine Arbeit ist?"
„Vielleicht sollte lieber einer von uns mitgehen? Man kann schließlich nicht wissen, was das für ein Typ ist. Zu zweit ist man sicherer."
Tommi sah Walther dankbar an. So ganz geheuer war ihm die Sache nicht.
„Wann sollst du dort sein?"
„Heute Abend um halb sieben."
„Ich gehe mit", sagte Walther.
Die angegebene Adresse war ein großes Mietshaus in der Neustadt, schon ziemlich verwohnt und heruntergekommen. Tommi und Walther schlossen ihre Räder im Fahrradständer an und sahen an dem schmutzig grauen Gebäude hinauf.
„Dritter Stock, Suhrbock", las Tommi von seinem Zettel ab.
Walther suchte nach dem Namen und drückte auf die Klingel. Ein schnarrender Ton erklang und die Tür öffnete sich. Im Flur roch es nach Sauerkraut und kaltem Zigarettenrauch. Der Aufzug, nicht viel größer als eine aufgestellte Kiste, war über

und über mit Namen und Inschriften bekritzelt. Herr Suhrbock beobachtete sie durch den Spion, ehe er die Tür öffnete. Tommi schaltete auf Strahlemax und reckte die Schultern zur Siegerpose. „Herr Suhrbock? Ich bin Tommi Carotti, wir haben telefoniert!“ „Ihr seid zu zweit?“

Herr Suhrbock kniff die Augen zusammen. Alles an ihm war grau, sogar die Haut. „Typisch Kettenraucher“, dachte Walther, „man sieht’s an den gelben Fingern. Mit dessen Lunge könnte man sicher den ganzen Hof teeren.“

„Das ist mein Freund Walther“, sagte Tommi fröhlich. „Ich dachte, wenn Sie richtig sportliche Helfer suchen, können Sie ihn vielleicht auch brauchen.“

„Nun ja, wir werden sehen.“ Herr Suhrbock gab die Tür frei und ließ sie eintreten. „Geht da hinein.“

Der winzige Korridor war voll gestopft wie ein Lagerhaus. Schuhregale, überlastete Kleiderständer, Kartons und Kisten ließen kaum noch einen Weg zu den drei Räumen frei. Tommi stolperte über einen leeren Deckelkorb und machte fast eine Bauchlandung beim Betreten des Wohnzimmers.

Herr Suhrbock ließ sie auf dem altmodischen, steifen Sofa Platz nehmen und stellte sich mit dem Rücken zum Fenster. Eine Weile fixierte er sie schweigend.

„Nun, ihr seid recht sportliche, fixe Jungen, wie ich sehe“, begann er schließlich. „Ein bisschen jung, wir mir scheint. Ihr geht noch zur Schule?“

„Ja“, berichtete Tommi. „Sechste Klasse der Realschule.“

Verdammt, jetzt hatte er sich verplappert. Herr Suhrbock konnte sich leicht ausrechnen, wie alt er war. Sollte er behaupten, er sei zweimal sitzen geblieben? Lieber nicht, das war eine zu offensichtliche Lüge.

„Du bist Italiener?“, erkundigte sich Herr Suhrbock.

„Ja.“

„Das ist gut ...“ Auf Suhrbocks Gesicht breitete sich ein schiefes Lächeln aus. „Sehr gut! Italiener sind nicht so ... sentimental, was gewisse Dinge betrifft. Nun, da ihr richtige Jungen seid, habt ihr sicher schon ein paar richtige Streiche gemacht. Hm, habt ihr Tiere zu Hause?“

„Nein", sagte Tommi.
„Traurig darüber?" Herr Suhrbock ging durchs Zimmer und beobachtete sie aus den Augenwinkeln.
„Eigentlich nicht", gestand Tommi. „Ich mach mir nicht viel aus Tieren."
„Ganz richtig." Suhrbock rieb sich vergnügt die Hände. „Macht nur Dreck und Krach, dieses ekelhafte Viehzeug. Ist zu nichts nütze. Gehörte ausgerottet!"
„Aber ..."
Walther wollte widersprechen, doch da schrillte neben ihm auf einem Tischchen das Telefon. Suhrbock hob ab.
„Ja?", sagte er hastig. „Oh, lieber Doktor, ja, ich weiß, ich weiß, es tut mir sehr Leid. Wir hatten Ausfälle, ein unerwarteter Zwischenfall. Reparaturarbeiten waren nötig. Wie? Nein, nein, das halte ich für ausgeschlossen. Der Draht war an einigen Stellen rostig und brüchig, aber das ist jetzt beseitigt. Absolut ausbruchssicher, ja, wir können wieder an die Arbeit gehen. Leider kann ich vorerst nur zwei liefern ... ja, ich weiß, aber ... mindestens noch zehn ... ich weiß, ich weiß, aber ich kann Ihnen versprechen, lieber Doktor, ich werde schon in den nächsten Tagen liefern können. Ich bin dabei, mir eine ganz neue Mannschaft zusammenzustellen, tüchtige junge Leute, der Erfolg wird nicht ausbleiben. Natürlich, wird gemacht ... Ich melde mich sofort. Auf Wiederhören."
Herr Suhrbock zündete an dem Zigarettenstummel, der ihm zwischen den Lippen hing, eine neue Zigarette an.
„Nun zu uns, meine lieben jungen Freunde." Wieder rieb er sich die Hände. „Erzählt mir ein bisschen von euch. Bei einer, nun, sagen wir Vertrauensstellung muss man sich ja ein wenig besser kennen, nicht wahr?"
„Was sollen wir erzählen?", fragte Tommi unsicher.
„Nun, was ihr so in eurer Freizeit macht, wofür ihr euch interessiert, was ihr für Streiche ausheckt. Na?"
„Streiche?", sagte Walther gedehnt. „Ich weiß nicht recht, aus dem Alter sind wir eigentlich raus. Wir machen viele Radtouren, wir treiben Sport, wir hören Musik oder basteln an unseren Geräten oder an unseren Fahrrädern ..."

Herr Suhrbock sah sie an, als warte er auf etwas Bestimmtes. Etwas wie ein Geständnis.
„Und ihr habt nie etwas angestellt?“ Vertraulich boxte er Tommi in die Schulter. „Na?“
„Was meinen Sie mit angestellt?“
Wollte er sie prüfen? Traute er ihnen nicht? Was mochte er für eine Aufgabe für sie haben?
„Nun“, Suhrbock sah sie lauernd an, „wir haben als Jungen zum Beispiel Vögel gefangen. Oder Frösche abgeschossen, mit Pfeil und Bogen. Einmal haben wir die widerliche fette Katze des Nachbarn gesteinigt, die immer bei uns in die Speisekammer geschlichen ist ...“
„Aber das ist doch ...“
Tierquälerei! wollte Tommi sagen, aber in diesem Augenblick wurde die Tür aufgerissen.
Das Gesicht eines Mannes wurde sichtbar und verschwand wieder im Halbdunkel des Flurs.
„Entschuldigt mich einen Augenblick“, sagte Suhrbock und ging nach draußen.
„Ich hab ein Prachtstück erwischt!“, hörten sie den Mann auf dem Flur leise sagen. „Ich bringe sie gleich rüber. Was wollen die Jungen bei dir?“
Sie konnten nicht hören, was Suhrbock flüsterte. Aber von der Antwort konnten sie etwas verstehen.
„Die? Das sind doch ...“ Der Rest war unverständlich.
Jetzt flüsterte Suhrbock wieder. Dann klappte die Haustür. Der alte Mann kam zurück und griff nach einer neuen Zigarette, dabei musterte er die Jungen argwöhnisch.
„Was ist denn das nun für eine Arbeit, die wir tun sollen?“, fragte Tommi.
„Wie? Ach so ja, nun, das hat sich im Augenblick erledigt. Mein Sohn hat mir eben mitgeteilt, dass er schon jemanden für den Posten engagiert hat. Tut mir Leid, aber ihr wärt ohnehin ein wenig zu jung gewesen. Nett, dass ihr gekommen seid.“
Damit schob er sie zur Tür hinaus. Als er die Wohnungstür öffnete, stand dort ein junger Mann mit vernarbtem Gesicht, der gerade klingeln wollte.

„Herr Suhrbock? Ich komme wegen der Annonce, wir haben telefoniert ..."
„Kommen Sie rein, kommen Sie rein", sagte Suhrbock und wartete ungeduldig, dass er die Tür hinter Tommi und Walther schließen konnte.
Die beiden Jungen sahen sich an.
„Wieder kein Job", seufzte Tommi. „Aber wenn ich ehrlich sein soll, bin ich ganz froh darüber. Bei dem hätte ich nicht gern gearbeitet, und wenn er mir fünfzig Mark die Stunde gezahlt hätte!"
Walther nickte.
„Ich auch nicht. Und dieser Sohn, hast du ihn erkannt? Das war doch der miese Fahrer des Eier-Autos! Oder? Der Eiermann!"
Tommi blieb wie angewurzelt stehen.
„Ach, darum!"
„Was meinst du?"
„Der Deckelkorb, an dem ich mir so blöd das Schienbein gestoßen habe, als wir ins Zimmer gingen! Ich wusste, den hab ich schon mal gesehen. Es war der vom Eiermann."

Maxls kleine Nachtmusik

An diesem Wochenende musste Milli viel auf dem Hof helfen, denn Leni war zur Hochzeit ihrer Schwester gefahren und Gustl hatte seinen freien Tag. So hatte Schräubchen sich bereit erklärt, der Freundin zu helfen und ihr Gesellschaft zu leisten. Sie hatte daheim um Erlaubnis gebeten, dass sie bei Milli übernachten durfte.
Nach einem langen Arbeitstag waren die beiden Mädchen todmüde und gingen früh zu Bett. Aber wie das in solchen Fällen ist: Kaum lagen sie in den Betten und hatten das Licht gelöscht, kamen sie ins Schwatzen. Und je länger sie redeten, desto munterer wurden sie.
So war es weit nach Mitternacht, als Milli schließlich sagte: „Jetzt müssen wir aber schlafen, sonst hören wir morgen früh den Wecker nicht vor lauter Müdigkeit. Gute Nacht!"
„Gute Nacht, Milli, schlaf gut!"

„Du auch."
Es waren keine fünf Minuten vergangen, da erklang draußen hinter dem Garten ein kläglicher, lang gezogener Jaulton.
Schräubchen richtete sich auf.
„Du, Milli! Hast du das gehört? Was war das?"
„Ein Katzenkonzert wahrscheinlich. Maxls kleine Nachtmusik."
Schräubchen lauschte. Wieder ertönte der jämmerliche Ton. Und dann, ganz aus der Ferne, kam es wie eine Antwort. Noch einmal schrie die Katze hinter dem Garten, und wieder kam die Antwort aus dem Wald oben.
Jetzt richtete auch Milli sich auf. Sie lauschte einen Augenblick auf die Töne, dann stieg sie aus dem Bett und ging im Dunkeln ans offene Fenster.
„Gustls Geisterstimmen ...", murmelte sie.
„Das heißt doch, dass wieder eine Katze in der Falle oben ist! Du, wir müssen sofort da rauf und sie befreien!", rief Schräubchen entsetzt. Sie sprang aus dem Bett.
„Jetzt? Mitten in der Nacht?" Millis Stimme klang nicht sehr begeistert.
„Morgen ist es vielleicht zu spät! Und überleg doch, wie sie leidet die ganze Zeit!"
„Das ist wirklich Maxl, der da hinter dem Garten jault! Ich hab ihn im Mondlicht erkannt! Du hast Recht, wir müssen der anderen Katze helfen. Wir werden Moritz mitnehmen. Und Vaters große Taschenlampe. Komm!"
Blitzschnell zogen sich die beiden Mädchen an und schlüpften in ihre Turnschuhe.
„Du musst auf der Treppe ganz an der rechten Seite gehen, damit sie nicht knarrt", mahnte Milli. „Komm, gib mir die Hand, ich führe dich. Warte an der Haustür, bis ich die Taschenlampe geholt habe."
„Hast du einen Schlüssel für die Haustür?"
„Die lassen wir offen. Wir sind ja bald zurück. Wer sollte hier schon nachts hereinkommen?"
„Und wenn dein Vater hinter uns abschließt, weil er glaubt, er hätte es vorher vergessen?"

„Dann müssen wir uns die Leiter aus dem Obstgarten holen und durch mein Fenster einsteigen."
„Okay. Also los."
Es ging alles glatt. Im Flur unten angekommen, beugte sich Milli zu Moritz hinunter und flüsterte ihm „Komm mit!" zu. Der Hund erhob sich verschlafen, gähnte und lief unschlüssig hinter ihnen her. Noch begriff er nicht, was dieser nächtliche Ausflug zu bedeuten hatte.
Ungesehen kamen sie aus dem Haus.
„Hier herum!", flüsterte Milli. „Wir müssen ja nicht gerade unter dem Schlafzimmerfenster meiner Eltern vorbeilaufen."
Milli ging Schräubchen voraus, Moritz schüttelte sich kräftig, gähnte noch einmal herzhaft und trottete hinterher. Sie schlichen außen um den Garten herum und blieben lauschend stehen. Max war über die Wiese ein Stück auf den Wald zugelaufen, sie hörten seinen fragenden Heulton und folgten ihm.
„Pass auf, dass du nicht in einen Kuhfladen trittst!", flüsterte Milli kichernd.
„Willst du eine Taschenlampe?"
„Ich kann ganz gut sehen, der Mond scheint ja. Die Taschenlampe werden wir oben im Wald brauchen, unter den abgestürzten Betonwänden. Hoffentlich finden wir die Stelle!"
„Moritz wird sie uns zeigen. Schau, Maxl wartet auf uns!"
Max war Milli entgegengesprungen und strich ihr schnurrend um die Beine. Dann lief er mit Moritz, den inzwischen das Jagdfieber gepackt hatte, voraus. Beide schienen von dem klagenden Laut, der in regelmäßigen Abständen aus dem Wald kam, magisch angezogen. Sie brauchten ihnen nur zu folgen.
Im Wald kamen sie nicht so rasch voran, und Moritz rannte ungeduldig hin und her. Es ging durch Gestrüpp und Unterholz, und jetzt waren sie froh, die Taschenlampe zu haben. Endlich hatten sie die Lichtung erreicht, auf der sie das letzte Mal nach Heidelbeeren gesucht hatten.
Sie hielten einen Augenblick an und lauschten. Maxl hatte sich neben sie flach auf den Boden gelegt und knurrte leise wie ein Hund. Sein Nackenfell war gesträubt.
„Pssst, hör mal ..."

„Ich höre überhaupt nichts“, sagte Schräubchen.
„Warte einen Augenblick. Da ... jetzt!“
„Es ist so schwach ...“
„Es kommt von weiter drinnen. Komisch, vorhin, von unten, hörte es sich viel lauter an. Na komm, schauen wir uns die Sache mal aus der Nähe an.“
Milli und Schräubchen arbeiteten sich durch das dichte Gesträuch bis zu der schmalen Spalte zwischen den Betontrümmern vor. Hoch über ihnen im Wald war Motorengeräusch zu hören. Ein Wagen kroch im zweiten Gang den schmalen Waldweg hinauf, dann erstarb das Geräusch. Sie achteten nicht weiter darauf.
„Hier ist es“, keuchte Milli. „Halt mal die Taschenlampe und versuch in die Öffnung zu leuchten.“
Milli legte sich flach auf den Bauch und drückte den Kopf auf den Boden.
„Geht es so?“
„Ein bisschen mehr rechts. So ist es gut.“
„Kannst du was sehen?“
„Nichts. Und es ist alles still.“
„Warten wir einen Moment.“
„Musch, Musch, Musch!“, zirpte Milli leise.
Es kam keine Antwort.
„Miaaooou“, machte Milli.
Das Einzige, was geschah, war, dass Moritz zu ihr lief und ihr besorgt über das Gesicht leckte.
„Versteh ich nicht ...“, murmelte Schräubchen.
„Ha!“, rief Milli überrascht aus.
„Was ist?“
„Ich sehe etwas ... ganz hinten. Maschendraht. Verdammt, sie haben das Loch mit Maschendraht zugemacht! Sie haben gemerkt, auf welchem Wege die Katzen entflohen sind!“
„Mist!“ In diesem Augenblick hörten sie den klagenden Heulton wieder, einmal hoch, einmal ein wenig tiefer.
„Es sind zwei!“, flüsterte Schräubchen aufgeregt.
„Zwei ... oder noch mehr, wer weiß. Es klingt so weit weg, wenn ich nur wüsste, wie man da herankommt!“

„Hören wir noch mal genau hin, vielleicht können wir die Richtung rausfinden!"
„Es ist weiter oben", sagte Milli. „Irgendwo dort unterhalb des Waldweges ... und ziemlich tief innen im Berg, wenn ich mich nicht täusche."
„Gehen wir auf die Suche?"
„Klar. Vielleicht entdeckt Moritz die Öffnung. Schade, dass Maxl uns die Stelle nicht zeigen kann."
„Gehen wir außen rum, oder riskieren wir's mit dem steilen Hang hier?"
„Versuchen wir es hier. Vielleicht finden wir den Einstieg. Die Jungen haben von oben aus gesucht und nichts gefunden, vielleicht haben wir von hier aus mehr Glück", sagte Milli leise. „Bleib dicht hinter mir."
„Soll ich die Taschenlampe nehmen?"
„Ja, das ist besser, so kannst du uns den Weg beleuchten."
Es war ein mühsamer Aufstieg. Sie mussten sich durch dichtes Gestrüpp und überhängende Wurzeln nach oben arbeiten, Sand und Steine lösten sich unter ihren Tritten, und immer wieder blieben sie mit Haaren oder Kleidung an Dornen hängen.
Moritz hatte beschlossen, sich die Sache erst einmal von unten anzusehen, und blieb hinter Schräubchen zurück. Auch Max wartete in sicherer Entfernung am Rand der Lichtung.
„Lass und einen Augenblick verschnaufen und die Gegend ein bisschen ableuchten. Vielleicht entdecken wir hier was", flüsterte Milli schwer atmend.
Im Lichtstrahl der Taschenlampe erkannten sie, dass sich nicht weit von ihnen oberhalb eine Betonwand wie ein vorspringendes Dach erhob.
Von einem versteckten Eingang allerdings war nirgends etwas zu entdecken.
„Scheiße!", knurrte Milli. „Wir müssen da außen herum. Hoffentlich kommen wir überhaupt durch und müssen nicht zurück! Das schaffen wir nie. Jedenfalls nicht im Dunkeln."
„Hörst du die Katzen noch?"
„Nein, jetzt ist alles still."
„Vielleicht weil sie uns bemerkt haben?"

„Kann schon sein. Kann aber genauso gut sein, dass es von hier aus nicht zu hören ist."
Schräubchen seufzte. Worauf hatten sie sich da eingelassen!
„Pssst, hör doch mal!"
Milli und Schräubchen hielten den Atem an. Von unten her näherte sich ein zweites Auto, brummte den Waldweg herauf und kam näher. Irgendwo über ihnen hielt es an.
„Lass uns versuchen, noch ein bisschen näher ranzukommen", wisperte Milli. „Da rechts rüber. Und deck die Taschenlampe ab!"
„Hoffentlich fängt Moritz nicht an zu bellen", flüsterte Schräubchen zurück. „Ob das der Dieb ist? Ob er neue Katzen bringt?"
„Wenn wir bloß was sehen könnten!"
Milli bewegte sich behutsam vorwärts. Zwischen sie und Schräubchen drängte sich jetzt hechelnd Moritz. Das war ihr ganz recht, so konnte sie ihn notfalls zur Ruhe bringen, sollte er auf die Idee kommen zu bellen.
„Still sein, Moritz, kapiert?", flüsterte sie und strich ihm über den Kopf.
Irgendwo über ihr klappte eine Autotür. Ein schwacher Lichtschein verriet, dass der Fahrer seine Scheinwerfer abgeblendet, aber nicht ausgeschaltet hatte. Das war gut – vielleicht konnten sie ihn erkennen?
Schräubchen schob sich Zentimeter um Zentimeter an Milli heran. „Wir sind näher dran, als ich dachte", hauchte Milli fast unhörbar. „Halt um Himmels willen still!"
Der Mann dort oben ließ einen leisen Pfiff hören. Moritz knurrte verhalten. Milli hielt ihm erschrocken die Schnauze zu. Jetzt hörte man Schritte.
„Doktor?"
„Hier!"
„'n Abend! Heute habe ich was Prächtiges für Sie!"
„Sie haben ja getrunken, Mann!"
„Nur ein paar Bier, Ehrenwort! Irgendwie muss man die Zeit schließlich rumbringen, oder? Eigentlich sollte ich 'n Nachttarif draufschlagen. Wäre nur gerecht, oder?"

„Ich bezahle Sie wirklich nicht schlecht. Und nachts ist die Übergabe nun einmal sicher. Also, wo sind die Tiere?"
„Haben Sie die Kästen? Ist einer dabei, der führt sich gewaltig auf. Aber ein Prachtexemplar, sage ich Ihnen, der hält was aus. Dem können Sie bei lebendigem Leibe alles rausschneiden und er geht nicht hops. Macht nur leider ein Mordstheater. Noch 'ne Weile und ich hätte ihm eins über den Schädel geben müssen, damit er still ist."
Milli und Schräubchen stöhnten leise auf. Unvorstellbar, wie grausam und gefühllos Menschen sein konnten!
„Wie viele sind es denn überhaupt?"
„Drei im Ganzen."
„Nur drei? Ich hatte gehofft, Sie hätten bis heute Nacht mehr!"
„Tut mir Leid, aber wir sind ständig am Ball. Es geht eben nicht immer so, wie man das möchte."
„Ich brauche unbedingt noch zehn Tiere, vorher kann ich mit der Versuchsreihe nicht beginnen! Mein Frankfurter Lieferant hat mich auch aufsitzen lassen, die großen Firmen haben mal wieder alles weggeschnappt ..."
„Also, wir tun wirklich unser Bestes. Ab morgen arbeitet ein neuer Mann mit, dann sind wir zu dritt. Ich verspreche Ihnen, Doktor ..."
„Holen Sie jetzt die Tiere", unterbrach der andere ihn barsch. „Wir haben keine Zeit zu verlieren."
Die Schritte entfernten sich. Milli reckte den Kopf, aber von hier aus war es unmöglich, die kleine Parkbucht oberhalb zu sehen. Der Doktor öffnete den Kofferraum seines Wagens und holte die Kisten heraus; sie erkannten es an dem leisen Rumpeln, als das Holz den Rand des Kofferraums streifte.
„Du", wisperte Milli, „die Stimme von dem anderen, die kommt mir bekannt vor! Wenn ich nur wüsste, woher ..."
„Mir auch!", gab Schräubchen zurück. „Ich bin sicher, ich habe sie schon gehört. Da kommt er zurück ..."
„Hier in dem Korb sind die zwei Katzen. Brave Kerlchen, rühren sich nicht vor Angst." Offensichtlich wurden die beiden Katzen jetzt in eine Kiste gesetzt. Ein Verschluss schnappte. Die Kisten wurden ins Auto gehoben.

„Jetzt unsern Prachtkerl. Bin gleich wieder da."
Wieder entfernten sich die Schritte. Als der Mann zurückkam, konnten sie seinen Weg an dem empörten Fauchen und Knurren verfolgen, das ihn begleitete.
„Machen Sie die Kiste auf, Doktor, ich hab ihn hier im Sack. So, Freundchen, da geht's jetzt rein, hopp ... aua! Au, verdammtes Biest ... ja so ein verfluchter Kerl ... halten Sie ihn! Halten Sie ihn fest!"
„Ah! Au, du Biest!"
Jetzt schrie auch der andere. Der Kater übertönte beide mit wildem Kriegsgeschrei. Ein Tumult entstand, Kampfgeräusche, dann schoss dicht an Millis Kopf etwas vorbei und verschwand in der Dunkelheit.
„Gerettet!", flüsterte Schräubchen. „Wenigstens einer!"
„Die ganze Hand hat er mir aufgebissen!", schimpfte der Mann oben.
„Und mich hat er auch zerkratzt! Sie Idiot! Hätten Sie weniger gesoffen, wäre das nicht passiert! Warum haben Sie ihn nicht in dem Sack gelassen, wenn Sie schon wussten, wie wild er ist! Und überhaupt, so wilde Tiere sind für Versuche vollkommen ungeeignet, solche Ware kann ich nicht brauchen."
„Aber als ich ihn mitgenommen habe, war er ganz friedlich, Doktor! Ehrenwort! Das konnte ich nicht wissen. Er ... er muss sich in dem Verschlag so aufgeregt haben, ich verstehe das auch nicht. Und dann der Sack ..."
„Na ja, ist nun nicht mehr zu ändern. Hier ist das Geld für die zwei anderen. Ich muss sehen, dass ich nach Hause komme und die Wunden versorge, will schließlich keine Blutvergiftung kriegen."
„Was soll ich da sagen, sehn Sie sich an, wie ich blute!"
„Sie haben einen Erste-Hilfe-Kasten im Auto, Mann! Tun Sie sich da was drauf. Und rufen Sie mich an, wenn Sie wieder Ware haben. Denken Sie dran: Es eilt!"
Der Doktor stieg ins Auto und fuhr davon. Der andere fluchte leise vor sich hin, dann hörten sie ihn in seinem Kofferraum herumkramen. Schließlich fuhr auch er los.
„Eine Blutvergiftung soll er kriegen zur Strafe!", fauchte

Schräubchen. „Aber eine saftige! Schade, dass ihm der Kater nicht auch das Gesicht zerkratzt hat!"

Eine Katze in der Hand ist besser als ein Dieb auf dem Dach

Der Wecker rasselte. Milli schoss hoch und saß aufrecht im Bett. „Ich weiß, woher ich die Stimme kenne!", sagte sie triumphierend. „Eben im Aufwachen ist es mir eingefallen!"
„Was, dir auch?" Schräubchen richtete sich auf. „Ist ja seltsam. Mir auch!"
„Aber du kennst ihn doch gar nicht!"
„Klar kenne ich ihn!"
„Wieso? Nein, das glaube ich nicht."
„Vielleicht meinen wir zwei verschiedene! An wen denkst du denn?"
„An den widerlichen Kerl, der bei uns kleine Katzen kaufen wollte!"
„Der Eiermann."
„Wieso der Eiermann?"
„Ja, ich bin ganz sicher! Es war die Stimme des Eiermanns!"
Auf Millis Stirn bildete sich eine steile Falte. Eine Weile dachte sie angestrengt nach.
„Komisch. Einerseits haben die beiden so große Ähnlichkeit, dass ich mir die ganze Zeit überlegt habe, wo ich den Eiermann schon mal gesehen haben könnte.
Andrerseits sehen sie ganz verschieden aus. Mutti sagte, der jüngere sei nur Aushilfsfahrer und löse den älteren Mann, der sonst den Wagen fährt, hin und wieder ab. Wahrscheinlich arbeitet er auch unter einem falschen Namen. Mensch, Milli!"
„Was ist?"
„Der Korb! Der Deckelkorb mit der Unterhose drin! Sicher tut er dort die Katzen rein, wenn er eine vor einem Haus oder in einer Einfahrt erwischt!"
„Könnte sein!"
„Und denk dran, wie sauer Mutti neulich war, als er bei Oswalds umdrehte und davonbrauste! Es war der Nachmittag, an dem Oswalds Lilli verschwand!"

„Das ist ja ein dickes Ei! Dass wir darauf nicht eher gekommen sind! Ist doch klar: Die Leute haben bei ihm keinen Verdacht, nicht mal, wenn er mit einer Katze spielt und ihr einen Leckerbissen zusteckt! Für jeden ist er nur der nette, zuverlässige Eiermann, allen bekannt und vollkommen unverdächtig. Und sollte tatsächlich mal jemand in dem Korb eine Katze entdecken, spielt er den Erstaunten und sagt: ‚Ist doch der kleine Schlingel als blinder Passagier mitgefahren! Na so was! Der Deckel muss aus Versehen zugefallen sein!' Und bringt die Mieze mit einer Entschuldigung zu ihrem Besitzer zurück."
„Ich wette mit dir, dass er mit den Hausfrauen lauthals über den unverschämten Katzendieb geredet hat", sagte Schräubchen. „Alle werden ihn als Katzenfreund angesehen haben!"
„Weißt du noch, wie wütend er wurde, als die kleinen Mädchen in den Korb geschaut haben? Und ich habe gedacht, er geniert sich wegen der Unterhose." Milli stieg bedrückt aus dem Bett. „Blind waren wir wie die Maulwürfe!"
„Wir müssen sofort bei Tommi anrufen und die Jungen zu einer dringenden Besprechung herbestellen!"
„Ja, aber zuerst müssen wir in den Kuhstall. Komm, beeil dich, wir sind spät dran. Waschen können wir uns hinterher, und dann gibt's das tollste Frühstück, das du je gesehen hast!"
Noch vor dem Frühstück hatte Schräubchen bei Tommi angerufen. Eine knappe Stunde später kamen die beiden Jungen den Weg zum Maierhof heraufgeradelt. Dass sie wie die Rennfahrer in die Pedale getreten hatten, sah man ihren geröteten, verschwitzten Gesichtern an.
„Kommt mit in den Kälberstall", sagte Milli. „Ich muss die Kälber raustreiben und dann den Stall ausmisten."
Tommi warf einen wehmütigen Blick zur Küche hinüber.
„Nichts zu trinken ...", murmelte er. „Ist das Brunnenwasser sauber?"
Milli lachte.
„Oh, ihr Ärmsten! Verzeiht, ihr seid natürlich total verdurstet. Schräubchen kann euch zu meiner Mutter bringen, ich gehe schon mal vor."
Tommi konnte eine gewisse Erleichterung nicht verbergen. Auf

dem Maierhof gefiel es ihm gut, aber die Ställe betrat er höchst ungern. Diese riesigen gehörnten Tiere mit den feuchten Mäulern waren ihm unheimlich, selbst die Kälbchen betrachtete er lieber von weitem.
Flogen die Tauben vor ihm auf, wich er zurück, und floh gar mit wildem Gackern ein Huhn vor ihm, schrak er zusammen, als habe jemand einen Schuss abgefeuert.
Schräubchen sorgte dafür, dass die Jungen einen großen Krug kühle Milch bekamen, dann verzogen sich die drei in den Obstgarten und warteten geduldig, bis Milli mit ihrer Arbeit fertig war. Und da Milli sich seit Jahren bemühte, eine gute Bäuerin zu werden und alle Arbeiten geübt und schnell erledigte, dauerte es nicht allzu lange.
„Nun schießt los, was ist das für eine Sensation, die ihr uns erzählen müsst!“, drängte Walther, als Milli sich mit einem erleichterten Seufzer neben ihm ins Gras fallen ließ.
„Wir haben letzte Nacht oben am verschütteten Bunker gesehen, wie der Katzendieb seinem Auftraggeber zwei Katzen übergeben hat. Das heißt, gesehen haben wir es eigentlich nicht, wir haben es gehört. Eine dritte Katze hat ihn so gebissen, dass er sie loslassen musste und ihr die Flucht gelang.“
„Ihr habt sie gestellt? Wer sind sie?“
„Nein, gestellt haben wir sie nicht! Wie sollten wir das bitte schön tun?“, sagte Milli kopfschüttelnd. „Das kann doch höchstens die Polizei oder ein Erwachsener! Wir haben sie ganz zufällig belauscht. Ach, erzähl du die Geschichte von vorn, Schräubchen.“
Und Schräubchen erzählte. Ausführlich und in allen Einzelheiten, um den Jungen den Ernst der Situation deutlich zu machen.
„Und das Tollste war“, endete sie ihren Bericht, „die ganze Zeit haben wir uns überlegt, woher wir die Stimme des Katzenfängers kannten. Erst heute Morgen beim Aufwachen ist es uns eingefallen. Nun haltet euch fest: Es war die Stimme des Eiermanns. Der mit dem Wagen, der manchmal als Aushilfe kommt!“
„Waaas?“

Tommi und Walther fuhren hoch, als habe sie eine Hornisse gestochen. Sprachlos sahen sie sich an.
„Da bleibt euch die Spucke weg, wie?"
Zum Erstaunen der Mädchen brach Tommi in wildes Gelächter aus.
„Nein, das darf nicht wahr sein! Also wenn das nicht der größte Witz des Jahrhunderts ist!"
„Also so komisch finde ich es nicht", sagte Milli kopfschüttelnd. „Im Gegenteil. Es ist schlimm. Was gibt's da zu lachen?"
Walther grinste breit.
„Was es da zu lachen gibt? Tommi wäre gestern um ein Haar als Katzenfänger angestellt worden! Von Herrn Suhrbock, dem Vater unseres lieben Eiermannes. Dummerweise hat der es sich im letzten Augenblick anders überlegt und einen anderen Bewerber uns vorgezogen. Er ist wohl misstrauisch geworden. Mann, wenn wir das gewusst hätten ... aber es war ja nicht aus ihm rauszukriegen, wofür er uns eigentlich haben wollte!"
„Jetzt verstehe ich erst seine idiotischen Fragen", sagte Tommi grimmig. „Auf was er da angespielt hat! Er wollte herausfinden, ob wir schon mal Tiere gequält haben! Das wäre für ihn eine Garantie gewesen, dass wir uns für den Job eignen."
„Nun, eines wissen wir jetzt wenigstens", stellte Walther triumphierend fest, „wer die Katzenfänger sind und wer der neue Helfer ist. Ich bin sicher, der Suhrbock ist mit dem Narbengesicht einig geworden. Jetzt müssen wir sie nur noch auf frischer Tat ertappen und sie der Polizei übergeben!"
„Und wir müssen herausfinden, wer dieser geheimnisvolle Doktor ist! Das ist das Allerwichtigste!", beschwor Schräubchen die anderen. „Wenn nur der Suhrbock geschnappt wird, ist bald ein neuer Katzendieb da, der an seine Stelle tritt, und den Katzen ist damit noch lange nicht geholfen."
„Richtig!", sagte Milli. „Dem Doktor muss das Handwerk gelegt werden! Wer weiß, gegen welche Gesetze er sonst noch verstößt, wenn er schon so schamlos mit gestohlenen Tieren experimentiert!"
„Vor allem müssen wir jetzt unbedingt den Eingang zu dem verschütteten Bunker entdecken! Sicher finden wir jede Menge

Spuren darin. Wenn wir zur Polizei gehen, müssen wir schließlich handfeste Beweise haben."
Tommi sprang auf und umrundete die Gesellschaft aufgeregt. „Und wir müssen beim nächsten Treffen der beiden unbedingt in der Nähe sein. Damit wir wenigstens die Autonummer des Doktors feststellen. Und wissen, wie er aussieht!"
„Dann müssten wir Nacht für Nacht auf der Lauer liegen", sagte Walther gedehnt.
„Nur wenn wir wissen, dass sich Katzen im Bunker befinden."
Maxl kam über die Wiese stolziert, schritt majestätisch an ihnen vorbei und wetzte mit Inbrunst seine Krallen an einem der Apfelbäume. Milli sah ihn nachdenklich an.
„Ich finde, die Sache ist es wert. Selbst wenn wir das Opfer bringen müssen, Nacht für Nacht Wache zu halten."
„Wir müssen gehen", mahnte Tommi. „Ich hab versprochen zum Mittagessen daheim zu sein."
„Ich auch", sagte Walther. „Mein Vater spendiert uns nämlich ein Essen in der Pizzeria *Mamma Gina!*"
„Morgen habe ich Zeit", versprach Milli. „Da können wir gleich früh losgehen, um nach dem Eingang des Verstecks zu suchen. Schräubchen und ich wissen jetzt wenigstens, in welcher Richtung er liegen muss."
„Okay, prima! Treffen wir uns oben am Waldrand? Um acht?"
„Um acht am Waldrand, alles klar."
„Ciao!"
Die Jungen holten sich ihre Räder, die sie an die große Kastanie im Hof gelehnt hatten, und fuhren davon. Bergab konnten sie ordentlich Tempo vorlegen und bald hatten sie die Stadtgrenze erreicht.
„Fahren wir schnell zur Strandpromenade rüber", sagte Walther, „ich will sehen, wann die Endausscheidung im Ruderclub heute nachmittag beginnt."
„Okay."
Sie bogen von der Hauptstraße ab und fuhren durch kleine Seitenstraßen zur Strandpromenade hinunter. Am alten Bootshaus stoppten sie kurz und Walther studierte das Plakat.
„Vierzehn Uhr dreißig!", rief er Tommi zu.

„Hätte ich dir gleich sagen können."
„Ich war aber nicht sicher. Hätte ja auch schon um zwei beginnen können. Also komm."
Die kleinen Straßen der Altstadt ruhten in sonntäglicher Stille. Kein Mensch war zu sehen. Aus den geöffneten Fenstern drang Bratenduft. Aus einem Radio ertönte der Donauwalzer.
Sie bogen in die Gartenstraße ein. Das große Tor der Schreinerei Oswald war geschlossen. Mitten auf dem Bürgersteig davor lag die Katze Lilli und sonnte sich.
Wenige Meter entfernt stand ein junger Mann an der Tankstelle der Autoreparaturwerkstatt Wagner und studierte das Plakat einer Reifenfirma. In der Hand hielt er eine große Sporttasche.
Walther hielt abrupt an und machte Tommi ein Zeichen, in der nächsten Garageneinfahrt in Deckung zu gehen. Tommi sah ihn fragend an. Walther deutete stumm auf den jungen Mann an der Tankstelle.
Tommi begriff sofort. Das Narbengesicht! Hatte er es auf Lilli abgesehen? Was gab es da stundenlang an dem Plakat zu lesen, es stand ja nur ein einziges Wort drauf! Die Sache schien klar. Das war verdächtig.
Walther und Tommi lehnten ihre Fahrräder gegen die Garage und gingen gebückt bis zur Zaunecke vor. Von hier aus konnten sie die ganze Straße übersehen, ohne von dem Mann entdeckt zu werden.
Der junge Mann sah sich nach allen Seiten um. Dann ging er langsam auf Lilli zu und sprach auf sie ein. Lilli gähnte. Jetzt beugte er sich zu ihr hinunter und streichelte sie.
„Wie kann man nur so dämlich sein!", flüsterte Tommi. „Sie müsste doch gewarnt sein nach ihren schlechten Erfahrungen! Aber nein, kaum tut ihr einer schön, fällt sie wieder drauf rein!"
„Achtung, jetzt hebt er sie hoch. Wir starten in dem Moment, wenn er sie in die Tasche steckt!"
„Okay."
Der Mann ließ sich Zeit. Immer wieder sah er sich um, ob sich in den umliegenden Häusern nicht eine Gardine bewegte, an einem Fenster ein Gesicht erschien. Jetzt öffnete er den Reißverschluss seiner Tasche. Lilli stand auf, machte einen

Buckel und wandte sich zum Gehen. Der Mann packte zu, mit einem Griff hatte er sie am Genick und stopfte sie in die Tasche. Lilli erstarrte vor Schreck, so unsanft hatte sie noch niemand angefasst!

„Los!“, sagte Walther und sprang hinter dem Zaun vor. „He, Sie da! Was machen Sie mit unserer Katze! Bleiben Sie stehen!“

Der Mann verharrte nur eine Schrecksekunde lang, dann rannte er los. Mit Tommis Tempo allerdings konnte er nicht mithalten.

Wie eine abgefeuerte Kanonenkugel schoss Tommi hinter ihm her. Der Narbengesichtige schlug eine Haken und bog in den Hof der Autoreparaturwerkstatt ein, dessen Tor halb offen stand. Tommi war ihm dicht auf den Fersen, Walther folgte in einigem Abstand.

„Stehen bleiben! Bleiben Sie sofort stehen!“, brüllte Walther in der Hoffnung, einer der Erwachsenen würde sie hören und ihnen zu Hilfe kommen.

Hinter der Autowaschanlage hatte Tommi den Narbengesichtigen erreicht. Er stürzte vorwärts, um den Mann an der Jacke zu packen.

Aber da geschah etwas Unerwartetes. Blitzschnell warf der Mann Tommi die Tasche mit der Katze zu. Tommi fing sie auf. Lilli schrie empört und tobte wild in dem engen Gefängnis.

„Verdammt, er kennt unseren Schleichweg!“, keuchte Walther und hetzte an Tommi vorbei. „Los, hinterher!“

Der Mann war über ein Autowrack auf dem Parkplatz auf das Dach des Waschraums geklettert. Walther hechtete hinterher, aber der Mann trat ihm so heftig auf die Hand, dass TH mit einem Schmerzensschrei zurückfuhr. Ehe Tommi bei ihm war, hatte der Mann sich über die Mauer geschwungen und rannte über den Hinterhof des rückwärtigen Hauses davon.

Wütend sahen die beiden Jungen ihm nach. Jetzt war der Vorsprung nicht mehr einzuholen.

„Der lässt sich nicht mehr hier blicken“, knurrte Tommi und kehrte zu der Tasche zurück, in der Lilli verzweifelt nach einem Ausgang suchte.

„Nein, leider!“, schnaufte TH. „Ein zweites Mal würde er uns

nicht entkommen! Aber der traut sich sicher nicht mehr in unsere Gegend." Er hatte die Tasche geöffnet und Lilli auf den Arm genommen. Ein wenig unbeholfen streichelte er ihr über den Kopf.
„Na, wenigstens sie haben wir gerettet. So dumm wird sie in Zukunft hoffentlich nicht mehr sein, der Schock dürfte genügen."
Tommi nahm ihm die Katze ab. Steif vor Angst saß sie auf seinem Arm.
„Man soll nicht undankbar sein", bemerkte TH. „Besser eine Katze in der Hand als ein Dieb auf dem Dach."

Höhlenforschers Glückstag

„Was soll das heißen? Du willst schon wieder weg?"
„Ich hab es versprochen, Mamma!"
Tommi häufte sich einen Löffel Kirschmarmelade auf den letzten Rest seiner Semmel und stopfte ihn in den Mund.
„Immer bist du unterwegs! Nie kriegt man dich zu sehen, und kein Mensch weiß, wo du dich rumtreibst! Ein Wunder, dass du überhaupt noch zu Hause schläfst!", schimpfte Mamma Gina. „Wenn man dich braucht, bist du nicht da. Zu den Mahlzeiten kommst du zu spät und rennst gleich wieder weg. Dio mio, man sollte meinen, du bist hier nur ein Hotelgast, der kommt und geht, wie er will!"
„Aber Mamma, es sind doch Ferien und ..., und wir haben etwas Wichtiges zu tun. Wir ... na ja, wir helfen Milli auf dem Hof. Sie muss so viel arbeiten, Kälber und Kühe füttern, Ställe ausmisten, sich um Hühner und Enten kümmern, Obst ernten, Heu wenden ..."
„Erzähl mir nicht, dass du Kälber fütterst und Ställe ausmistest", unterbrach ihn Mamma Gina lachend. „Dann komme ich und schau mir das an!"
„Nein, nein, das nicht gerade, ich mach andere Sachen. Im Wald ... mit Holz und so ..."
Tommi goss schnell seine Milch hinunter, um näheren Erklärungen aus dem Wege zu gehen.

„Ich muss gehen, Walther wartet schon“, murmelte er. „Ciao, Mamma. Ein andermal erzähle ich dir alles in Ruhe.“
„Warum nimmst du mich nicht mit!“, zeterte Nele, die bisher schweigend zugehört hatte. „Ich will auch auf dem Hof helfen! Ich könnte das Pony füttern und zum Grasen führen! Und Obst pflücken kann ich auch!“
„Das nächste Mal. Heute geht es nicht“, sagte Tommi schnell und drückte sich aus der Tür.
Als Walther und Tommi an den Waldrand kamen, warteten Schräubchen und Milli schon. Sie saßen in der Sonne, Moritz und Maxl zu ihren Füßen und neben sich einen Picknickkorb, der Tommis Herz augenblicklich höher schlagen ließ.
„Die Expedition kann beginnen!“, verkündete TH. „Die Expeditionsleitung ist vollzählig eingetroffen.“
„Hahaha“, machte Schräubchen gelangweilt. „Immer diese männliche Überheblichkeit. Seid froh, dass wir auf euch gewartet haben.“
Tommi und Walther lehnten ihre Fahrräder an einen Baum und ketteten sie aneinander. Milli und Schräubchen nahmen den Henkelkorb in die Mitte und gingen voran. Auf dem Weg erzählten Tommi und Walther noch einmal in allen Einzelheiten den missglückten Raub der Katze Lilli.
„Zu dumm, dass wir nicht dabei waren!“, sagte Schräubchen. „Dann wäre er uns nicht entkommen!“
„Glaubst du wirklich?“ Walthers Stimme klang leicht säuerlich. „Ihr hättet ihn auch nicht gehalten!“
„Hätten wir wohl! Denk doch mal logisch, TH, drei Leuten zugleich kann er nicht auf die Hände treten! Während er nach einem tritt, hält ihn der andere am Hosenbein fest, und der dritte klettert aufs Dach und packt ihn von hinten oder stellt ihm ein Bein!“
„Na ja, vielleicht hast du Recht“, räumte Walther ein. „Aber das lässt sich nun auch nicht mehr ändern. Immerhin hat uns die Sache ein Stück weitergebracht, denn nun wissen wir genau, dass er der neue Mann ist, der für diesen Suhrbock arbeitet.“
Diesmal bogen sie gleich in den Forstweg ein, der zu der kleinen Parkbucht führte. Milli und Schräubchen hatten ja be-

obachtet, dass der Eingang zum Versteck des Katzenfängers oberhalb des Weges liegen musste. Der Weg wand sich in engen Serpentinen durch den Wald in die Höhe und schien kein Ende nehmen zu wollen. Maxl blieb ein paar Mal unschlüssig stehen und schaute Milli fragend an. So weite Spaziergänge war er nicht gewöhnt, und das ganze Unternehmen schien ihm unheimlich zu sein.

„Wie wär's, wenn ihr zur Abwechslung mal den Korb tragt?", sagte Milli zu den Jungen. „Maxl tun die Füße weh."

Dagegen war schwer etwas einzuwenden, und so nahmen Walther und Tommi schicksalsergeben den Korb, und Milli nahm Maxl auf den Arm, was ihm gut zu gefallen schien.

Plötzlich blieb Milli stehen.

„Was ist?"

„Maxl benimmt sich so komisch. Er knurrt ..., und er zittert vor Aufregung!"

„Kein Wunder, wir sind gleich da!"

Schräubchen lief ein Stück voraus. Hinter der nächsten Biegung weitete sich der Weg zu der kleinen Parkbucht. „Machen wir erst mal Pause?", fragte Tommi hoffnungsvoll und lüftete das rot karierte Küchentuch, das über den Inhalt des Korbes gebreitet war.

„Spinnst du? Jetzt wird gearbeitet! Ich will Erfolge sehen!", verkündete Walther. „Wir stellen den Korb hier in den Schatten, und Moritz kann drauf aufpassen. He, was ist mit dem los?"

Max hatte sich aus Millis Armen gewunden und war fauchend und knurrend, mit angelegten Ohren und eingekniffenem Schwanz, das Fell gesträubt, davongerast. Milli sah ihm kopfschüttelnd nach.

„Nun, jedenfalls wissen wir jetzt, dass wir hier goldrichtig sind", sagte Schräubchen. „Sie müssen ihn scheußlich behandelt haben, dass er einen solchen Schock weghat!"

„Los, Leute!", sagte TH. „Wo ist der Dieb von hier aus in den Wald gegangen?"

„Warte mal ..."

Milli trat an die äußerste Kante der kleinen Bucht und schaute den steilen Abhang hinunter. Hier, unterhalb des dichten

Gesträuchs, mussten sie gesessen haben. Milli drehte sich um und schloss die Augen.

„Geh dort schräg links hinauf“, sagte sie. „Ich will hören, ob ich es an dem Geräusch deiner Schritte erkennen kann. Vielleicht entdeckst du auch Spuren, Abdrücke von schweren Schuhen. Man hörte seine Schritte sehr deutlich.“

Walther ging los. Er überquerte den kleinen Platz und stieg links in den Wald hinauf.

„Also Spuren sind nicht zu sehen“, rief er.

„Kein Wunder“, meinte Tommi. „Das Gras ist so dicht und kräftig, es hat sich längst wieder aufgerichtet. Und er wird sich wohl hüten, einen Trampelpfad anzulegen, sicher achtet er darauf, jedes Mal ein bisschen anders zu gehen.“

„Na gut, dann müssen wir eben systematisch das ganze Gebiet durchsuchen. Wir werden im Abstand von zwei Metern den Berg raufgehen, irgendwas wird uns schon auffallen.“

„Okay. Du, Tommi, gehst rechts von TH, Schräubchen ganz außen rechts und ich links“, schlug Milli vor. „Und lasst euch Zeit, schaut genau hin. Es könnte sein, dass der Eingang mit Büschen getarnt ist. Moritz! Komm, schön Platz hier, so ist es brav. Du passt auf, hörst du? Gut aufpassen!“

Moritz legte sich gehorsam neben dem Korb nieder und sah ihnen nach, wie sie langsam, die Augen auf den Boden gerichtet, den Berg hinaufstiegen, wie sie mit den Händen Busch für Busch auseinander bogen, Betonbrocken unter Moos und Farn beklopften, an Wurzeln zerrten und schoben, Bäume untersuchten, mit den Füßen am Boden scharrten und verdächtig aussehende Steine zur Seite wälzten.

„Nein, so weit oben war es nicht“, sagte Milli schließlich. „Wir müssen wieder runter. Versuchen wir’s weiter links. Es können nicht mehr als zehn Meter gewesen sein, die der Mann ging, er war schnell wieder zurück!“

Aber auch diesmal hatten sie kein Glück. Zwanzig Meter oberhalb der Parkbucht brachen sie die Suche ab.

„Es ist wie verhext“, sagte Tommi. „Wenn das so weitergeht, glaube ich an einen geheimnisvollen Zauber. So ’ne Art Sesam-öffne-dich.“

„Ja, wirklich." TH lehnte sich erschöpft an einen Baum und nahm seine Brille ab, um sie zu putzen. „Ich begreife das nicht."
„Toller Baum, was? Der muss doch mindestens dreihundert Jahre auf dem Buckel haben!"
Bewundernd sah Schräubchen an der mächtigen Eiche hinauf, deren zerborstene Krone nur noch wenige Blätter trug. Viele Äste waren schon abgestorben, und auch die Borke hatte sich auf großen Flächen vom Holz gelöst. Milli strich zart über die große kahle Fläche.
„Ich finde es schön, wenn man solche alten Bäume, so lange es geht, stehen lässt", sagte Schräubchen. „Na, kommt, suchen wir weiter. Nehmen wir jetzt die rechte Seite?"
„Okay."
Aber auch auf der rechten Seite hatten sie kein Glück. Nachdem sie einen zwanzig Meter breiten Streifen systematisch abgesucht hatten, sahen sie sich ratlos an.
„Das gibt's doch nicht!", seufzte Milli. „Ich glaub, ich spinne. Es *muss* einen Eingang geben."
„Nicht mal Moritz hat etwas gefunden!", sagte Walther achselzuckend. „Man weiß wirklich nicht, was man davon halten soll!"
„Ich schlage vor, wir machen erst mal Pause!"
Tommi ergriff den Picknickkorb und sah sich um. Am besten blieben sie gleich hier auf dem Parkplatz. Da gab es zum Sitzen ein paar Baumstümpfe an der Seite und keine Ameisen.
„Hört doch mal!" Schräubchen packte Tommi aufgeregt an der Schulter. „Ein Auto!"
„Ein Auto ... Und es kommt den Weg herauf! Vielleicht ist er das!"
„In Deckung, Leute! Versteckt euch! Und so, dass ihr ihn gut beobachten könnt!" Walthers Stimme zitterte vor Aufregung.
„Hoffentlich ist er es!", murmelte Milli und rutschte kurzerhand ein Stück den Hang hinunter ins Gebüsch. „Komm, Moritz! Und schön still sein! Ruhig!"
Die anderen suchten sich ein Versteck seitlich der Parkbucht, und jeder achtete darauf, dass er von seinem Platz aus den Hang oberhalb des Weges genau im Blickfeld hatte. Mit klopfendem Herzen verfolgten sie, wie sich der Wagen langsam die

Serpentinen hinaufarbeitete. Mal verschwand das Geräusch, dann wieder sprang es einen an, als sei der Wagen schon ganz nah. Jetzt musste er hinter der letzten Kurve sein. Milli reckte den Hals. Tatsächlich! Der Eiermann!
Die vier hielten den Atem an, als der Wagen mit Schwung in die kleine Parkbucht einbog, zurückfuhr und wendete. Jetzt wurde der Motor abgestellt. Suhrbock junior sprang heraus und sah sich um. Er lauschte eine Weile, und Milli zitterte vor Angst, Moritz könnte durch ein Knurren auf sie aufmerksam machen. Aber Moritz schien zu begreifen, worum es ging.
Jetzt öffnete der Katzenfänger die Tür zum Laderaum und holte den Deckelkorb heraus. Klägliches Maunzen winziger Stimmchen wurde hörbar. „Jungkatzen!“, dachte Milli erschrocken. „Es müssen kleine sein!“
Suhrbock junior schlug die Tür zum Laderaum zu. Wieder sah er sich um und lauschte. Beruhigt nahm er den Korb auf, schwang ihn siegesbewusst hin und her, so dass die kleinen Katzen im Korb hin und her geworfen wurden und ängstlich aufschrien. Milli spürte einen dicken Kloß in der Kehle, den anderen ging es nicht besser.
Jetzt stieg der Mann den Hang hinauf. Vor der uralten Eiche machte er halt und setzte den Korb ab. Mit beiden Händen fasste er seitlich der kahlen Fläche unter die Rinde, die Fläche gab nach und stellte sich als Brett heraus, das genau in die Öffnung eingepasst und leicht herauszudrücken war. Der Katzendieb drückte es nach innen, drehte es ein wenig und hob es aus der Öffnung. Tommi biss sich in die Hand, um nicht vor Überraschung laut aufzuschreien.
Jetzt nahm Suhrbock junior den Korb und stieg in das Innere des Baumes. Vermutlich gab es dort drinnen eine Leiter, jedenfalls war er gleich darauf ihren Blicken entschwunden.
Es dauerte nicht lange, und der Katzendieb kam zurück. Er passte das Brett wieder in die Öffnung und ging rasch zum Wagen zurück, schwang sich hinter das Lenkrad und brauste davon, so schnell es der schmale Forstweg erlaubte. Das Ganze hatte kaum fünf Minuten in Anspruch genommen.
Die vier warteten in ihrem Versteck, bis das Geräusch des sich

entfernenden Wagens völlig verstummt war, dann stürmten sie heraus.
„Ich glaub, ich werd zum Rumpelstilzchen!“, quiekte Tommi und haute sich auf die Schenkel. „Durch einen hohlen Baum! Durch einen getarnten hohlen Baum! Das hältst du doch im Kopf nicht aus!“
„Los, Kinder, wir dürfen keine Zeit verlieren! Wenn ich auch nicht glaube, dass er so bald zurückkommt“, sagte Walther, „aber man kann nie wissen. Wer will Schmiere stehen?“
Keiner wollte; alle waren begierig darauf, das Versteck zu erkunden, also zählten sie ab. Schräubchen traf das Los und sie ertrug es einigermaßen mit Fassung.
„Ich löse dich ab“, versprach Milli, „dann kannst du dir alles ansehen.“
„Hat einer an eine Taschenlampe gedacht?“, fragte Walther. „Da unten wird es stockfinster sein.“
„Klar, ich!“ Milli zog die Taschenlampe ihres Vaters aus dem Picknickkorb.
Tommi stand bereits an der alten Eiche und tastete die wulstigen Ränder der Rinde ab. Noch rührte sich das Brett nicht. Plötzlich gab es nach.
„Es ist eine Feder, die du zurückdrücken musst! Siehst du, hier! Dann geht es ganz leicht.“
Tommi nahm das Brett heraus, und Milli leuchtete mit der Lampe in das Innere des Baumes. Eine Leiter führte in die Tiefe. Neben der Leiter hing an einer Schnur eine weitere Taschenlampe.
„Danke, sehr aufmerksam!“, lobte TH und nahm die Lampe. Dann stieg er nach unten.
Milli folgte ihm, Tommi bildete das Schlusslicht.
Kälte schlug ihnen entgegen, es roch nach Moder, nach verfaultem Fisch und nach Katzendreck. Am Fuß der Leiter angekommen, standen sie in einem Raum, der zur Hälfte eingestürzt war. Von den zahlreichen Gängen, die von hier aus weitergeführt hatten, waren die meisten verschüttet, nur zwei waren noch benutzbar. In einen der Gänge fiel durch eine Mauerritze ein dünner Lichtstrahl, und in diesem Lichtstrahl erkannten sie

eine Reihe primitiver Drahtkäfige, die nebeneinander und übereinander gestapelt nichts weiter enthielten als verrostete Konservendeckel mit eingetrockneten Futterresten und abgestandenem Wasser.
In einem der Käfige drängten sich kläglich maunzend zwei winzige Katzenkinder aneinander. Milli beugte sich schnell hinunter, befreite sie aus ihrem Gefängnis und hob sie auf ihren Schoß. Leise sprach sie auf sie ein. Die Kleinen beruhigten sich schnell.
„Das geht nicht, Milli", sagte Walther. Seine Stimme klang rau und zitterte ein wenig. „Ich meine, wenn du sie jetzt mitnimmst, verraten wir uns! Dann wird es uns nie gelingen, Suhrbock und seine Komplizen zu überführen!"
„Dann lasst euch was einfallen!", gab Milli entschlossen zur Antwort. „Hier lasse ich sie jedenfalls nicht!"
„Moment, lass mich da mal ran."
Tommi kniete sich neben den Käfig und prüfte mit den Fingern den Draht. Er zupfte hier und zog dort und hatte schließlich an einer Seite ein handgroßes Loch in den rostigen Maschendraht gerissen, gerade so groß, dass ein Katzenjunges hindurchschlüpfen konnte.
„Na, das sind vielleicht Wildtiere!", sagte er grinsend. „Dass sie aber auch alles kaputtmachen müssen!"
Sorgsam bog er den Draht so, dass es aussah, als hätten die Kätzchen daran gezerrt.
Milli war bereits mit ihren Schützlingen die Leiter hinaufgestiegen und zeigte Schräubchen ihren Fund.
„Sind die süß! Ein schwarzes mit weißen Pfötchen und ein kleiner Tiger!"
Schräubchen vergaß vor Begeisterung, dass sie sich hatte die Höhle ansehen wollen. Erst als Milli sie daran erinnerte, stieg sie die Leiter zu den verschütteten Bunkergewölben hinunter und begleitete die Jungen, die inzwischen die weiteren Gänge und Nischen erkundeten.
Schließlich tauchten alle drei wieder aus der Tiefe auf, blinzelten ins Tageslicht und klopften sich Staub und Spinnenweben von Hosen und Pullis.

„Es gibt jede Menge Ritzen und Nischen dort, die so eng sind, dass gerade noch eine Katze durchschlüpfen kann. Das war Maxls Glück", berichtete Walther. „Esmeralda wäre ja um ein Haar stecken geblieben, wenn du sie nicht ausgegraben hättest."
„Da sieht man mal, wohin einen übergroße Fresslust führen kann", bemerkte Schräubchen mit einem Seitenblick auf Tommi, der auf den Picknickkorb zusteuerte.
Walther hängte die Taschenlampe an ihren Platz und passte das Brett wieder in die Öffnung des alten Baumes ein.
„Suchen wir uns ein Stück weiter unten einen schönen Picknickplatz", schlug Milli vor. „Von da aus können wir beobachten, ob der Kerl noch einmal zurückkommt. Meine Babys schlafen jetzt erst mal nach der Aufregung. Es gefällt ihnen unter meiner Jacke."
„Kein Wunder", lachte Walther.

In Fla ... wo?

Sie fanden einen schönen Picknickplatz oberhalb einer der engen Kurven, die der Forstweg beschrieb. Von hier aus konnten sie die Straße weit überblicken, waren aber selber nicht zu sehen. Sie lagerten sich um Millis Picknickkorb und ließen es sich schmecken. Moritz verzehrte mit Vergnügen Bananen- und Apfelstückchen, die Milli ihm zusteckte, Maxl, der sich nun ebenfalls wieder eingefunden hatte, zog Leberwurstbrot vor.
„Wir müssen von jetzt an eine ständige Wache in der Nähe des Verstecks aufstellen, um jede Aktivität des Katzendiebs kontrollieren zu können", sagte Walther. „Die anderen setzen sich mit Polizei und Tierschutzverein in Verbindung. He, Tommi, hörst du überhaupt zu?"
„Wie?"
„Du siehst so geistig weggetreten aus, was ist los?"
„Ach nichts, ich habe nur über was nachgedacht. Was hast du gesagt?"
Tommi hatte sich eines der beiden Katzenkinder geholt, das nun in seinem Schoß schlief. Sorgsam deckte er es mit der linken Hand zu, um es vor dem grellen Sonnenlicht zu schützen.

„Worüber hast du nachgedacht?", erkundigte sich Schräubchen.
„Ach ... ich dachte daran, wie der alte Suhrbock neulich zu mir gesagt hat: ‚Du bist Italiener, das ist gut, Italiener sind nicht so sentimental in gewissen Dingen.' Was hat er gemeint? Hat er im Ernst geglaubt, Italiener quälen leichter Tiere, als es Deutsche tun?"
„Das hat dich gekränkt, stimmt's? Ich hab's an deinem Gesicht gesehen", sagte Walther. „Nun ja, ich glaube schon, dass die meisten Leute hier denken, Italienern seien Tiere gleichgültig. Wenn man an die vielen mageren Katzen in den Straßen denkt und an die geplagten Maultiere und Esel ..."
„Deshalb bin ich noch lange kein Tierquäler!", sagte Tommi hitzig. Sein Gesicht war rot vor Zorn.
„Nun reg dich nicht auf, das hat niemand behauptet!"
„Aber ihr denkt heimlich auch, dass mir Tiere Wurscht sind, weil ... weil sie mir manchmal unheimlich sind, wenn ich sie nicht kenne, oder wenn sie sehr groß sind, so wie Kühe oder Pferde oder Ziegen ..."
„Aber Tommi!", beruhigte Milli den aufgeregten Freund. „Du hast eben immer in der Stadt gelebt, da ist es doch ganz natürlich, dass dir Tiere nicht so vertraut sind! Ob du nun Italiener oder Deutscher bist, das hat doch gar nichts damit zu tun!"
„Sie sind noch so klein und so hilflos", sagte Tommi und strich dem Kätzchen auf seinem Schoß zart mit dem Zeigefinger über den Kopf. „Ob sie es gut gehabt haben, da, wo sie herkommen?"
„Wenn nicht, werden wir bessere Plätze für sie finden. In Zukunft sollen sie es nur noch gut haben", versicherte Milli.
„Zur Sache, Leute", mahnte Walther. „Ich schlage vor, ich übernehme die erste Wache. Ihr geht inzwischen zu Inspektor Hecht und erstattet ihm Bericht. Sagt ihm, wenn wir Glück haben, können wir ihm heute Nacht den Katzenfänger samt Abnehmer und Versteck servieren. In drei Stunden kann mich dann einer von euch ablösen und mir erzählen, was sich getan hat."
„Ja, und dann gehen wir zum Tierschutzverein und versuchen herauszufinden, ob sie etwas über diesen merkwürdigen Doktor wissen. Und wer inzwischen alles den Verlust einer Katze

gemeldet hat“, fügte Schräubchen hinzu. „Unsere Babys bringe ich erst mal zu uns auf den Maierhof“, sagte Milli. „Ich werde ihnen ein kuscheliges Bett in meinem Zimmer herrichten und ihnen etwas zu essen geben.“

Als sie anderthalb Stunden später das Polizeirevier 13 betraten, hatte Inspektor Bruno Hecht gerade einen seiner gefürchteten Zornausbrüche. Wachtmeister Moll saß in sich zusammengesunken hinter seiner Schreibmaschine und schaute hilflos zu seinem Vorgesetzten auf, der mit erregten Schritten vor ihm auf und ab ging.

Tommi, Milli und Schräubchen blieben ratlos in der Tür stehen.

„Fünf an einem Nachmittag! Fünf Stück, das muss man sich mal vorstellen! Und kein Mensch hat was bemerkt! Nur die Zeitungsreporter sind sofort wieder an Ort und Stelle und schreiben ihre herzerweichenden Berichte. Katzendiebstähle, nichts als Katzendiebstähle, als wenn wir keine größeren Sorgen hätten! Lächerlich! Sollen sie sie doch einsperren, ihre Miezen, wenn sie nicht in der Lage sind, auf sie aufzupassen! Was wollt ihr denn hier, verdammt noch mal, ich habe keine Zeit!“

„Wir wollen Ihnen die Katzendiebe bringen“, sagte Tommi ruhig und genoss sichtlich die Wirkung seiner Worte.

„Ihr wollt ... was bitte? Habe ich richtig gehört?“

„Absolut richtig!“, sagte Schräubchen. „Wir kennen die Diebe, das Versteck und den Abnehmer.“

„Ihr kennt ... kommt rein!“, sagte Inspektor Hecht und öffnete die Tür zu seinem Allerheiligsten. „Ich rufe Sie dann, Moll.“

Tommi, Schräubchen und Milli nahmen im Halbkreis um Inspektor Hechts Schreibtisch Platz und begannen alles zu berichten, was sie über die Katzendiebstähle wussten. Wo einer etwas ausließ, half der andere nach.

Erwartungsvoll sahen sie den Inspektor an.

„Heute Nacht werden vermutlich die frisch gestohlenen Katzen dem Doktor übergeben“, sagte Schräubchen. „Wenn Sie sich gut verstecken, können Sie alles genau beobachten und mithören, was gesprochen wird. Das wird genügen, dem Doktor und diesen Suhrbocks das Handwerk zu legen.“

„Bei Gott, das werde ich“, schwor Inspektor Hecht. „Mit diesem Terror um die gestohlenen Katzen werden wir ein für alle Mal Schluss machen! Die haben uns lange genug an der Nase herumgeführt!"

„Gut", sagte Tommi. „Am besten, wir treffen und kurz vor dem Dunkelwerden auf dem Maierhof. Von dort aus werden wir Sie zu der Stelle führen, an der die Übergabe stattfindet."

Inspektor Hecht öffnete den Mund, als ob er noch etwas sagen wollte, schwieg dann aber. Zweifellos hatte er Einspruch dagegen erheben wollen, dass die Kinder bei der Festnahme der Diebe dabei waren, aber er sah ein, dass das in diesem Fall unmöglich sein würde. Ohne die Hilfe der Kinder würde er das Versteck nicht finden können, und ein Dutzend Polizisten, die das verschüttete Bunkergelände durchsuchten, bewirkten vermutlich nichts anderes, als Suhrbock und seine Helfer zu warnen.

„Gut. Ich werde um acht Uhr dort sein", versprach Inspektor Bruno Hecht.

Den Besuch beim Tierschutzverein verschoben die vier Freunde auf später.

Wenn in den letzten Stunden fünf weitere Katzen gestohlen worden waren – die beiden Katzenkinder waren nicht unter den Diebstahlmeldungen gewesen, hatte Wachtmeister Moll ihnen beim Abschied gesagt –, dann konnten sie sicher sein, dass der Doktor heute Nacht seinen Nachschub in Empfang nehmen würde.

Jetzt ging es darum, die besten Verstecke herauszufinden, von denen aus man genau verfolgen konnte, was auf der Parkbucht im Wald besprochen wurde.

Sie näherten sich Walthers Beobachtungsposten auf Umwegen. Er erwartete sie bereits ungeduldig.

„Ihr könnt euch nicht vorstellen, was hier inzwischen los war! Fünfmal kam der Kerl angezischt und ist mit einem Korb in das Versteck runtergestiegen. Das letzte Mal war das Narbengesicht dabei. Suhrbock hat ihm gezeigt, wo er die Katzen hinbringen soll. Außerdem habe ich gehört, wie er gesagt hat: ‚Du wirst den Doktor heute Abend kennen lernen, für den Fall, dass du mich mal vertreten musst. Nächsten Monat gehe ich in Urlaub, da musst du den Laden schmeißen.' Er muss Hellseher sein, nur wird er den Urlaub nicht dort verbringen, wo er glaubt."

„Das läuft ja super! Da haben wir sie jedenfalls alle auf einem Haufen!", sagte Schräubchen vergnügt. „Ich glaube, jetzt können wir die Wache für ein paar Stunden unterbrechen. Vor allem müssen wir sehen, wie wir unsere Eltern davon überzeugen, dass wir diese Nacht alle auf dem Maierhof bleiben müssen."

„Ich werde mich hinter Mutti stecken", versprach Milli. „Ihr fällt schon was ein. Und mein Vater hilft uns sicher auch, wenn er hört, worum es geht."

„Dann lass uns schnell gehen und eine Generalbeichte ablegen. Damit wir uns ungehindert auf den entscheidenden Schlag gegen die Fänger vorbereiten können."

Eine Weile hatten sie noch damit zu tun, den Sichtschutz ihrer Verstecke zu verbessern. Hin und wieder klang ein dumpfer Klagelaut aus der Tiefe der Höhle und feuerte sie zu schnellerem Arbeiten an.

Endlich kehrten sie auf den Maierhof zurück. Frau Obermaier hatte sich in der Küche gerade mit einer großen Schüssel Kartoffeln niedergesetzt, um sie für das Abendessen zu schälen. Schweigend scharten sich die vier Freunde um sie. Milli verteilte Messer und bald schälten sie um die Wette.

„Nanu, was soll das werden?", wunderte sich Millis Mutter. „Raus mit der Sprache, ihr habt doch was auf dem Herzen!"

„Wir müssen mit dir reden, Mutti", sagte Milli. „Wir brauchen deine und Vatis Hilfe."

Milli hatte sich nicht in ihrer Mutter getäuscht. Als Frau Obermaier den Bericht gehört hatte, stand sie auf und ging zum Telefon. Sie rief erst Schräubchens, dann Tommis Eltern und zuletzt Walthers Vater an und erklärte ihnen, die drei seien heute Abend zu einem kleinen Familienfest auf dem Maierhof eingeladen und es könne spät werden. Sie schlüge vor, alle drei sollten heute Nacht auf dem Hof übernachten.

„Ich hoffe, wir werden allen Grund haben, ein kleines Fest zu feiern, wenn es der Polizei gelungen ist, diese gemeinen Kerle zu fassen", sagte sie lächelnd, als sie zurückkam. „Und nun helft

mir, damit das Abendessen pünktlich auf den Tisch kommt. Ihr müsst ordentlich essen, bevor ihr zu eurer langen Nachtwache geht."
Pünktlich um acht Uhr bog ein Wagen in die Einfahrt des Maierhofs. Vater Obermaier ging hinaus, um den Inspektor zu begrüßen. Bald darauf betraten die beiden Männer die Küche.
„Nun? Alles bereit?", fragte Inspektor Hecht.
„Logisch!", sagte Walther. „Wir sind auf alles vorbereitet. Taschenlampen, Anoraks, Regenschutz, alles vorhanden. Und unser Versteck haben wir bestens getarnt!"
„Du musst heute hier bleiben, Moritz", tröstete Milli ihren vierbeinigen Freund. „Später werde ich dir und Maxl alles genau erzählen. Mutti, pass bitte auf, dass Moritz uns nicht nachläuft!"
„Natürlich, Kind. Sonst bringt er am Ende noch die ganze Aktion zum Scheitern."
Sie fuhren mit dem Wagen des Inspektors bis an den Waldrand. An einer vor allen Blicken geschützten Stelle wurde der Wagen geparkt, im Gänsemarsch ging es weiter den Forstweg hinauf. Immer wieder blieben sie stehen und vergewisserten sich, dass sich kein Auto näherte. Es war fast dunkel, als sie auf der kleinen Parkbucht ankamen.
Walther zeigte dem Inspektor das für ihn in Frage kommende Versteck und den Eingang zu dem verschütteten Bunker. Die anderen machten es sich in ihrem Versteck bequem.
„Wo seid ihr?", rief der Inspektor, als er von der alten Eiche zurückkam. „Ich sehe euch nicht."
Drei von Kichern begleitete Käuzchenrufe antworteten ihm.
„Ausgezeichnet!", lobte sie der Inspektor. „Und dass ihr euch ja nicht bemerkbar macht, bevor ich euch rufe!"
Neben ihm schaute Walther erschrocken den Weg hinunter. Drei Spaziergänger schlenderten in Gedanken versunken bergan, blickten kurz auf und bogen dann seitlich in den Wald ein.
„Keine Sorge", beruhigte Inspektor Hecht ihn. „Das sind meine Leute. Sicher ist sicher. Für alle Fälle werden sie weiter unten den Weg absperren, wenn unsere Freunde hier versammelt sind. Man kann nie wissen."
Walther und der Inspektor verzogen sich in ihre Verstecke und

es wurde still um den verschütteten Bunker. Kein Windhauch regte sich, nur aus der Ferne drang hin und wieder das Brummen eines Lastwagens auf der Landstraße, das Bellen eines Hundes oder das leise Summen eines Flugzeugs hoch am Himmel.
Die Stunden dehnten sich zu Ewigkeiten. Tommi kämpfte mit dem Schlaf. Schräubchen und Milli, die nebeneinander lagen, erzählten sich flüsternd den Inhalt von Filmen und Büchern, um sich wach zu halten.
Endlich rührte sich unten am Berg etwas. Das bekannte Geräusch des Kombis von Suhrbock junior näherte sich, sie konnten die Kurven des Weges nun schon fast mitzählen, die Schlaglöcher, bei denen der Motor aufjaulte, und die Strecken mit starker Steigung. Jetzt bog er um die letzte Kurve, fuhr auf den Parkplatz und schaltete die Scheinwerfer aus.
Eine Tür klappte, dann eine zweite. Drei Männer stiegen aus. Walther und Tommi, die nicht weit von Inspektor Hecht Posten bezogen hatten, erkannten drei Männerstimmen. Jetzt wurde ein Streichholz angerissen. Suhrbock senior! Walther und Tommi hätten am liebsten aufgeschrien, so viel Glück hätten sie sich nicht träumen lassen.
„Soll ich die Viecher schon raufholen, Boss?“, fragte der Narbengesichtige.
„Bist du verrückt? Die machen am Ende Terror und schreien uns wer weiß wen auf den Hals!“, brummte Suhrbock junior. „Aber du kannst runtergehen und sehen, ob sich die beiden Ausbrecher wieder eingefunden haben. Ich hoffe, das Futter hat sie angelockt.“
„Ist gut, Boss.“
Der Narbengesichtige stiefelte den Hang hinauf und war bald darauf im Innern der alten Eiche verschwunden. Von unten herauf drang ein schwacher Lichtschimmer und das klagende Maunzen der Katzen.
„Glaubst du, dass der Doktor drauf eingeht?“, fragte Suhrbock junior.
„Er wird müssen. Er ist auf uns angewiesen. Bei dem Wirbel, der in den letzten Wochen in den Zeitungen der Stadt gemacht

worden ist, muss er wissen, wie unser Risiko gewachsen ist. Wenn er nicht mitmacht, bringen wir die Katzen um. Gleich hier. Das wird ihn zum Nachdenken bringen. Aber er wird klug sein. Eine so gute Geschäftsverbindung setzt man nicht aufs Spiel."

„Da kommt er!"

Milli und Schräubchen klopfte das Herz bis zum Hals. Wenn der Doktor sich nun nicht auf die Vorschläge des alten Suhrbock einließ und Narbengesicht die Katzen umbrachte, bevor die Polizei eingriff?

Jetzt hielt der Wagen des Doktors neben dem Kombi. Wieder klappten zwei Türen. Wen hatte sich der Doktor da mitgebracht?

„Sie wollten mich sprechen, Suhrbock", sagte der Doktor. „Ich hoffe, es gibt nicht schon wieder Schwierigkeiten, meine Termine drängen. Übrigens habe ich meine Assistentin mitgebracht; sie soll die Tiere an Ort und Stelle prüfen. Unter den letzten war zu viel Ausschuss."

„Ausschuss?", empörte sich Suhrbock junior. „Das war tadellose Ware!"

„Völlig degenerierte Zuchtkatzen! Von den Siamesen sind zwei vor Panik eingegangen, ehe wir ein einziges Experiment machen konnten! Was soll ich mit toten Katzen, ich bin kein Fellhändler!"

„Ich muss sie nehmen, wie ich sie erwische", verteidigte sich Suhrbock junior. „Wenn sie wüssten, wie schwierig ..."

„Die Siamesen habe ich persönlich geschnappt", sagte der Alte. „Gehörten jemandem in unserer Nachbarschaft. Gut genährte und tadellos gepflegte Tiere. Bessere Ware gibt es nicht!"

„Na schön, gehen Sie runter, Carola, und schauen Sie sich die neue Ware an. Und nehmen Sie gleich die Kisten mit, damit uns nicht wieder eine entwischt. Was war's denn nun, was Sie mir sagen wollten, Suhrbock, worum geht's?"

„Um Geld, Doktor, ums liebe Geld! Unser Risiko hat sich erhöht in den letzten Wochen. Wer will schon für die paar Piepen Kopf und Kragen riskieren! Und die Unkosten, das Benzin, das wir verfahren, bis das Viehzeug in Sicherheit ist.

Die Arztkosten! Mein Sohn hat dreimal zum Arzt müssen mit der vereiterten Hand. Schön, das zahlt die Versicherung, aber normalerweise hätte er Anspruch auf ein Schmerzensgeld."
„Machen Sie sich nicht lächerlich, Suhrbock, das ist Ihr Risiko. Das wussten Sie, als Sie sich auf dieses Geschäft eingelassen haben. Und Sie haben klotzig an Ihren Katzendiebstählen verdient. Also was noch?"
„Zehn Mark mehr pro Tier oder wir hören auf."
„Zehn Mark mehr? Haben Sie den Verstand verloren? Nun gut, ich gebe zu, das Risiko hat sich erhöht. Ich bin bereit, Ihnen fünf Mark mehr pro Tier zu zahlen, wenn die Ware meinen Wünschen entspricht, aber keinen Pfennig mehr."
In der Eiche wurde es lebendig. Carola, die Assistentin des Doktors, erschien, umständlich hievte sie eine Kiste die Leiter hoch. Ihr folgte der Narbengesichtige mit einer weiteren Kiste.
„Wieviel?", fragte der Doktor.
„Fünf Stück", antwortete Carola. „Alle in Ordnung. Robust und ruhig im Charakter, genau, was wir brauchen."
„Also fünf."
Der Doktor zückte seine Brieftasche und begann im Licht der abgeblendeten Scheinwerfer ein paar Geldscheine abzuzählen. Walther, Tommi, Schräubchen und Milli hielten den Atem an. War der Inspektor eingeschlafen? Warum rührte er sich nicht? Da! Endlich ... ein schriller Pfiff. Die Katzenfänger erstarrten. Inspektor Bruno Hecht sprang wie ein Raubtier aus seinem Versteck.
„Stehen bleiben! Keiner rührt sich vom Fleck! Sie sind verhaftet!"
Als wäre dies das Wort, das den Bann gelöst hätte, stürzten sich die Suhrbocks und der Doktor auf ihre Wagen. Aber sie kamen nicht weit. Von allen Seiten flammten Lampen auf, Polizisten versperrten den Weg. „Wo kommen die plötzlich alle her?", fragte Schräubchen und kroch aus ihrem Versteck.
„Inspektor Hecht hat gut vorgesorgt." Milli reckte den steif gewordenen Rücken. „Er hat gewusst, dass sie versuchen würden, mit ihren Autos zu fliehen, obgleich ihnen das nach diesem Geständnis kaum etwas genützt hätte."

„Ein gutes Versteck, Suhrbock“, sagte der Inspektor gerade. „Leider nicht gut genug. Wie haben Sie es geschafft, sich Zugang zu dem verschütteten Bunker zu verschaffen?“

„Das haben wir schon als Jungen gemacht“, sagte Suhrbock junior nicht ohne einen gewissen Stolz. „Kannte kein Mensch außer uns. Aber wer von den anderen das verraten hat, den werde ich ...“

„Ihre armen Opfer haben es verraten“, fauchte Milli und trat auf ihn zu. „Nacht für Nacht haben wir ihre Schreie gehört! So lange, bis es uns endlich gelang, einen Zugang zu finden und sie zu befreien. Wenigstens fünf von ihnen ...“

„Nun gut, ein volles Geständnis haben Sie mir sozusagen frei Haus geliefert. Ich habe es – für den Fall, dass einer von Ihnen später unter Gedächtnisschwund leiden sollte – gleich per Tonband aufgezeichnet, das erspart uns ’ne Menge Arbeit. Abführen!“

„Einen Moment!“

Tommis Stimme klang hell wie eine Trompete. Blass vor Zorn baute er sich vor dem alten Suhrbock auf. Einen Augenblick sah es so aus, als wolle er sich auf ihn stürzen, doch dann hob er ruhig die Hand, und eine klatschende Ohrfeige schlug dem Katzenfänger ins Gesicht. Der Inspektor riss Tommi zurück.

„Bist du verrückt geworden, Junge? Was soll das?“

„Das war dafür, dass er mich für einen Tierquäler gehalten hat, nur weil ich Italiener bin!“, sagte Tommi kalt. „Das werde ich mit jedem tun, der so was von mir denkt!“

Damit drehte er sich um und lief davon.

Inspektor Hecht lächelte.

„Wir sehen uns bei mir im Büro“, sagte er und schüttelte Walther, Schräubchen und Milli die Hand. „Vorerst danke ich euch sehr. Ich muss mich jetzt um diese saubere Gesellschaft kümmern. Einer meiner Leute wird euch nach Hause fahren.“

„Und die Katzen?“, fragte Milli.

„Die werden heute Nacht im Tierheim übernachten müssen. Morgen werden wir sie dann ihren Besitzern zurückgeben.“

Inspektor Hecht stieg in seinen Wagen und folgte dem Polizeifahrzeug, in dem die Diebe abtransportiert wurden.

Hinter der nächsten Kurve überholte er Tommi, der – die Hände tief in die Taschen seiner Jeans gebohrt – mit gesenktem Kopf den Forstweg hinuntertrabte. Der Inspektor stoppte und öffnete die Tür.
„Komm, steig ein, ich bring dich nach Hause."
Tommi stieg ein. Eine Weile schwiegen sie.
„Es tut mir Leid wegen vorhin", sagte Tommi schließlich. „Ich hätte das nicht tun dürfen. Ich hatte plötzlich so eine furchtbare Wut auf den Kerl. Sind Sie sauer auf mich?"
„Quatsch", sagte der Inspektor. „Ich kann dich gut verstehen. Was glaubst du, wie oft mir so zumute ist ... Wie oft ich in so ein Unschuldsengelgesicht schlagen möchte, wenn ich weiß, dass der Typ die gemeinsten Brutalitäten begangen hat. Da muss ich mich ganz schön zusammenreißen."
Der Inspektor setzte Tommi vor der Pizzeria *Mamma Gina* ab. Im Gastraum war noch Licht. Natürlich, heute hatte ja das Ehepaar Laub den großen Tisch bestellt. Herr Laub feierte Geburtstag. Man hörte das Lachen der übermütigen Gesellschaft bis auf die Straße.
Tommi betrat den Gastraum. Mamma Gina und Papa Francesco saßen am Tisch der Geburtstagsgesellschaft. Papa hatte wie immer bei solchen Gelegenheiten einen Grappa spendiert. Nele lehnte schlafend an Mammas Schulter und war durch nichts zu bewegen, schlafen zu gehen.
„Junge! Wo kommst du denn jetzt her! Komm, setz dich zu uns, feiere mit uns!", rief Herr Laub und rückte mit seinem Stuhl zur Seite, um Tommi Platz zu machen.
„Aus dem Wald", erklärte Tommi. „Direkt aus dem Wald komme ich. Wir haben die Katzendiebe erwischt! In flagranti!"
„In Fla ... wo?", fragte Nele und gähnte. „Ist das weit von hier?"
„Schlaf weiter", sagte Tommi gönnerhaft. „Das verstehst du doch nicht."
Und dann erzählte er die ganze Geschichte. Es war genau die richtige Nacht, genau die richtige Gesellschaft, um sich als Held feiern zu lassen. Und Tommi ließ die Gelegenheit nicht vorübergehen.

Am nächsten Morgen trafen sie sich im Büro von Inspektor Hecht. Er hockte hinter seinem Schreibtisch wie eine flügellahme Krähe, sein Gesicht war bleich, fast grünlich, unter den Augen lagen tiefe Schatten.
„Seid froh, dass ihr nicht gesehen habt, was ich gerade sehen musste“, sagte er.
„Wir haben das Labor von diesem Doktor Hetzer überprüft ... Es war grauenhaft. Zum Glück haben wir noch ein paar Tiere retten können, andere sind sofort durch den Tierarzt von ihren Leiden erlöst worden. Schrecklich ...“, murmelte er. „Unvorstellbar, was diese armen Geschöpfe dort haben leiden müssen. Nun, diesem Doktor Hetzer wird das Handwerk jedenfalls ein für alle Mal gelegt. Zum Glück haben wir Material genug gefunden, das ihn für Jahre hinter Gitter bringt. Diebstahl, Fälschung von Dokumenten, Tierquälerei, schwere Vergehen gegen das Drogengesetz, da kommt einiges zusammen. Den Suhrbocks wird es nicht viel besser gehen. Das ist ein kleiner Trost ...“
„Und die Katzen? Sind sie wieder zu Hause?“
„Noch sind sie im Tierheim. Dort werden sie erst einmal tierärztlich untersucht. Heute Mittag werden die dann ihren Besitzern zurückgegeben.“
„Da müssen wir hin!“, sagte Milli. „Wir wollen dabei sein. Und die Kleinen? Hat die noch niemand vermisst?“
Sie schaute den Inspektor gespannt an.
„Eine Anzeige liegt bei uns nicht vor. Aber vielleicht ist beim Tierschutzverein eine Anfrage eingegangen. Wenn nicht ...“, Inspektor Hecht lächelte fast ein wenig schüchtern, „für eine hätte ich einen guten Platz.“
„Oh, wirklich?“
„Ja. Bei mir.“
Milli strahlte.
„Das finde ich super! Der schwarze Kater mit den weißen Pfötchen würde gut zu Ihnen passen!“
„Hm.“ Der Inspektor nickte schmunzelnd. „Vergesst nicht, Wachtmeister Moll eure Protokolle zu diktieren, bevor ihr geht.

Wenn noch Fragen auftauchen, rufe ich euch an. Und ...", der Inspektor stand auf und reichte ihnen die Hand, „ich danke euch noch einmal herzlich für eure großartige Hilfe und Mitarbeit! Ihr habt Sommerberg einen großen Dienst erwiesen und dürft von Herzen stolz auf euren Erfolg sein!"

Im Tierheim herrschte Festtagsstimmung. Schon beim Eintreten spürten die vier Freunde, dass hier den ganzen Morgen über nichts anderes gesprochen worden war als über die erfolgreiche Festnahme der Katzenfänger und ihres skrupellosen Auftraggebers.

„Kommt einen Augenblick in mein Büro", sagte Frau Weber, die Leiterin des Tierheims. „Wartet, ich werde euch eine kleine Erfrischung bringen lassen. Dies ist ein großer Freudentag für uns alle, der muss gefeiert werden! Und ihr seid die Helden dieses Tages. Ihr ahnt nicht, wie dankbar wir euch für euren Einsatz sind. Wir – der Tierschutzverein von Sommerberg – werden jedem von euch eine Belohnung und eine Ehrenurkunde zukommen lassen. Setzt euch, Kinder. Ich bin neugierig darauf, von euch die ganze Geschichte in allen Einzelheiten zu hören!"

Sie setzten sich in eine bequeme Sitzecke und eine Helferin brachte Saft und Kekse.

Tommi, Walther, Milli und Schräubchen erzählten zum dutzendsten Male, wie sie den Katzenfängern allmählich auf die Spur gekommen waren und wie es der Polizei dann gelungen war, die Diebe in einer nächtlichen Aktion genau im richtigen Moment zu stellen und festzunehmen.

„Eines möchte ich gern wissen", sagte Tommi nach einer Pause. „Was geschieht denn nun wirklich in den Labors? Und warum macht man das?"

Frau Webers Gesicht wurde ernst, fast ein wenig hart.

„Ja, warum macht man das? Das fragen sich viele Menschen immer wieder. Es ist absolut sinnlos ..." Nachdenklich stand sie auf und ging zu ihrem Schreibtisch hinüber.

„Es gibt bei uns in Deutschland ein Gesetz", fuhr sie fort, „das von den Herstellern kosmetischer Artikel sowie von der

Waschmittelindustrie verlangt, die Unschädlichkeit ihrer Produkte für den menschlichen Körper im Tierversuch zu testen. Das ist insofern völlig unsinnig, als der menschliche und der tierische Organismus auf chemische Einflüsse ganz unterschiedlich reagieren. Stoffe, die einem Menschen schaden, werden von einem Tier recht gut vertragen und umgekehrt. Stoffe, die für eine Katze wie ein schweres Gift wirken, lösen bei einem Menschen kaum eine Reaktion aus. Ich denke da an Desinfektions- und Putzmittel zum Beispiel. Diese Versuche sind so gesehen also mehr als fragwürdig.
Nun gibt es natürlich Experimente – um ein neues Medikament zu erproben oder auch für die Tiermedizin selbst, in der Erforschung noch unbekannter Krankheiten –, die sich nicht umgehen lassen. Hierfür gibt es ein Tierschutzgesetz, das genau vorschreibt, was bei diesen Experimenten erlaubt und was verboten ist, um den Tieren jede vermeidbare Qual und unnötige Schmerzen zu ersparen ..."
„Und?", fragte Schräubchen, da Frau Weber in Gedanken versunken schwieg.
„Ja, das ist das Furchtbare: Dieses Gesetz wird immer wieder missachtet und umgangen. Von großen Konzernen ebenso wie von den zahlreichen kleinen Labors, die sich in den Dienst von Kosmetikfirmen stellen. Dass dort schamlos mit gestohlenen Tieren experimentiert wird, ist nur die eine Seite. Aber wie man mit den Tieren umgeht! Ich weiß nicht, ich könnte euch ein paar Fotos zeigen, die mehr aussagen, als ich euch je beschreiben könnte. Nur gehören sehr starke Nerven dazu, den Anblick zu ertragen."
„Ich will sie trotzdem sehen", sagte Tommi rau.
Die anderen stimmten zu.
Frau Weber holte eine Mappe aus der obersten Schublade ihres Schreibtischs und reichte sie Tommi. Die anderen rückten heran und schauten ihm über die Schulter.
Schon beim ersten Foto bereute Tommi, dass er darum gebeten hatte. Da war ein Hund zu sehen, ein Mischling, lieb und lustig wie Millis Moritz, der auf einem Gestell festgeschnallt war. Der Kopf steckte in einem Gerüst, die Schnauze war künstlich bis

an die Grenze des Möglichen aufgesperrt, mit eisernen Klammern gehalten.

Auf den nächsten sahen sie kahl geschorene Katzen, denen man die Haut aufgeschnitten hatte. Anderen wurden die Augen, um sie offen zu halten, mit Haken und Klammern aufgespannt. Katzen, denen ein Dutzend Drähte mit elektrischen Kontakten aus dem Kopf ragten.

Hunde, Kaninchen, Ratten und immer wieder Katzen, denen eines gemeinsam war: das Entsetzen, die maßlose Angst in ihren Blicken.

„An ihnen allen wurden kosmetische Artikel getestet“, erzählte Frau Weber leise. „Gesichtswasser, Lippenstifte, Lidschatten, Handcremes, Badezusätze und Shampoos, Sonnenschutzmittel, Puder und was es da alles auf dem Markt gibt. Die Mittel werden ihnen in die Augen geträufelt, sie werden damit eingerieben oder bekommen sie gewaltsam in den Magen gefüllt. Die stählernen Spangen halten sie fest, so dass sie sich nicht rühren, sich nicht kratzen, nicht lecken können. So bleiben sie, bis sie allmählich verendet sind, erlöst von ihren unsäglichen Qualen.“

Schräubchen stürzte hinaus, ihr wurde übel. Millis Gesicht war nass von Tränen.

Über Tommis rundes, lustiges Gesicht, das jetzt grau war vor Entsetzen, zogen sich zwei feucht glänzende Rinnsale. Auch Walther war sehr blass.

„Kann man denn gar nichts dagegen tun?“, stammelte Tommi.

„Kämpfen, immer wieder kämpfen“, sagte Frau Weber. „Ihr kennt doch das Sprichwort: Viele Wenig machen ein Viel. Wenn überall Menschen beginnen, nicht mehr bedenkenlos jedes kosmetische Mittel zu kaufen, sondern sich auf die beschränken, die nachweislich ohne Tierversuche entwickelt worden sind, wenn sich überall Gruppen zusammentun, die Aufklärungsarbeit leisten, wenn Menschen da sind, die ihre Augen offenhalten wie ihr, die Diebstähle verhindern und Tierfängern das Handwerk legen, wenn Menschen da sind, die anderen dazu verhelfen, endlich zu erkennen, dass Tiere Geschöpfe Gottes sind wie wir und sie leiden wie wir, dass sie unsere Brüder sind und wir den Auftrag haben, sie mit Achtung und Liebe zu behandeln – dann wird sich ganz allmählich das Bewusstsein der trägen Masse verändern und diese scheußlichen Tiermisshandlungen werden ein Ende haben."

„Was können wir schon viel ausrichten?", sagte Schräubchen, die leise wieder ins Zimmer gekommen war, tief unglücklich.

„Ich sagte es deinen Freunden schon", wiederholte Frau Weber. „Denkt immer daran: Viele Wenig machen ein Viel! Lasst euch nicht durch den Gedanken entmutigen, dass ihr wenigen nichts ausrichten könntet. Jeder kleine Schritt bringt uns unserem Ziel näher: der leidenden Tierwelt zu helfen. Auch wenn er noch so bescheiden ist."

„Ist es denn teuer, Mitglied im Tierschutzverein zu werden?", erkundigte sich TH.

„Für ein erwachsenes Mitglied beträgt der Jahresbeitrag bei uns zur Zeit vierundzwanzig Mark. Die meisten unserer Kosten werden allerdings durch Spenden gedeckt."

„Und für jugendliche Mitglieder?"

„Noch haben wir keine jugendlichen Mitglieder", sagte Frau Weber zögernd. „Der Tierschutzverein Sommerberg besteht noch nicht allzu lange, und über einen Beitrag für Jugendliche ist noch nicht diskutiert worden."

„Aber dann können wir doch ..." Tommi sah die anderen an, in seinen Augen blitzte Entschlossenheit auf. „Ich meine, wir könnten die Jugendabteilung vom Tierschutzverein gründen. Die Tierschutz-Junioren! Und unser Beitrag ..."

„... würde in Arbeit bestehen. In praktischer Arbeit!", vollendete Milli den Satz. „Wir könnten in der Schule und in den Sportvereinen neue Mitglieder werben, könnten Plakate malen, Briefe verschicken und uns um hilfsbedürftige Tiere kümmern!"

„Genau!", rief Walther und Schräubchen.

„Das ist eine gute Idee!", sagte Frau Weber herzlich. „Und ein schöneres Einstandsgeschenk als das Ergreifen der Katzendiebe ... ein schöneres Geschenk konntet ihr uns nicht machen!"

Als Milli an diesem Tag nach Hause kam, stürmte sie zuerst in ihr Zimmer hinauf, um nach ihren Schützlingen zu sehen. Max, der Kater, lag vor dem Katzenkorb wie ein Wächter und sah Milli mit großen Augen an, als wüsste er, was inzwischen geschehen war.

Milli kniete sich neben den Katzenkorb und streichelte die schlafenden Katzenkinder. Max schmiegte sich schnurrend an sie und sie zog ihn auf ihren Schoß. Lange betrachtete sie die drei voller Dankbarkeit.

„Ich bin froh, dass ihr bei mir seid“, flüsterte Milli. „Euch soll nie so etwas Schreckliches geschehen! Was immer ich tun kann, um euch zu beschützen – euch und eure Artgenossen –, das werde ich tun, das verspreche ich.“

Inhaltsverzeichnis

Quellenverzeichnis

Briggs, Phyllis, *Schnurrs Abenteuer*, aus: Phyllis Briggs, „Schnurr, der Kater", © by Verlag Carl Ueberreuter, Wien

Camuti, Louis J. & Lloyd Alexander, *Die nächste Katze, bitte!*, aus: Camuti/Alexander, „Die nächste Katze, bitte!", veröffentlicht by Rainer Wunderlich Verlag. Aus dem Amerikanischen von Gerlinde Quenzer.

Caspari, Tina, *Gespenster essen keinen Hering oder Das Katzenversteck*", © Franz Schneider Verlag, München 1984

Chetham-Strode, Warren, *Außer sich vor Sehnsucht*, aus: „Katzen ganz privat", aus dem Englischen von Wilhelm Höck, © by Süddeutscher Verlag, München 1959

Colette, *Prrou*, aus: Colette, „Friede bei den Tieren", © Paul Zsolnay Verlag Gesellschaft m. b. H., Wien/Hamburg 1931, 1953 und 1981

Fabel, Renate, *Mit Kind und Kater*, aus: Renate Fabel, „Mit Kind und Kater", © by Langen Müller Verlag in der F. A. Herbig Verlagsbuchhandlung GmbH, München

Fleuron, Svend, *Makolfus*, aus: „Katzenvolk", © by Eugen Diederichs Verlag, München

Gallico, Paul, *Übernahme*, aus: „Tyrann auf sanften Füßen", © 1964 by Paul W. Gallico and Suzanne Szasz, © Mathemata AG 1964, Abdruck mit Genehmigung der Liepman AG, Zürich

Hauff, Rosemarie, *Vier Katzenkinder bleiben am Leben*, aus: „Alle Tiere hab ich gern", © 1970 by Südwest Verlag GmbH & Co. KG, München

Hemingway, Ernest, *Katze im Regen*, aus: Ernest Hemingway, „49 Stories", deutsch von A. Horschitz-Horst, © 1950 by Rowohlt Verlag GmbH, Hamburg

Lauber, Cécile, *Nala*, aus: Gesamtwerk Cécile Lauber, Band I, © by Benteli Verlags AG, Wabern-Bern

Mackenzie, Compton, *Sylvia die Zweite und Michael*, Copyright © Sanssouci Verlag AG Zürich

Magyari, Martina, *Micki spart Strom*, aus: Martina Magyari,

„Samtpfote und der Duft von Gras“, © 1992 by Herbig Verlag in der F. A. Herbig Verlagsbuchhandlung GmbH, München

Schenk, Gustav, *Seefahrer Kador*, aus: „Die Unbezähmbaren“, © Adolf Sponholtz Verlag, Hameln

Shitkow, Boris, *Die herrenlose Katze*, aus: „Mungo und andere Tiergeschichten“, Übersetzung von Traute und Günther Stein, © 1962 Der Kinderbuch Verlag/Middelhauve Verlags GmbH, München

Thompson Seton, Ernest, *Die Katze aus dem Hinterhof*, aus: „Liebe zu Katzen“, hg. von Era Zistel, Müller Rüschlikon Verlags AG, Cham. Aus dem Amerikanischen von Marga Ruperti.

Tovey, Doreen, *Cäsars Tochter*, aus: „Nichts gegen Katzen“, © 1958 Engelhorn Verlag GmbH, Stuttgart

Twain, Mark, *Dick Baker und sein Kater*, aus: „Durch Dick und Dünn“, in: Gesammelte Werke II, © Aufbau Verlag GmbH, Berlin

Zola, Emile, *Das Paradies der Katzen*, aus: „Die schönsten Katzengeschichten“, © der deutschen Übersetzung 1973 by Diogenes Verlag AG, Zürich

Wir danken den jeweiligen Autoren und Verlagen für die freundliche Genehmigung zum Abdruck vorstehender Beiträge.